FOL

BÖCEKLERİN GEZEGENİ

YERYÜZÜNÜN GİZLİ SAHİPLERİ

FOL 182

Sertifika No: 44396

Bilim 11
Biyoloji 01

Böceklerin Gezegeni -Yeryüzünün Gizli Sahipleri-
Scott Richard Shaw

Çeviren: Gamze Bayram

Özgün Adı: *Planet of the Bugs -Evolution and the Rise of Insects-*
Edisyon: The University of Chicago Press, 2014.

Editör: İsmail Yılmaz
Yayına Hazırlayan: Kadir Yiğit Us
Redaksiyon: Mak Grup Redaksiyon Ekibi
Görsel Yönetmen: Nurullah Özbay
Grafik Tasarım ve Uygulama: Tavoos

ISBN 978-625-8411-54-6

Baskı: Ayrıntı Basım Yay. ve Mat. Hiz. San. Tic. A.Ş.
Matbaa Sertifika No: 49599

1. Baskı: Mart 2022

İletişim Adresleri
Cinnah Cd. Kırkpınar Sk. 5/4
06420 Çankaya Ankara
Tel.: 0312. 439 01 69
www.folkitap.com
bilgi@folkitap.com
siparis@folkitap.com
www.twitter.com/folkitap

BÖCEKLERİN GEZEGENİ

YERYÜZÜNÜN GİZLİ SAHİPLERİ

SCOTT RICHARD SHAW

ÇEVİREN
GAMZE BAYRAM

FOL

SCOTT RICHARD SHAW

Scott R. Shaw 1955 yılında Michigan, Detroit'te doğdu. Böcek toplamaya 4 yaşında başladı. 1973'ten 1978'e kadar Michigan Eyalet Üniversitesi'nde astrofizik ve entomoloji okudu. 1979'dan 1984'e kadar Maryland Üniversitesi'nde entomoloji alanında yüksek lisans ve doktora dereceleri aldı. 1984'ten 1989'a kadar Harvard Üniversitesi'nde Karşılaştırmalı Zooloji Müzesi'nde çalıştı. 1989'dan beri şehrin aynı isimli üniversitesinde entomoloji profesörü ve Böcek Müzesi küratörü olarak Laramie, Wyoming'de yaşıyor. Profesör Shaw, 29 farklı ülkeden 163 yeni böcek türü (çoğunlukla yaban arısı) keşfetti ve adlandırdı. Diğer bilim insanları on beş böcek türüne onun adını vermiştir. Böceklerin sınıflandırılması ve evrimi hakkında 114'den fazla bilimsel makale yayımlamıştır. Böcek cinslerine adlarını gökyüzündeki yıldızlar kadar (*Betelgeuse*, *Rigel*, *Orionis*), gece geç saatlerde televizyona çıkan yıldızlardan ilhamla vermiştir (yaban arısı *marshiella lettermani* adını David Letterman'a borçludur). Wyoming eyalet böceği seçimi için yayımladığı teklifi, Sheridan'ın yeşil zümrüt kelebeği, 2009 yılında Wyoming parlamentosu ve vali tarafından kabul edildi. Yazar, Kosta Rika ve Ekvador'da böcekleri etraflıca inceledi. Bu kendisinin ilk kitabıdır.

GAMZE BAYRAM

Afyon'da doğdu (1992). Hacettepe Üniversitesi İngiliz Dili ve Edebiyatı Bölümünden mezun oldu. Öğrencilik yıllarından beri çeviri yapmaktadır. Tıbbi, teknik, akademik ve ticari alanlardaki çeviri ve redaksiyon çalışmalarında tecrübe kazandıktan sonra, asıl hayali olan kitap çevirmenliği yapmaya başladı.

Bu kitap sabrı, desteği ve özellikle anlayışından dolayı eşim Marilyn'e ithaf edilmiştir. Böcekleri dondurucuda tutmama izin verdiğin için teşekkürler. Sensiz başaramazdım.

İÇİNDEKİLER

ÖNSÖZ

BÖCEKLERLE ZAMAN YOLCULUĞU

Bir Ekim günü, akşama doğru, Kosta Rika'daki San Ramon Biyolojik Koruma Alanındaki yağmur ormanlarında bir patikada yürüyordum. Zamanın doğası hakkında düşünürken bir zaman makinem olsun istedim. Yağmur ormanları belirgin bir mevsimsellik göstermez, yani çevredeki yosunlu bitki örtüsüne bakarak günü, ayı ve yılı asla tahmin edemezsiniz ve o kadar eski ve zamansız bir yeşil aura yayarlar ki zamanda binlerce, yüz binlerce, hatta milyonlarca yıl geriye doğru yolculuk yaptığınızı hayal etmeniz işten bile değildir. Çürüyen bitkilerin ve mantarların kokusu ıslak havaya nüfuz etmişti ve orman hem mecazi hem de gerçek anlamda böceklerle dopdoluydu. Ayaklarımın etrafında vızıldayan bol miktarda küçük sinek ve böcek, orman zeminine düşen, çürüyen meyvelerin tadını çıkarıyordu.

Ormandan kurbağaların, çayır çekirgelerinin, cırcırböceklerinin ve ağustosböceklerinin şarkıları yükselirken, botlarım patikada çamurlara bulanıyordu. San Ramon'da hep olduğu gibi bu gün de sabahtan beri yağmur yağıyordu. Yürüdüğüm patika çamurdan ötürü kayganlaşmıştı ve ortalık vıcık vıcıktı. Bir yağmur damlası, yolun kenarına devrilmiş bir kütükten filizlenen mantarın şapkasının tepesinden kenarına kadar aktı, bir an gümüş renginde parladı ve sonra fazla tutunamayarak yere damladı. Nehirdeki yosunlu kayaların üzerinde köpürerek çağlayan isimsiz akarsuların ve derelerin su sesleri tüm ormanı dolduruyordu. Hafif bir sis çökmüştü. Yeşilin yüzlerce tonunu yansıtan benekli zümrüt gibi bitki örtüsü, yağmur damlalarıyla parlıyordu. San Ramon'daki ağaçlar, suyu sünger gibi emip yağmur durduktan uzun bir süre sonra yavaş yavaş salan yosunlar, likenler ve eğrelti otlarıyla örtülüydü. Ormanın üst bitki örtüsündeki ananasgiller yağmur suyunu içbükey yaprakların sapla birleştiği yerde biriktirmiş, buralar sayısız ağaç kurbağası ve semender ve yüzlerce sucul böcek türüne minyatür havuz teşkil etmişti. Her yer su damlalarıyla kaplıydı, her yer damlıyordu.

Kaygan çamurun üzerinde her adımımı ağır ağır, dikkatle atıyordum ama arada gündüz düşlerine dalmasam daha iyi olacaktı. Ne de olsa San Ramon ormanı, birçoğu henüz keşfedilmemiş binlerce yeni böcek türünün yanı sıra maalesef çok sayıda zehirli yılana da ev sahipliği yapıyordu. Üstelik bu yılanların birçoğunun zehri ölümcüldü. Tıpkı Indiana Jones gibi ben de yılanlardan nefret ediyorum. Yine de her yerde büyüleyici bitkiler ve böcekler bulmaktan son derece keyif alıyordum.

Bir dönemeci almış, küçük bir derenin yanındaki hafif yokuştan aşağı iniyordum ki karşıma birden bire küçük bir melastom ağacı çıktı. Orada, yerden yaklaşık bir metre yükseklikte büyük bir yaprağın üzerinde aradığım zaman makinemi buldum. Yaklaşık yedi veya sekiz santimetre uzunluğundaydı. Rengi koyu maun kahvesiydi. Uzun kavisli antenleri son yağmurdan kalan çiy damlalarıyla süslüydü. Yaprağın üzerinde hareketsiz duruyordu. İki sağlam sacayağı teşkil eden, altı çok eklemli bacağı üzerinde rahatı yerindeydi. Zaman makinem, uzun antenli tekeböceğiydi.

San Ramon'da yağmur daha şiddetli yağmaya başlayınca, kınkanatlı bu böceğin üzerinden boncuk boncuk su damlaları akmaya başladı. Sert zırhlı dış cephesi, damlaların vücuduna sızmasına izin vermiyordu. Kınkanatlıların içte değil, dışta bulunan sert iskeletleriyle vücut yapıları bizimkinden son derece farklıdır. Çok eklemli bacaklarının yanı sıra bu dış iskelet de bize kabaca 541 milyon yıl öncesinden, Kambriyen döneminin sığ okyanuslarından bir mesaj getirir: Kambriyen döneminde havadaki oksijen seviyeleri artmış, hayvan metabolizması hızlanmıştı. Deniz yırtıcıları daha hızlı, daha nahoş hale gelmişlerdi. O zamanlar yaşayan tüm eklembacaklıların –böceklerin ve onların en yakın akrabalarının– ortak ataları buna tepki bir olarak, çevre şartlarından korunmak, yırtıcılara karşı kendilerini savunmak, oluşan yeni kas bağlantılarıyla hareketliliklerini arttırmak üzere bir dış iskelet geliştirdiler. Dahası eklemli bacaklarını da geliştirdiler ki bunlar yırtıcı hayvanlara karşı savunmada kullanılabildiği gibi, yiyecek toplamada, çiftleşmede ve çevreye dağılmada da son derece yararlı uzuvlardı. O zamandan beri dış iskelet de eklemli bacaklar da böceklerde oldukça revaçtadır.

Kınkanatlı böceğimiz melastom yaprağı üzerinde hareketsiz duruyordu ama yakından incelediğimde karın segmentlerinin büzülüp genişlediğini fark ettim. Böcek nefes alıyordu. Vücudunun yanlarında bulunan küçük solunum delikleri (*spiracle*), hava moleküllerini içeri alıyordu. Kendimizi birkaç mikron boyutuna indirebilseydik, oksijen moleküllerinin böceğin solunum deliklerindeki bir dizi büyük tüpten (trakeler), her yöne uzanan bir dizi daha küçük tüp (trakeoller) boyunca, tüm canlı hücrelere varana dek incelen tüplerdeki yolculuğunu izleyebilirdik. Böceğin hava soluması bize şunu söyler: Kabaca 444 milyon yıl önce, Silüryen döneminde, eklembacaklıların ataları önce karada koloniler kurmuş, hava solumak için de trake solunumu sistemi geliştirmişlerdir. Bu sistemlerini tüm modern böceklere, hatta tatlı suda yaşayan ve solungaçlardan nefes alan böcek türlerine bile aktarmışlardır. Bu yenilikçi solunum organları, Silüriyen döneminin eklembacaklılarının okyanuslardan çıkabilmesini sağlayacaktı. Böylece deniz yırtıcılarından kaçınabileceklerdi. Nitekim güvenli boş kumsallarda yiyecek aradılar, çiftleştiler, yumurtladılar. Dahası, eklembacaklılar böylece Geç Silüriyen döneminde ortaya çıkan ilk Lilliput bitki toplulukları arasında başarıyla çeşitlenen ilk hayvan grubu oldu.

Tekeböceğinin formunu daha yakından inceledim. Gövdesi üç işlevsel bölgeye ayrılmıştı: İlk bölgede, öne çıkan, yanlarına doğru boynuzsu antenler kıvrılan başı ve bu baştan bana bakan çok yönlü küçük gözleri vardı. İkincisindeyse bacaklarının bağlı olduğu merkezi göğüs kafesi bulunuyordu. Son bölgedeyse çok segmentli karnı yer alıyordu. İşte bunlar bir böceği tanımlayan özelliklerdir; bu özellikler yaklaşık 419 milyon yıl önce, Geç Silüriyen veya Erken Devoniyende evrimleşmişlerdir. Bu süre zarfında, bitki toplulukları daha uzun ve daha çeşitli hale gelmiş, ilk böcekler ilk arkaik ağaçların tabanındaki yosunlu topraklar arasında gelişmiştir. Altıbacaklılık ise böceklerin bu gezegen üzerinde çok yönlü ve istikrarlı bir yürüme, ayakta durma ve koşma aracı olarak yer edinmiş, dahası böceklerin son derece başarılı leş yiyiciler olmasını da sağlamıştır. 360 milyon yıl önceki Geç Devoniyen döneminde yaykuyruklar, zıplayan kılkuyruklar ve gümüşböcekleri, çürüyen bitkilerin biriken döküntülerinin arasında bol miktarda bulunuyordu. Bu leşçillerin beslenme faaliyetleri, dünya ormanlarının evrimleşip kıyı şeritlerinden içeriye doğru genişlemesini sağlayan organik toprakları yaratmıştır. Bitki toplulukları kıtalardaki kolonilerini genişletirken mikroskobik böcekler de ufak ama emin adımlarla iç bölgelere doğru yürümüşlerdi.

Kınkanatlı böceğin arka tarafında, kanatların varlığını gösteren ince bir dikiş vardı: Bu, yaklaşık 354 milyon yıl önce Karbonifer döneminde ilk kez evrimleşen tüm uçan böceklerin ortak atasından bir mirastı. Böcekler kanatları icat ettiklerinde ortalıkta ne kuş ne yarasa ne pterodaktil ne de uçan sincap vardı. O sırada uçan hayvan yoktu. Böcekler, diğer canlılar da uçma yeteneği geliştirip havada onların peşlerine düşmeden önce, 150 milyon yıldan uzun bir süre boyunca uçmada tümüyle ustalaştılar. Uçma avantajı, böcek türlerinin bu gezegende adeta bir patlama yapmasına katkıda bulunan unsurların kesinlikle başında geliyordu. Kanatlar böceklerin dağılmasını, uzaklardaki yeni habitatları kolonileştirmesini sağlamanın yanı sıra kur yapma davranışlarında, çiftleşmelerinde, yırtıcılardan kaçınmalarında, besin temin etmelerinde ve ısı düzenleme mekanizmalarında da önemli bir rol oynadı. Geç Karboniferde, uzun ağaçlı ormanlar kıtalara yayılmışlardı. Bu ormanlar, merak uyandıran uçan böceklerin adeta pırıltılı peri diyarıydı: bantlı, benekli ve ağkanatlı paleodisitoperanlar; dev yusufçuklara benzeyen meganisopteralar, protodonatalar; mayıs sinekleri, hatta ağaç tepeleri arasında çırpınan ve süzülen çeşitli uçan hamamböcekleri formları.

Uçmaya hazırlanan kınkanatlı, sert, kabuğa benzer ön kanatlarını dışa doğru uzattı ve zarımsı arka kanatlarını açtı. Bu kanat tarzı aslında kınkanatlıların yaklaşık 260 milyon yıl önce Permiyende evrilmiş önemli bir özelliğidir. Arka kanatlar kınkanatlının uçuşuna güç sağlar, değişim geçirmiş zırhlı ön kanatlar ise daha hassas arka kanatların kullanılmadığında saklanmasını ve korunmasını sağlayan örtü görevi görürler. Kınkanatlılara özgü bu sert ön kanatlar, böcekleri uçmadıklarında da korur ve onlara havada daha rahat hareket etmelerini sağlayan bir vücut şekli verir. Bu da onların gevşek ağaç kabuklarının altında, çatlaklarda ve yarıklarda, yaprak döküntülerinde ve odunsu döküntülerin arasında daha rahat sürünmelerini sağlar. Kınkanatlılar, katlanmamış arka kanatlarıyla beceriksizce uçuyor gibi görünseler de bu kanatlar kınkanatlıların eş ve yiyecek aramak için geniş bir alana dağılmalarına ve yeni yaşam alanlarını kolonileştirmelerine izin verecek kadar etkilidirler.

Kınkanatlıların Permiyende yaşamış ilk atalarından bazıları, çok faydalı bir beslenme davranışı da geliştirdi, modern ağaç delici tekeböcekleri bile bugün bu davranışı sergiliyor. Böceklerin olgunlaşmamış formları olan larvalar, oralarda gelişen mantar ve çürüyen bitki dokularıyla beslenmek için ölü ağaçların odunsu gövdelerini delme alışkanlığını geliştirdiler. Böylece Permiyen boyunca ve Mezozoikten Triyasa, hatta Kretaseye kadar sürmüş dinozorlar çağında bile, işlerinde gitgide ustalaşan sıcakkanlı yırtıcılardan korundular. Ayrıca bu onları çevre değişikliklerinden korumaya da yaramış olabilir. Yaklaşık 252 milyon yıl önce Permiyenin sonunda, eski kıtalar çarpışarak Pangea süper kıtasını oluşturdular. Bu olay kıyı şeritlerini, deniz habitatını ciddi şekilde bozdu ve belki de şimdiye kadarki en büyük kitlesel soy tükenişlerini tetikledi. Kara habitatları eskisinden daha sıcak ve daha kuru hâle geldi. Bu, görünüşte sadece kınkanatlıların başarısını artırıyor gibiydi. Geç Permiyende ilkel böcek benzeri sadece beş aile varken, Geç Triyasta –yaklaşık 220 milyon yıl önce– 250 gerçek kınkanatlı türünden oluşan en az 20 aile evrimleşmişti. Sonraki Jura dönemi boyunca, açgözlü dinozorlar arasında yaşamalarına rağmen, kınkanatlı nüfusu muazzam bir hızla artmaya devam etti. Orta Mezozoik dönemin fosillerinde 35 aileye mensup en az 600 tür tespit edilmiştir.

San Ramon'daki patikaya geri dönelim. Kınkanatlı, kanatlarını tekrar büktü, vızıltılı, kısa bir uçuşla yakındaki sarı bir çiçeğe kondu. Birkaç dakika sonra çiçeği yavaş yavaş çiğnemeye başladı, aheste aheste yüksek proteinli polenleri yemeye koyuldu. Çiçeklerle beslenen böceklerin görüntüsü modern dünyamızda o kadar yaygın bir imgedir ki jeolojik zamanlar açısından bunun aslında ne kadar sıra dışı bir görüntü olduğunu unutmaya yatkınız. Permiyen döneminin protokınkanatlıları çiçekleri ziyaret etmediler çünkü en azından bizim bildiğimiz biçimleriyle çiçekler henüz ortalıkta yoktu. Botanikçiler tarafından 'kapalı tohumlu bitkiler' olarak adlandırılan ve günümüzün manzarasına hâkim olan çiçekli bitkiler, yaklaşık 126 milyon yıl önceki Erken Kretase dönemine dek evrimleşmeyeceklerdi. Belki de o dönemde ilk kez eski bir kınkanatlı, kim bilir belki de bir *tyrannosaurus* veya *triceratops* dinozorunun gölgesindeki bir çiçeği ziyaret etti ve polenin tadını lezzetli buldu. Geç Kretase boyunca, bu sefer çiçekli bitkilerin erken çeşitlenmesine koşut biçimde, kınkanatlı türlerinin sayısı tekrar patladı. Bu özellikle o dönemden kalan ve şimdilerde modern dünyamıza hâkim olan, bitkiyle beslenen kınkanatlı gruplarının çoğu arasında gerçekleşti: yaprak böcekleri, bitler, bokböcekleri, taklaböcekleri, tahtakurtları ve özellikle tekeböcekleri. Zaman makinesi böceğimiz de işte bu aileye mensup.

◆◆◆

Belki 66 milyon yıl önce, Kretase dönemine ait bazı kınkanatlılar ilk manolya çiçeklerinden gelen polenlerle beslenmekle meşgulken, göklerden bir gürültü sökün etti. Yakınlardaki bir *tyrannosaurus* başına kaldırıp şöyle bir göğe bakınca dev bir göktaşının dünyaya doğru geldiğini gördü. İşte bu felaket, dev dinozorların devrini kapatıp Kretase döneminin de sonunu getirdi. Bir süre küresel çapta bir kış hüküm sürdü. Bu kış sadece dinozorları değil, belki de birçok küçük deniz canlısını da öldürdü. Ama çürüyen ağaç gövdelerinin derinliklerinde ve başka yerlerde birçok kınkanatlı larvası gizlenerek hayatta kalmayı başardı, başkalaşımını tamamladı ve dev dinozorların artık var olmadığı bir cesur yeni dünyaya adım attı. Onların bu adımlarını izleyen milyonlarca yıl içinde, hayatta kalan böceklerden bazıları gelişti ve çeşitlendi, bugün dünyanın tür açısından en zengin hayvan grubuna dönüştü.

Bizim kınkanatlımızsa belki de kendi türünden başkalarını aramak, böylece geçmişten gelen çok sayıda mesajı çoğaltmak için ilkel ormanın alacalı yeşiline doğru uçtu. Nazik vızıltısı, damlayan suların sesleri ve artan yağış arasında kayboldu. Bu kınkanatlı şimdi yok; ama nicesi duruyor. Sayılarını ancak tahmin edebiliriz. Smithsonian Enstitüsü'nden entomolog Terry Erwin'in yaptığı araştırmalar, yağmur ormanlarımızda milyonlarca, hatta on milyonlarca kınkanatlı türünün bulunduğunu ve bunların çoğunun hâlâ adlandırılmadığını gösteriyor. Güveler, kelebekler, gerçek sinekler, yaban arıları ve eşkanatlılar gibi birçok böcek türü, aşırı bir çeşitlilik gösteriyorlar. Bu aşırı çeşitlilik, Senozoik dönemin zengin tarihsel mirasıdır. Geçtiğimiz 66 milyon yıl boyunca, böcekler de çiçekli bitkilerle birlikte çeşitlenmeye devam ettiler ve bu sayede yağmur ormanlarımız evrilerek biyolojik açıdan en karmaşık ve çeşitli ekosistemlere dönüştü. Neden bu kadar çok ve farklı tür böcek var ve bu böcekler neden karasal ekosistemlere hükmediyorlar? Bilim olağanüstü sayıda gizemin örtüsünü kaldırdı ve böceklerin yükselişinin hikâyesi de yüz milyonlarca yıllık dünya tarihi boyunca nihayet ilk kez okunabilir hâle geldi. Mesajlar onları görmeyi isteyenler için kayalara, ormanlara ve böceklere yazılıdır.

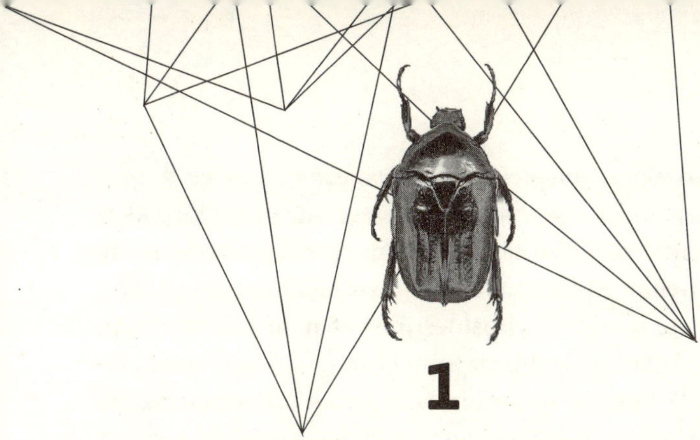

1

BÖCEKLİ GEZEGEN

Şu olgu beni afallatıyor: Dünyanın fiziksel yüzeyi baştan sona araştırılmış, öyle ki neredeyse her zirve, akarsu ve denizaltı tepesi haritalanmış ve adlandırılmış. Oysa canlılar dünyası bilinmezliğini bugün bile büyük ölçüde koruyor. Zira böcek türleriyle diğer omurgasız hayvanların ancak %10'u kadarlık küçük kısmı keşfedilip bilimsel ad aldı.

EDWARD O. WILSON, *The High Frontier*

Her şeyin kökü ve tepesi,
Her olayın sonu ve başlangıcı var;
İlk Hangisi önce, hangisi sonra,
Kim bunu anlarsa
Yakınlaşır Tao'ya

BARRY HUGHART, *Bridge of Birds*

Dünya çok böcekli bir gezegendir. Şimdiye kadar yaklaşık bir milyon yaşayan farklı böcek türü keşfedildi ve adlandırıldı. A'dan Z'ye çeşitlilikleriyle böcekler her yerdeler: karıncalar, kuşkanatlı kelebekler, hamamböcekleri, bok böcekleri, kulağakaçanlar, sinekler, çekirgeler, baş biti, tırtıllar, haziran böcekleri, çayır çekirgeleri, uğurböcekleri, peygamberdeveleri, ağ kanatlıtatarcıklar, baykuş sinekleri, ağustosböcekleri (*magicicada septendecim*), kraliçe termitler, kral palmiye eşkanatlıları, testere sinekleri, kirpikkanatlılar, altkanatlı güveler, kadifemsi kıyı eşkanatlıları, ağ örücüler (empioeptera takımından tropikal böcekler), xyelidae testere sinekleri, ypsistocerine yaban arıları ve zorapteranlar. Ama bunlar buzdağının sadece görünen kısmı, sadece büyük kovana açılan bir kapı. Böcek türlerinin çoğuna henüz bir isim bile verilmemiştir ve bilim insanları, yağmur ormanlarında yaşayan farklı böcek türlerinin sayısının belki de on milyonları bulduğunu tahmin etmektedir.[1] Sevin ya da sevmeyin, böceklerin çeşitlilikleri ve ekolojik başarıları oldukça etkileyicidir.

Hatta böcekler o kadar başarılılar ki onların kelimenin tam anlamıyla bu gezegene hükmettiklerini söylemek abartı olmaz. Bencilliğimiz ve kibrimiz yüzünden şehirlerimizle, teknolojimizle, medeniyetlerimizle dünyaya biz insanların hükmettiğini düşünüyoruz ama görünüşe göre gezegeni iyileştirmekten ziyade yok etmeye uğraşıyoruz ve dünya üzerinde başıboş dolaşan çok kalabalık bir haşere türü gibiyiz. İnsanın soyu aniden tükenecek olsaydı, insan biti ve kasık biti gibi birkaç istisna dışında çoğu canlı türünün yaşam koşulları büyük ölçüde iyileşirdi. Öte yandan Harvard'ın ünlü entomoloğu Edward O. Wilson'ın sözleriyle, tüm böceklerin soyu tükenirse, "karasal ortam kaosa dönüşür."[2] İnsan uygarlıkları ancak son birkaç bin yılda gelişmiştir. Böcekler ise, son 400 milyon yılda karasal ekosistemlerle beraber başarılı bir şekilde evrim geçirmişlerdir. Böcekler neredeyse akla gelebilecek her türlü organik malzemeyle beslenirler ve bunları birçok işte kullanırlar, bu nedenle besin çevrimi ve toprağın

1 Birçok insan, kendi gezegenimizdeki yaşam hakkında hâlâ bilmediğimiz ne kadar çok şey olduğunu öğrenince şaşırıyor. Dünyayı kaç türle paylaştığımızı bile bilmiyoruz. Tahminler yedi milyondan yüz milyona kadar değişiyor ve çoğu biyolog, bilinmeyen türlerin büyük çoğunluğunun tropik ormanların gölgeliklerinde yaşayan böcekler olduğu konusunda hemfikir.

2 E. O. Wilson, 1990. "First word," *Omni*, 6 Eylül 1990, *Academic Search Premier*, EBSCO*host* (erişim tarihi 19 Kasım 2013).

yeniden üretimi için ekolojiye lazım olan leşçillerdir. Altı bacaklı tortulcular (detrivor) olan böcekler, ölü bitkileri, ölü hayvanları ve hayvan dışkılarını tüketerek bu maddelerin biyolojik olarak öğütülme oranını büyük ölçüde artırırlar. Ayrıca hem yırtıcı hem de asalak olarak, diğer bitkiyle beslenen ve süpürücü haşerelerin nüfusunu besleyen ve azaltan temel canlılardır. Onlar aynı zamanda kendilerinin de en kötü düşmanlarıdır: Çoğu böcek türünün nüfusu, başka böceklerin beslenme faaliyetleri aracılığıyla dizginlenir ve dengelenir.

Geçtiğimiz 120 milyon yıl boyunca, böcekler, modern ekosistemlerdeki baskın bitki çeşitliliği biçimleri olan anjiyospermlerle birlikte evrimleştiler ve böylece bir çeşitlilik patlaması yaşandı. Böcekler çiçekli bitkilerin çoğu için polen taşıyıcıları ve tohum dağıtıcıları olarak hayati bir öneme sahiptirler; bitkilerle ilişkilenmiş tüm böcekler yok olsa bu bitki toplulukları da büyük ölçüde azalır. Bitkiyle beslenen böcekleri genellikle zararlılar olarak düşünmeye meyilliyiz ama böcek türlerinin yalnızca çok küçük –%1'inden az– bir kısmının önemli zararlılar olduğunu belirtmek isterim. Aslına bakılırsa bitkiyle beslenen böceklerin çoğu, iki nedenden dolayı faydalıdır: Birincisi, belirli bitkilerin üreme faaliyetlerini bizzat üstlenip onların nüfusunu azaltırlar. Bahsi geçen bitki bir tarım ürünüyse bu kulağa iyi gelmeyebilir ama yağmur ormanları veya dağ meraları gibi doğal ortamlarda bu beslenme tarzı istendik bir sonuç vermektedir. Belirli bitki türlerinin aşırı yaygın ve yabani otlar tarafından istila edilmiş hâle gelmesini önleyerek çok daha fazla türün çok daha küçük alanlarda bir arada var olmasına izin verir. Bitkiyle beslenen böcekler, bitki topluluğu tür zenginliğinin evriminde itici bir güçtür ve tam da bu nedenle tropikal habitatların olağanüstü bitki çeşitliliği, böcek çeşitliliğine rağmen değil, büyük ölçüde böcek çeşitliliği sayesinde oluşmuştur. İkinci ama bir o kadar önemli durum da diğer vahşi yaşam türlerinin bitkiyle beslenen böceklerin çoğunu yiyebilmesidir. Balıklar, amfibiler, sürüngenler, kuşlar, primatlar, hatta insanlar dâhil çoğu memeli ve omurgalı türü için birçok böcek zengin bir temel besin kaynağıdır. Birçok canlı, varlığını sürdürmek için tamamen insanlara bağımlı değildir ama canlı bitkilerin ve kara hayvanlarının büyük bir kısmının yaşamı kısmen veya tamamen böceklere bağımlıdır.

Gezegeni yönetsinler ya da yönetmesinler, böcekler kesinlikle dünyayı büyük ölçüde istila etmiş durumdalar. Yağmur ormanlarından çöllere, çayır ve kırlara, deniz kıyılarından Alp Dağları'nın tundralarına ve And Dağları'nın *páramo* ekosistemlerine kadar hemen her türlü kara habitatında bol miktarda bulunurlar. Sucul böcekler sadece çaylarda, nehirlerde, şelalelerde, sızıntılarda, göllerde, göletlerde, bataklıklarda ve tuz bataklıklarında yaşamakla kalmazlar, aynı zamanda çamur birikintilerini, kanalizasyon göletlerini, kayalardaki oyukları, ağaç deliklerini, sürahi bitkilerinin yapraklarını ve orman tabanından yaklaşık yüz metre daha yüksekte olan ananasgillerin yaprak tabanlarını bile işgal etmişlerdir. Suda yaşayan böceklerden bazıları göletler ve göller arasında kaymak için yüzey gerilimi kuvvetinden yararlanırken, okyanus su böceği *halobat* okyanusun yüzeyinde yüzlerce kilometre yürürken görülmüştür. Milyonlarca Afrika göçmen çekirgesi, Karayip Adaları'na inmek için tüm Atlantik Okyanusu boyunca bulut gibi uçmuştur. Karıncalar ve termitler gibi makro böcek toplulukları, biyokütlelerinin omurgalıların biyokütlesinden daha ağır bastığı Amazon havzasında toprağın temel taşıyıcılarıdır. Fakat böceklerin çokluğu kesinlikle yağmur ormanlarına özgü bir olgu değildir. Kuzey Kutbu'nun yakınında bile, ısıran sineklerin ve tatarcıkların toplam ağırlığı, memelilerinkinden daha fazladır.

Böcekler ve akrabaları evrimleşip gezegendeki aşırı koşullardan bazılarına bile uyum sağlamışlardır. Taş sineklerinin varlığı, Himalayalarda 5.600 metre yükseklikte bile kaydedilirken, yeraltı kınkanatlıları, cırcır böcekleri ve hamamböcekleri, yeraltındaki mağaralarda yaşama uyum sağladılar. Bazı sucul kınkanatlılar bir hava kabarcığının yüzeyi boyunca nefes alıp süresiz olarak su altında kalabilir. Tuzlu su sinekleri, kıyı sinekleri, yosun sinekleri ve geyik sinekleri, yüksek tuz seviyelerine karşı aşırı tolerans geliştirmiştir ve tuzlu bataklıklarda, tuz düzlüklerinde ve okyanus kıyılarında yaşarlar. Yaykuyruklar kanlarında antifriz bileşikleri geliştirmiştir ve bazıları Alt Antarktika adalarında en çok bulunan canlılar arasındadır. Canlı kayronomid tatarcığının larvalarına, hemoglobin benzeri kan pigmentleri geliştirerek çok düşük oksijenli bir ortama uyum sağladıkları Rusya'daki Baykal Gölü'nün derinliklerinde rastlanmıştır. Sandal böceğinin uyum yeteneği de dikkat çekicidir: Bazısı Kaliforniya'daki Ölüm Vadisi'nde, deniz seviyesinin altında yer alan tuzlu sularda yaşarken, diğerleri Himalayaların zirvelerinde yaşar. Bazısı buzun altındaki soğuk sularda yüzerken, diğerleri 35°C'ye varan sıcaklıklarda kaplıcalarda büyüyebilir. Yellowstone kaynarcalarına özgü alkali sineği, sıcaklığı 50°C'ye kadar çıkan sıcak su havuzlarının kenarlarında yetişir. Kutup havuzlarında yaşayan diğer sinek larvalarının sıcaklığın -30°C'ye kadar düştüğü kış soğuklarında hayatta kaldıkları bilinmektedir. En etkileyici canlılardan biri, kriptobiyoz geliştirerek aşırı kuraklık koşullarına –larvaların susuz kaldığı ve en aşırı koşullara dayandığı bir animasyon durumuna– uyum sağlayan Güney Afrika kayronomidae tatarcık sineği *polypedilum vanderplanki*'dir. Bu dehidre sinek larvalarının kaynar suya da daldırsanız, sıvı helyuma da daldırsanız şartlara dayanabildiği gözlemlenmiştir.

Çoğu böcek türü, geniş aralıkta yer alan aşırı koşullara o kadar dirençli değildir. Aslında birçok tatlı su böceği, makul su sıcaklığı ve oksijen seviyeleri gibi dar bir uygun koşul aralığına sahiptir ve bu böcekler bizim için su kalitesinin biyoendikatörleri olarak çok değerlidirler. Öte yandan yüz binlerce bitkiyle beslenen tropik böcekler, memeliler ve diğer birçok hayvan için son derece zehirli olan bitkilerle beslenip bunları sindirebilmelerine izin veren fizyolojiler geliştirmişlerdir. Birçok tropik tırtıl, bir insanı bile öldürebilecek kadar kimyasal bileşik içeren zehirli bitkilerle beslenebilir. Diğer böcekler, ağır madenlere, hatta onları öldürmek için özel olarak yapılmış böcek ilaçlarına bile epey dayanıklıdır. Nitekim yüzlerce böcek türünün böcek ilaçlarına karşı direnç geliştirdiği bilinmektedir. Geçtiğimiz yüzyılda belirli haşere türlerini ortadan kaldırmaya yönelik yoğun çabalarımıza rağmen, tek birini bile ortadan kaldıramadık. Şu işe bakın ki sıtma sivrisineği, insan biti, sıçan piresi veya ev sineği gibi gerçekten kurtulmak istediğimiz hiçbir haşereyi ortadan kaldıramadık belki ama ortadan kaldırmayı hedeflemediğimiz milyonlarca tropik böcek türü, sırf bizim bakir habitatları talan etme merakımız nedeniyle ani bir yok oluş tehdidiyle karşı karşıya kalabilir.

Şekil 1.1. Yaprak döküntüsünün ortak sakinleri, yaykuyruklular (collembola takımı) aşırı çevre koşullarına dayanıklıdılar. (Fotoğraf: Kenji Nishida)

Belki de bir milyondan fazla böcek var dersek veya benzeri başka bir şey desek insanları etkilememiz daha kolay olur. Çoğumuz herhangi bir şeyden milyon taneye sahip değiliz; bu yüzden pratikte bu kadar yüksek miktarlara aşina da değiliz. Fakat böcek tür çeşitliliğini gerçekten dikkate değer kılan şey sadece astronomik büyüklükte sayılar değildir, aynı zamanda benzersiz, her biri farklı varlıklardan bahsediyor olmamızdır. Bunun ne kadar olağanüstü olduğunu gerçekten kavramak için, tür olmanın ne anlama geldiğini net bir şekilde anlamak gerek.

"Ve İnsan Her Canlı Varlığa Ne Dediyse Artık Onun Adı Oydu"

Biyolojide tür, canlı çeşitlerini tanımlamak için başvurulan en temel kategoridir. Milyonlarca canlı türü var olduğu için, biyologların bile türleri tanımlamakta zorlandıklarını öğrenince fazla şaşırmayabilirsiniz. Kelebek ve kınkanatlı türlerini tanımlamak için kullanılan yöntem, çiçek, mantar, tek hücreli ve bakteri türlerini tanımlamak için kullanılamayabilir. Türleri tanımlamada kabul görmüş görüşler arasında biyolojik tür kavramı, evrimsel tür kavramı, ekolojik tür kavramı ve morfolojik tür kavramı vardır.

Biyolojik tür kavramı, türleri kendi aralarında çiftleşebilen, yaşayabilir yavrular üretebilen ve benzeri diğer nüfuslardan üreme açısındanayrılmış bireylerin nüfusları olarak tanımlar. Başka bir deyişle biyolojik türler birbiriyle çiftleşebilen ama olağan koşullarda diğer türlerle çiftleşmeyecek birey gruplarından oluşur. Bu tanım, kelebekler ve arılar gibi çoğu eşeyli üreyen böcek nüfuslarında iyi çalışır. Tanıdık bir örnek vermek gerekirse, kral kelebeği (*danaus plexippus*) çok iyi bilinen ve yaygın olarak tanınan bir böcek türüdür. Kral kelebeğinin iyi bilinen bir taklitçisi olan vali kelebeği (*limenitis archippus*), renk desenleri itibarıyla ilk bakışta kral kelebeğine benzer ama ondan farklı ve ayrı bir türdür. Sabırlı ve dikkatli bir doğa bilimciyseniz, erkek kral kelebeklerinin dişi kral kelebeklerine kur yapıp onlarla çiftleştiğini, erkek vali kelebeklerinse dişi vali kelebeklerine kur yaptığını ve onlarla çiftleştiğini görebilirsiniz. Buna karşın, kral ve vali kelebeklerinin birbirleriyle veya başka türlerle çiftleştikleri göremezsiniz. Biyolojik tür kavramı, organizmaların doğal olarak kendilerini ayırdıkları temel grupları tanımlamaya ve adlandırmaya çalışır. Bu bağlamda, tür kategorisi ilginçtir; çünkü doğada rastgele tanımlanmayan ancak temel bir gerçekliğe sahip grupları tanıma çabasına denk düşer.

Biyolojik tür kavramıyla ilgili temel sorun, birçok bitki, mantar, bakteri, protozoa, hatta bazı böcek türleri gibi eşeysiz üreyen türler için tam anlamıyla geçerli olmamasıdır. Örneğin birçok yaprak biti türü, çiftleşmeden eşeysiz olarak daha fazla dişi üreten birkaç nesil dişi edinerek hızla çoğalır. Asalak yaban arıları arasında, dişilerin eşeysiz üreme yoluyla daha fazla dişi ürettiği, erkek diye bir şeyin hiç bilinmediği birçok tür mevcut. Evrimsel tür kavramı, türleri tek ve eşsiz bir evrimsel geçmişi paylaşan, genetik olarak farklı, ayrı biyolojik soylar olarak tanımlayarak bu sorunu çözmeye çalışır. Teorik bir kavram olarak, bu tanım tüm organizma gruplarına daha geniş bir şekilde uygulanabilse de pratikte bu zor olabilir. Erkek ve dişi kral kelebeklerinin çiftleştiğini görürsek, bu aynı biyolojik türden iki bireyi gözlemlediğimize dair güçlü kanıt sağlar. Aynı iki kelebekten DNA örnekleri almak ve bunların aynı evrimsel türe ait olduğunu değerlendirmek hâlâ pahalı ve zorlu bir teknolojik iştir. Teknolojimiz bu yönde ilerliyor olsa da gerçek şu ki böcek türlerinin yalnızca küçük bir kısmı için DNA 'parmak izlerini' değerlendirdik.

Ekolojik tür kavramı ise türleri ekolojik nişlerine, yani habitatlarının, beslenmelerinin, çevresel kalitelerinin ve davranışsal gereksinimlerinin benzersiz bileşimine göre tanımlar. Kral ve vali kelebekleri zaman zaman Kanada'da aynı habitatları işgal edebilirler ama kral kelebeği tırtılları sadece ipek otuyla beslenirken, vali kelebeği tırtılları söğütlerle beslenir ki bu bir kral kelebeği tırtılının asla yapmayacağı bir şeydir. Bu iki tür, soğuğa dayanma derecelerine göre farklılık gösterir, sorunu farklı şekillerde çözerler: Kral kelebekleri güneye, Meksika'ya göç ederler; vali kelebekleri ise kışı soğuğa dayanıklı, kısmen büyümüş tırtıllar olarak geçirirler. Böylece iki tür, farklı zamanlarda farklı habitatları işgal etmiş olur ve gelişimleri için farklı kaynakları kullanır. Ekolojik tür kavramının temel bir parçası, hiçbir iki türün tam olarak aynı ekolojik nişi işgal edemeyeceği fikridir. Türler, yaşam alanı ve kaynaklar için rekabet ettiklerinden, dünyayı farklı şekillerde kullanmaya uyum sağlamaya ve bu yüzden farklılaşmaya meyillidir. Bu, kral kelebeklerinin vali kelebeklerinden nasıl farklılaştıklarına dair tatmin edici bir açıklama sağlıyor gibi görünse de ekolojik tür kavramının bile uygulamada temel bir kusuru vardır: Keşfedilen yeni türlerin çoğunun ekolojik nişlerini bilmiyoruz.

Adlandırılmış böcek türlerinin çoğunun adı, toplanan örneklerin morfolojik görünümüne, boyutuna, renk modellerine, vücut formuna ve başka ayırt edici anatomik özelliklere dayanılarak önerilmiştir. Bu bizi en eski ve belki de en temel tanıma getiriyor: türleri anatomik görünümlerine göre karakterize eden morfolojik tür kavramı. Bu eski moda veya diğer tür kavramlarından daha az tatmin edici görünebilir ama çoğu durumda son derece pratik bir yöntemdir. Kral ve vali kelebeği arasındaki farkı anlamak için çiftleşme davranışını gözlemlemem, DNA kanıtı toplamam veya larvaların beslendiği bitkileri gözlemlemem gerekmiyor. Önüme bir örnek, hatta bir fotoğraf koyun, sadece morfolojik görünümüne göre hangi tür olduğunu size doğru bir şekilde söyleyebilirim. Bu iki türün her birinin benzersiz ve ayırt edici kanat desenleri var; insanlar iki yüz yılı aşkın süredir kral kelebekleri ve vali kelebeklerini başarıyla tanıyabilmekte. Kuşkusuz, morfolojik tür kavramıyla ilgili bazı sorunlar da var. Cinsiyetler arasındaki farklılıklar, olgunlaşmamış aşamalarla erişkin aşamalar arasındaki farklılıklar gibi varyasyon aralıklarının, değerlendirilmeleri ve anlaşılmaları gerekir. Ayrıca bazı durumlarda, morfolojik olarak aynı görünen ancak davranışsal veya genetik izlerinden ayırt edilebilen kriptik türlerin de var olabildiğini anlıyoruz. Ancak canlı türlerinin büyük çoğunluğu morfolojik görünümlerine göre tanımlanabilir ve pratik anlamda, fosilleşmiş organizmaların çoğu sadece morfolojilerine göre tanımlanabilir. Bu işlevsel tanım, vaktiyle paleontolog David Raup'u biraz da alaycı bir şekilde "Bir canlı türü, işinin ehli bir taksonomist öyledir diyorsa, türdür" demeye sevk etti.[3]

Biyolojik bir türün teoride ne olduğunu kavramsallaştırmak önemli; ama pratikte bir türün ne olduğunu anlamak da öyle. Yaklaşık 250 yıldır biyologlar yeni türler adlandırıyor ve 1961'den beri bu, Uluslararası Zoolojik Adlandırma Yönetmeliği'nde belirtilen çeşitli kurallara göre yapılıyor. Yeni bir böcek türünü tanımlamak ve adlandırmak, DNA örneklerine sahip olmanızı, ekolojik nişi veya evrimsel tarihi bilmenizi veya hatta çiftleşme biyolojisini gözlemlemenizi gerektirmez. Kurallar, bir müzede referans için gözlemlenebilen, tanımlanabilen ve arşivlenebilen bir numuneye veya numunenin bir parçasına sahip olmanızı gerektirir. Yeni bir böcek türünü adlandırmanın süreci, önerilen yeni türün morfolojik özelliklerini tanımlamak, ona bir isim vermek ve bu bilgiyi bilimsel bir dergide yayımlamaktan geçer; ismi resmî yapan, yayımlanma tarihidir. Türleri adlandırma sistemimiz her zaman ikili nomenklatür kullanır: Bu yöntemde tür, tam bilimsel adını belirten iki terimle adlandırılır. İlk kelime cins adı, ikincisi tür adı veya sıfatıdır. Bu iki kelime benzersiz bir kombinasyon oluşturur, böylece her canlı türü için tür adı benzersiz ve ayırt edici olur. Tür adlarının daima Latince olur ama karmaşık veya öğrenmesi zor olmamalıdır (mesela kendi türünüzün adı olan *homo sapiens*'i zaten biliyorsunuzdur). Numune, ileride başvurmak üzere bir müze koleksiyonunda tutulur. Bununla birlikte türler çoğu zaman bilimsel literatürde hakkında yayımlananlarla tanınırlar. Yani böcekleri adlan-

3 David M. Raup, *Yok Oluş: Kötü Olan Genlerimiz mi Şansımız mı?* çev. Nivart Taşçı, Boğaziçi Üniversitesi Yayınevi İstanbul. 2011, s. 27.

dırmak ve onlardan bahsetmek için evrensel kullanımdaki taksonomik tür kavramı altında bir tür, önce belirli ortak özelliklere sahip bir dizi organizma olarak tanımlanır.

Yeni türleri adlandırmayı, söz konusu türün hipotezini oluşturmak olarak düşünürüm. Morfoloji bazlı tür tanımladığımızda, temelde aynı biyolojik, evrimsel ve ekolojik türlerin bu formla var olduğunu varsayıyoruz. Tür hipotezi, eklenen her yeni bilgiyle yeniden test edilir. İlerde, adlandırılmış her türün biyolojisini, evrim tarihini ve ekolojik nişini öğreneceğimizi, böylece önerilen morfolojik türleri doğrulayacağımızı umuyoruz. Yeni örneklerin keşfiyle varyasyonlar hakkında yeni bilgiler ediniyoruz; ardından bir organizmanın taksonomik kavramı bu yeni bilgiyi de kapsayacak değiştirilip genişletebiliyor. Yeni bilgiler keşfedilir, adlandırılmış hayvanın veya bitkinin yalnızca başka bir türün nüfusu olduğu ortaya konulursa eski ad korunur, daha yeni adsa "gömülür". Bir başka deyişle yeni ad, geçerliğini koruyan eski adın yeni eşanlamlısı olur. Bir nüfusun birden fazla kriptik türden oluştuğu da keşfedilebilir; yeni keşfedilen biyolojik türleri tanımak için yeni isimler eklenebilir. Yeni bir yaratığa isim vermek, organizma hakkında daha eksiksiz bir anlayış geliştirmeye yönelik, uzun bir bilimsel sürecin sadece ilk adımıdır; ancak bu süreçte bu yaratığın görünüşüne dair morfolojik bir tanım sunmak zorunludur. Bilim insanları 250 yıldır bu işi yapmaya çalışıyor dediğimizde belki kulağa türleri keşfetme ve tanımlama işi bitti bitecek gibi geliyor. Ancak yeni keşiflerin, tanımların ve yayımların sayısı göz önüne alındığında, kalan böcek türlerinin adlarını ve morfolojik tanımlarını vermenin yaklaşık 500 yıl daha sürebileceğini göz önünde bulundurmalısınız.

Onları nasıl tanımlarsanız tanımlayın, bu gezegende en az birkaç milyon böcek türü var ve hepsi ortak bir temel özelliğe sahip: benzersiz nüfusları. Bu aynı şeyin milyonlarca örneğine sahip olmaya benzemiyor. Bazı durumlarda, bir böcek türünün çokluğu zaten başlı başına şaşırtıcıdır. Bir karınca süper kolonisinin birbirinin neredeyse aynı milyonlarca işçiye sahip olabileceğini bilmek etkileyicidir. Ama bu gezegenin, her biri kendine özgü üreme biyolojisi, ekolojik niş gereksinimleri, genetik ve evrimsel geçmişi, biyokimyası, anatomisi ve davranışı olan milyonlarca farklı böcek türü nüfusuna ev sahipliği yaptığını anlamak akıllara durgunluk verir. Bir milyon civarında adlandırılmış böceği bile kavramsallaştırmak zordur. Bunun gerçekte kaç tane olduğunu gözünüzde canlandırmak için şöyle anlatayım: Her tür adı iki kelimeden oluştuğundan, bilinen böcek türlerinin adlarını belirtmek için iki milyon kelime yazmak gerekiyor ki bu da tüm böcek adlarını sıralı listesi için elinizdeki kitap boyutunda basılmış tam yirmi kitaba ihtiyacım var demektir. Üstelik bu liste sadece yaşayan, güncel böcek türlerini içerecektir; bilinen fosillerden soyu tükenmiş olanlar veya yağmur ormanlarının üst bitki örtülerinde, yani yükseklerinde yaşayan milyonlarca adsız böcek bu listede olmayacaktır. Her böcek türünün kesinlikle anlatacak büyüleyici bir hikâyesi vardır ama her biri hakkında ilginç ve olağandışı şeyleri anlatabilmem takdir edersiniz ki mümkün değil. Dolayısıyla araştırma için türleri anlamlı kategoriler halinde gruplandıran bir sisteme ihtiyacımız var.

Tüyden Kuşlara, Benekten Kelebeklere: Böceklerin Sınıflandırılması

Sınıflandırma, canlı çeşitliliğini hiyerarşik gruplar hâlinde toplamak için geliştirdiğimiz bir araçtır. Türler, diğer ilgili türlerle birlikte cinsler halinde gruplandırılır. Örneğin Kuzey Amerika'nın doğusunda yaşıyorsanız, muhtemelen Pennsylvania'nın bombus arısına, yani *bombus pennsylvanicus*'a aşinasınızdır, buna karşılık Wyoming'in dağlık bölgelerinde yaygın olan arı, Hunt'ın kırmızı kuyruklu bombus arısıdır, yani *bombus huntii*'dir. Bunlar, farklı dağılımlara, beslenme alışkanlıklarına ve yuvalama alışkanlıklarına sahip farklı arı türleridir. Çoğu insan, her ikisini de temelde bir bombus arısı, yani *bombus* cinsinin bir üyesi olarak tanır ve geneller. Ama bu yaygın örnekte bile durum göründüğünden çok daha karmaşıktır. Wyoming'de yaklaşık on, Kuzey Amerika'da otuzdan fazla, dünya çapında ise çok sayıda bombus arısı türü vardır.

Benzer türler ve cinsler aileler ayrılırlar. Bombus arıları, arılar, odun yaban arıları ve diğerleri, dünya çapında yüzlerce türden oluşan *apidae* arı ailesinin adı altında toplanırlar. Böcekler arasında aile grupları büyüklük ve çeşitlilik açısından oldukça farklılık gösterebilir. En büyük asalak yaban arısı[4] ailelerinden biri olan *ichneumonidae*'nin, tüm omurgalı türlerinin toplamından bile daha fazla, yaklaşık 50 ila 60 bin tür içerdiği tahmin edilmektedir. Diğer bazı böcek aileileri de bununla kıyaslanabilir bir çeşitliliğe sahiptir; *curculionidae* (hortumlu kırıkkanatlılar), *carabidae* (yer kınkanatlıları), *noctuidae* (baykuş güveleri) ve *tipulidae* (çayır sinekleri) gibi. Benim özel araştırma alanım, genel olarak kabul görmüş bir ortak adı olmayan ama 15 binden fazla adlandırılmış türden oluşan ve toplamda 50 binden fazla tür içerdiği tahmin edilen asalak yaban arısı *braconidae* ailesidir. Gerçi bir aile çok küçük de olabilir: Örneğin *pelecinidae* yaban arısı ailesi, Kanada'dan Arjantin'e kadar uzanan geniş bir alana yayılmış tek bir türden oluşur.

[4] Türkçe 'bal arısı', 'yaban arısı', 'eşek arısı' hep aynı 'arı' türünün parçası, hatta 'yaban arısı' ve 'eşek arısı' sözcükleri birbirinin eş anlamlısı gibi düşünülür. Oysa kitapta daha da ayrıntısıyla anlatılacağı üzere 'arı' (İng. *bee*) ile 'yaban arısı' (*wasp*) farklı aileden böcekler ve 'yaban arısı', 'arı'nın alt türü değil. 'Eşek arısı' (İng. *hornet*) ise termitlerle yakın akraba olan 'yaban arısı'nın bir alt türü. (Yay. Haz.)

Şekil 1.2.Yarasa sinekleri son derece özelleşmiş, sadece yarasa kanıyla beslenen asalaklardır. Resimde görülen vampir yarasalar Kosta Rika'daki Palo Verde Ulusal Parkı'nda yaşıyorlar.

Tür çeşitliliğinden bağımsız olarak, akraba ailelerin grupları, 'takım' adı verilen daha büyük gruplar halinde toplanırlar. Böcek takımlarının en büyük ve en yaygın olanları, bilimsel adlarını bilmeseniz bile size çok tanıdık gelecektir. Bunlardan dördü, her biri binlerce tanımlanmış türle birlikte muhtemelen milyonlarca adlandırılmamış tür içeren yüksek çeşitliliğe sahiptir. Bahsi geçen en büyük dört takımsa *coleoptera* (kınkanatlılar), *hymenoptera* (yaban arıları), *diptera* (sinekler) ve *lepidoptera*'dır (kelebekler ve güveler). Yüzlerce veya binlerce türden oluşan nispeten daha küçük ama yine de başka takımlara kıyasla çok büyük olan birçok böcek takımı vardır ve muhtemelen birçoğuna aşinasınızdır, örneğin yusufçuklar, çekirgeler ve cırcırböcekleri, termitler, hamamböcekleri, bitler, eşkanatlılar ve özellikle balık tutmayı seviyorsanız, mayıs sinekleri ve şayak sinekleri bunlardan bazılarıdır. Diğer birçok ilginç ama nadir böcek, embioptera'lar, buz böcekleri, zoraptera'lar ve yelpaze kanatlı parazitler gibi çoğu sıradan insanın hiç karşılaşmadığı küçük ve belirsiz takımlarla sınıflandırılır. En son keşfedilen en küçük böcek takımı, 2002 yılında keşfedilen iki canlı türüyle birlikte Afrika kaya solucanları ve gladyatör böcekleri olarak da bilinen mantophasmatodea'dır. Ayrıca, artık soyu tükenmiş olmakla birlikte Paleozoikte, yani yüz milyonlarca yıl önce epey çeşidi bulunan birkaç böcek takımı daha mevcuttur.

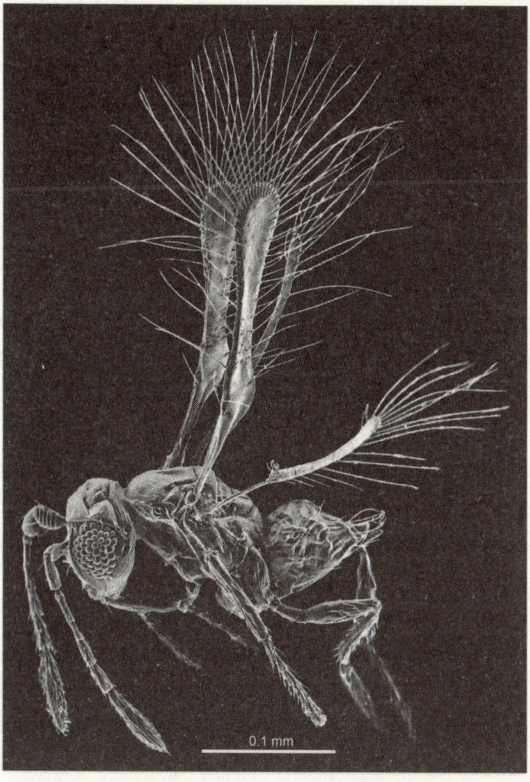

Şekil 1.3. Peri sineği yaban arıları (Mymaridae ailesi), çok küçük ekolojik nişleri işgal eden böcek-yumurta parazitoitleridir. Tinkerbella nana, bilinen en küçük uçan böceklerden biridir. (Fotoğraf: Jennifer Read.)

Tüm bu böcek takımları *insecta* (böcekler) adı altında toplanır. Çoğunlukla, bunların hepsi, insanların genellikle 'böcek' olarak adlandırdığı, altı bacaklı ve üç segmentli bir vücut yapısına sahip canlılardır: baş, göğüs ve karın. Böcekler, *arthropoda* (eklembacaklılar) şubesinin altında sınıflandırılır. Bu şube, böceklerin yanı sıra onların sert dış iskeletli ve eklemli bacaklı yakın akrabaları olan örümcekler, keneler, akarlar, kırkayaklar, çıyanlar ve akrepler gibi tanıdık canlıların yanı sıra Paleozoik dönemde yaşamış trilobitler gibi daha az bilinen canlıları da kapsar. Eklembacaklılar ise çok daha geniş kapsamlı olan *animalia* (hayvanlar) âleminin altında sınıflandırılır.

Altı Bacaklı Hayvanat Bahçesi: Böceklerin Çeşitliliğini Anlamak

Neden bir grup hayvan, diğer tüm hayvanlara kıyasla böyle aşırı çeşitli hâle geldi? Böceklerin çevrelerine uyum sağlam başarısından ne anlamalıyız? İlk olarak, böcekler anatomileri, fizyolojileri ve diğer canlılarla ekolojik etkileşimleri açısından sınırlanmış küçük vücut boyutlarına evrimleşmiştir. Küçük boyutluluk, böceklerin dünyayı son derece küçük nişlere bölmelerine izin vererek böcek türlerinin çeşitliliğini desteklemiştir. Örneğin bitkiyle beslenen böcekler, bir bitkiyi birçok farklı nişe bölebilir. Yapraklarda beslenen, gövdelerde oyuklar açan, yaprak yüzeylerinin altında yaşayan, çiçek tomurcuklarını veya tohum kabuklarını çiğneyen, ağaç kabuğunun altında yaşayan veya özodununun derinlerini, yerin altını köklere doğru delen farklı türde böcekler bulabilirsiniz. Genç bir kınkanatlı, erişkinlik öncesi yaşamının tümünü küçük bitki tohumu içinde yaşayıp ondan beslenerek geçirebilirken, erişkin bir böcek tamamen farklı bir niş içinde yaşayabilir.

Kral kelebeği gibi birçok bilinen böcek, geniş bir yayılıma ve geniş bir nişe sahipse de böcek türlerinin büyük çoğunluğu son derece küçüktür ve genellikle yerel, çok küçük nişlere sahiplerdir. Büyütecek bir optik araç kullanmadan görülemeyecek, 'peri sineği' adı verilen mikroskobik yaban arısı, gelişimini bir başka böceğin tek bir yumurtasının içinde tamamlar. Asalak böceklerin özel dar nişleri de özellikle etkileyicidir. Sadece pelikanların keselerinde yaşayan kuş bitleri ve denizaslanlarının kürklerinde ve burun deliklerinde yaşayan memeli bitleri vardır. Aslında, çoğu farklı kuş ve memeli türü, vücutlarında yaşayan özel bit türlerine sahiptir, yarasalar hariç. Gerçi bu ekolojik boşluğu doldurmak için de başka bir böcek grubu evrimleşmiştir. Yarasa kürkünde yaşayan kan emici asalak sinekler vardır. Bu nedenle vampir yarasalar sizin kanınızı içebilse bile bu asalak sinekler de onların kanlarıyla beslenir. Wyoming'de ve Kuzey Amerika'nın diğer kutup altı bölgelerinde, yalnızca canlı kunduzların kürkünde yaşayan ve uçamayan bir asalak kınkanatlı türü olan *platypsyllus castoris*, yani kunduz parazit böceği vardır. Wyoming'de keşfettiğim *neoneurus mantis* ise höyük yapan *formica* karınca türünün karınlarında parazit olarak gelişen küçük bir yaban arısı türüydü. 1990'da onları ilk bulduğumda, yalnızca üç adet karınca kolonisiyle birlikte uçuyorlardı. Son yirmi yılda, bu kolonilerden ikisinin nüfusu azaldı ve parazitler de kayboldu. Bu yüzden son birkaç yılda bu küçük yaban arısını yakınlardaki dağlarda, yalnızca haziran aylarında ve yalnızca tek bir karınca yuvasında bulabildim.

◆◆◆

Böceklerin engin çeşitliliğinin ikinci bir nedeni, kanatlı böceklerin, nişlerini gökyüzünü de kapsayacak biçimde genişletmelerine izin veren uçuş kabiliyetleridir. 150 milyon yıl boyunca, uçabilen tek hayvanlar böceklerdi ve bu yetenekleri onlara yırtıcılardan kaçma, yeni alanlara dağılma ve kolonileşme konusunda büyük avantajlar sağladı. Kanatlı pterosaurların, kuşların ve yarasaların ortaya çıkışı bile uçuşu böceklere yasaklamaya yetmedi. Aksine, onların biraz daha çeşitlenmesi, uzmanlıklar geliştirmesi için seçilim baskısı bile sağladı. Bu arada kanatların uçmaktan başka işlere de yaradığını belirtelim. Böcekler soğukkanlı hayvanlardır ve kanatlarındaki kan damarları soğuk sabahlarda onların ısınmaların sağlayan küçük güneş panelleri görevi görür. Böcek kanatları aynı zamanda böcek davranışında, özellikle kur yapmada ve çiftleşmede önemli rol oynayan, çeşitli karmaşık ortamlarda eşlerini tanımayı kolaylaştıran, çok çeşitli renkler ve desenler içeren birer tuval görevi de görür. Kanat renkleri ayrıca *kripsis* (kamuflaj) veya *aposematizm* (parlak renkler aracılığıyla verilen zehirliyim uyarısı) aracılığıyla böceklerin hayatta kalma şansını da artırabilir.

En az ilk iki neden kadar önemli olan üçüncü nedense böceklerin son derece karmaşık büyüme aşamaları geliştirmiş olmalarıdır. Çoğunun genç gelişim formları (larvalar) ve başkalaşım gibi birbirinden farklı ve çok karmaşık gelişim evreleri vardır. Bu gelişim evreleri erişkin böceklerin kendi yavrularıyla kaynaklar için rekabete girmekten kaçınmasına izin veren dikkate değer bir yeniliktir. Örneğin bir kelebeğin tırtılı gibi genç bir böcek larvası, genellikle gizli veya korunaklı bir ortamda beslenmekten ve büyümekten başka hiçbir işi olmayan bir makineye dönüşür. Tam başkalaşım geçirmiş erişkin böceklerse böylece kur yapma, çiftleşme ve yumurtlama faaliyetlerine odaklanabilirler. Erişkin böceklerin çoğu, genç böceklerden tamamen farklı kaynaklardan beslenir yahut hiç beslenmez. Bugün var olan böcek türlerinin %75'inden fazlasının tam başkalaşım geçirmesi, bu davranışın yararını ve başarısını kanıtlamaktadır.

Böcekler üzerine çalışan bir öğrenci, böceklerin son 400 milyon yıllık evrimini incelerken daha karmaşık, daha yetkin yanıtların peşine düşebilir. Bu konuyu ele alan ileri düzey bir ders ise fosil kalıntılarına dayalı böcek tarihini ve anatomisini, dahası davranış, genetik ve moleküler dizilim çalışmalarından çıkarılan ilişkileri kapsayabilir. Böyle bir ders muhtemeldir ki ilkel böceklerin, Geç Silüryen veya Erken Devoniyen dönemlerinde ilkel kara bitkileriyle birlikte, karada evrimleştiğini öğretecektir. Kömüre dönüşecek bataklıkların olduğu Karbonifer döneminde, böcekler kanat geliştirmişlerdi. Uçuşun icadı, yusufçuk benzeri dev böcekler ve artık var olmayan birçok eski tür dâhil olmak üzere böcek türlerinin ilk kez geniş alanlara yayılmalarını sağladı. Permiyen dönemine gelindiğinde böcekler çeşitlendiler, bugün bildiğimiz biçimlerine yaklaştılar; bunlara bizim eşkanatlılar, dantel kanatlılar ve kınkanatlılar dediğimiz türler de dâhildi. Permiyen döneminde tam başkalaşımın ortaya çıkması, belki de birçok böceğin istikrarsız, değişen bir dünyada evrilmesine ve çeşitlenmesine izin veren, kilit bir olguydu. Diğer böcekler ve diğer birçok yaratıksa o kadar şanslı değildi.

Dünyamız Permiyen döneminin sonunda kitlesel bir soy tükenişi yaşadı. Okyanuslarda, trilobitler dâhil olmak üzere birçok eski yaşam formu yeryüzünden sonsuza dek silindi. Milyonlarca yıldır gelişen eski böceklerin bazıları dâhil olmak üzere, karada yaşayan birçok canlı türü yok oldu. Ama diğerleri, özellikle de karmaşık başkalaşım yeteneğine sahip olan böcekler hayatta kalıp çeşitlendiler. Böylece Mezozoik dönemde böcekler ile dev dinozorlar bir arada yaşadılar. Erken Kretase döneminde çiçekli bitkiler ortaya çıkınca böcekler de hızla yeni türlere evrilip çeşitlenerek değişen manzaraya uyum sağladılar. Çiçeklerle beraber kelebekler, arılar, karıncalar ve sosyal yaban arıları gibi böcekler arasında çeşitli ortaklıklar kuruldu. Dünyamıza 65 milyon yıl önce muhtemelen dev bir göktaşının çarpmasıyla tetiklenen bir başka büyük soy tükenişi olayı, dev dinozorların döneminin sonunu getirdi. Bugün 'kuş' dediğimiz tüylü, küçük dinozorlar, birçok çiçekli bitki türü ve böcek türleri hayatta kalıp evrildi ve böylece Senozoik dönem başladı: Çiçekli bitkilerin ve böceklerin devam eden eşevrimi, yağmur ormanı ekosistemlerinde müthiş bir biyolojik çeşitlilik ve karmaşıklık yarattı.

Böceklerin zengin fosil geçmişlerinin ortaya çıkardığı evrim hikâyesi, aydınlatıcı olsa da tam anlamıyla tatmin edici değildir. Hâlâ ilk böceğin kökenlerini merak ediyoruz. Bu bölüme "Her olayın sonu ve başlangıcı var" diyen Barry Hughart'tan bir alıntıyla başladım. Yeryüzündeki böcek çeşitliliği kadar karmaşık bir olguyu hakkıyla anlamak için hangisinin önce, hangisinin sonra geldiğini doğru anlamak gerekir. Yani böceklerin tarihöncesine, dış iskeletleri ve bacaklarıyla Silüryen dönemin çokayaklılarının karayı fethetmeden önceki zamanın derinlerine inmemiz gerekiyor. Çokayaklılar bu özelliklerini Kambriyen döneminin denizlerde yaşayan eklembacaklılarından miras aldılar ki Kambriyen eklembacaklıları da okyanuslarda artan oksijen seviyelerine ve yırtıcılara cevap olarak ilk vücut zırhını ve hareketliliğini geliştiren türlerdi. Dolayısıyla böceklerle ilgili hikâyemiz, yarım milyar yıldan daha uzun bir süre önce, dünyanın tarih öncesi okyanuslarında başlamalıdır.

2

EKLEMBACAKLILARIN YÜKSELİŞİ

Yaklaşık 600 milyon yıl önce... organik evrim kıyameti koptu.[1]
David Raup, *Yok Oluş: Kötü Genler mi Kötü Şans mı?*

Bazen yolculuk, vardığın yerden daha önemlidir.
Christina Christina Applega, *Up All Night*

Yeryüzündeki hayvan yaşamının jeolojik dönemlerini tek tek deneyimlemek istiyorsanız size tavsiyem şu olur: Arabayla Wyoming'deki muhteşem Wind River Kanyonu boyunca, Shoshoni'den Thermopolis'e, manzaralı yoldan gidin. Yol boyunca yeryüzüne çıkmış kayalar geçmişe, Rocky Dağları'nın oluşumuna açılan bir pencere teşkil ederler. Yeryüzünün kabuğu yukarı doğru itildikçe bu dağ sırası yana devrilmiş, en eski kayalar kanyonun tepesine yığılmıştır. Yani Shoshoni'den yolculuk başlangıçta hayvan fosillerinden yoksun Prekambriyen kayalarının yolunu izler. Kanyon girişinin yakınındaki bir yol levhası ise nihayet yaşamın sürünerek bakteriyel balçıktan çıktığı, iskeletli

[1] David M. Raup, *Yok Oluş: Kötü Olan Genlerimiz mi Şansımız mı?* çev. Nivart Taşçı, Boğaziçi Üniversitesi Yayınevi, İstanbul 2011, s. 35.

ilk hayvanların evrimleştiği Kambriyen dönemi işaret eder. İşte bu dönem, eklembacaklıların zamandır, bilhassa trilobit denen türün hızla çeşitlenmesiyle bilinir. Manzara çok etkileyicidir. Bu, hayvan yaşamının çağlarınca işaretli bildiğim tek otoyol.

Yarım saat içinde, tüm çağlardan geçersiniz. 'Omurgasızlar çağı' olan Kambriyeni geçtikten sonra, 'balıklar çağı' olan Ordovisyen zamanına girersiniz. Kısa süre sonra ilk kara bitkilerinin zamanı olan Silüryen çağından, sonra Devoniyen yani sözde amfibiler çağına gelirsiniz. Silüryen ve Devoniyen zamanına ait kireçtaşı katmanları, Wyoming'in bu bölgesinde yoğun erozyona uğramıştır. Bu nedenle bu katmanlar göz açıp kapayıncaya kadar geçer. Bunları, kömürü oluşturan bataklıkların dönemi olan Karbonifer takip eder. Daha sonra Permiyene gelirsiniz. Kaya eteklerine yaklaşıp kanyondan çıktıkça Paleozoik çağdan çıkıp Mezozoik döneme, yani 'sürüngenler çağı'na ya da şimdi dediğimiz gibi, 'dinozorların çağı'na girersiniz. Trilobitlerin ölümünün yasını tutmak için burada bir dakikanızı ayırın. Ama bu sırada ufukta dinozorlar belireceğinden muhtemelen neşeniz yerine gelecektir. Dinozorların anısı Thermopolis'teki Dinozor Merkezi'nde diri tutulmaktadır. Bakterilerle dolu kükürtlü kaplıcalara dalmaya, o etkileyici müzeyi ziyaret etmeye muhakkak biraz zaman ayırın. Son olarak, yolda yokuşlar bitip adaçayı çalıları vadiye açılınca Senozoik çağın ilk yıllarına, yani 'memeliler çağı'nın başlangıcı olan Tersiyen zamanlarına gelirsiniz. Uygun görürseniz büyük dinozorların ölümüne burada bir ağıt yakın. Ama ölümlerine sevinseniz de yeridir çünkü bu sayede biz memelilerin bu gezegende atılım yapma fırsatı oldu.

Şimdiye dek anlattığım tarihin bazı kısımlarında insanmerkezci bir önyargı bariz biçimde hissediliyor olsa gerek. Aslında memelilerin, sürüngenlerin, amfibilerin ve balıkların sayıca çoğalma zamanlarına dikkat edince yalnızca insan türünün ortaya çıkmasına yol açmış bazı belirsiz olayların tarihini gözlemliyoruz. Burada olmamız bile başlı başına gülünç, hatta ihtimal dışı görünüyor. Jeolojik dönemlere ilişkin bu etiketlerse yaşamın çeşitliliğe dair gerçek modelden epey uzaklaşıyor. İleride bu insanmerkezci mitolojiyi paramparça edeceğim. Şimdilik Kambriyeni incelememiz yeterli.

Örneğin Kambriyen dönemi genelde 'omurgasızlar çağı' olarak adlandırılır. Bu, kesinlikle omurgasız atalarımızı yüceltmek istediğimizden değildir, başlarda omurgalı atalarımızdan hiçbirini Kambriyen katmanlarındaki fosillerde görmememizdendir. 'Eklembacaklılar çağı' veya 'trilobitler çağı' da demiyoruz, fark etmişsinizdir. Oysa her iki adlandırma da gayet uygundur. Buna 'omurgasızlar çağı' demek, aslında 'insanın var olmadığı çağ' demek gibi bir şey. Bu adlandırma, dış iskeletlerin evriminden bahsetmek yerine, omurların yokluğuna dikkat çekerek eklembacaklıların başarısıyla kurnazca alay ediyordu. Ama daha sonraları Kambriyen zamanlarında yaşamış, olası omurgalı atamızı da keşfettik. Bizim için çok küçük düşürücü bir olay oldu bu: Kanada'nın 515 milyon yıllık Burgess Şeyli fosillerinde *pikaia* adı verilen küçük bir canlı keşfedildi. *Pikaia*, uzunluğu altı üstü dört santimetre civarında, dip tortularında yuvalanan, solucana benzeyen bir canlıydı. Yumuşak gövdeliydi ama içerden destekleyici bir yapıya, omur sütunu yapısının atası olan sırt ipliğine (notokord) de sahipti. *Pikaia* bugün balıkların, amfibilerin, sürüngenlerin, dinozorların, kuşların ve memelilerin en olası ortak atası sayılıyor. Ama kendisi o kadar mütevazı bir ata ki bugüne kadar bir kez bile Kambriyenin '*pikaia* çağı' olarak yeniden adlandırılması için kulis yapmadı.

Büyük bir tarihsel mesafeden ve insana ait olmayan gözlerle bakıldığında yaşamın tarihi de farklı görünecektir. İnsanlara doğru kaçınılmaz veya hızlı bir ilerlemenin söz konusu olmadığı açıktır. İnsan olmayan bir uzay yolcusu biyolojik tarihimizi çok daha kısa ve öz şekilde yeniden yazabilir. Örneğin ilk üç milyar yıl, basitçe 'bakteriler çağı' olarak adlandırılabilir. Kambriyenden günümüze (yaklaşık son yarım milyar yıl) kadarki çok hücreli hayvan yaşamı zamanı ise basitçe 'eklembacaklılar çağı' olarak adlandırılabilir. Hayvan çokluğunun başlangıcından beri, hem çeşitlilik hem de bolluk açısından tek başarılı grup eklembacaklılar olmuştur. Böcek çeşitliliğinin yükselişi, yaklaşık son 300 milyon yılı 'böcekler çağı' olarak adlandırmamıza izin verecek kadar eskidir. İnsan uygarlıklarının ortaya çıktığı son 10.000 yılsa, önce bakterilerin, sonra eklembacaklıların, sonra da özellikle böceklerin bu gezegenin büyük alanlarına hâkim olduğu geniş dönemlere kıyasla küçücük, önemsiz bir andan ibaret.

Kambriyenle ilgili dikkat çekici bir başka şey ise bizim sağ kalabilmiş olmamızdır. Burada "biz" derken sadece insanları değil, tüm omurgalıları kastediyorum. Solucanımsı mütevazı atamız *pikaia*, dip tortularında tüneller açarak ilerliyordu. Onu Kambriyen döneminden kalan fosillerde seyrek görüyoruz, belki o günlerde bile fazla bulunan bir canlı değildi. Bu tünellerin üzerindeki sularda ise boyu 90 santimetreyi bulan, uzun dikenli beslenme uzantılarına sahip, kâbus gibi bir eklembacaklı yırtıcı olan *anomalocaris* gibi hayvanlar kol geziyordu. *Anomalocaris*, Kambriyen denizlerinde devriye gezip yakalayabildiği her türlü küçük hayvanı yakalarken şüphesiz bol bol trilobit yiyordu. Zaman zaman akşam yemeği niyetine yumuşak bir *pikaia* kapmak için dibe de dalıyordu elbette. Biz insanların şansına, Kambriyen eklembacaklılarının en yaygını olan trilobitler, dip tortularında *pikaia*'yla iyi geçiniyorlardı. Gerçi eldeki bazı kanıtlar Kambriyen trilobitlerinden bazılarının yırtıcı olabileceğini gösteriyor: Solucan yuvalarıyla kesişen yerlerde, pusuya yatmış trilobit fosilleri var. Bu da bize bazı trilobitlerin tortulardaki yumuşak solucanları avlamış olabileceğini düşündürtüyor. Ayrıca trilobitlerin vücut ve ağız şekilleri de kesinlikle çeşitli beslenme alışkanlıkları geliştirdiklerini gösteriyor. Kambriyen trilobitlerinde yırtıcılık yaygın olsa bu hikâyeyi burada anlatmamız mümkün değil.

Hayat Bir Curcuna: Kambriyen Patlaması

Kabaca 541 ila 485 milyon yıl önceki zaman aralığını kapsayan Kambriyen, yeryüzündeki yaşamın evriminde belirleyici olmuştur. Üç milyar yıl boyunca yeryüzüne mikroplar hükmettikten sonra nihayet tek hücreli canlılar işlevsel gruplar halinde bir araya gelince çok hücreli hayvanlar ortaya çıkacaktı. Jeolojik süreler göz önüne alındığında, hayvanlar çok hücreli vücutlarını destekleyen yapılar ve koruyucu donanımlar geliştirmekte neredeyse hiç vakit kaybetmediler: Kütiküller, iskeletler ve kabuklar sadece 5 milyon yıl gibi görece kısa bir süre içinde ortaya çıktı. İlk hayvanların bu görünüşte hızlı evrimi, paleontologları bu olayı 'Kambriyen patlaması' diye adlandırmaya sevk etti. Bu dönem, o sıralar gezegene hâlâ egemen olan ana organizma soyları dâhil, çeşitli hayvan şubelerinin hızlı evrimine tanıklık etmiş olması itibarıyla özellikle dikkat çekicidir. Bu süreçte *arthropoda*, yani eklembacaklılar şubesinin ilk ortaya çıkışı bizim için daha önemlidir çünkü bu zırhlı canlıların soyundan en sonunda böcekler ortaya çıkmıştır.

Hayvanlardaki sert vücut kısımlarının evrimiyle birlikte yeryüzünün jeolojisi de sonsuza dek değişecekti. Çünkü bu sert kısımlar iyi fosilleşir. Kambriyen öncesine ait yumuşak gövdeli organizmaların fosilleşmiş kalıntıları nadir görülürken Kambriyene ait sert gövdeli canlılarının fosilleri bol bulunur. Başka bir deyişle, yeryüzünün kaya katmanları, Kambriyenden itibaren kelimenin tam anlamıyla geçmişin izlerini taşımakta, yaşamın anlık görüntülerini saklamaktadır.

Bu kaya katmanları, radyoaktif izotop dağılımları kullanılarak büyük bir kesinlikle tarihlendirilmiştir ama Kambriyenden sonraki dönemlere ait kayalar buna gerek kalmadan, barındırdıkları fosil türlerine bakılarak kolayca tarihlendirilebilir. O dönemin alâmetifarikası olan fosil grubu elbette trilobitlerdir. Bu küçük yaratıkların segmentli, üç loblu sert bir iskeleti vardı. Bu nedenle 'üç loblular' anlamına gelen 'trilobit' adını aldılar. Trilobitler, böceklerin de dâhil edildiği daha büyük bir hayvan grubunun, *eklembacaklıların* yaygın görülen ilk örneklerindendi. Böcekler, örümcekler, ıstakozlar, karidesler, kırkayaklar, çıyanlar, akrepler ve trilobitler, eklembacaklıların temel anatomik özelliklerini paylaşan canlılardır: Sert, segmentli bir dış iskelete ve birkaç eklemli bacaklara sahiptirler. Bu konuyu ilerde daha ayrıntılı olarak ele alacağız ama şimdilik vücudun en sert yapısal kısımları olan bu iskeletlerin çok iyi fosilleştiğinin altını çizmekle yetinelim. Trilobitler, eski sığ denizlerde bol bulunuyorlardı ve iskeletleri de sıklıkla tortularla kaplıydı. Bugünlerde Wyoming'in Bighorn Havzası'nın kırlarında yürüyüşe çıkarsanız etrafınıza dikkatlice bakın: Bu kayalık manzaranın trilobit fosilleriyle dolu olduğunu göreceksiniz. Bu durum, o bölgenin bir zamanlar sular altında olduğunun ve çevredeki kayaların da Paleozoik dönemden kaldığının kesin kanıtıdır. Oysa 3 milyar yaşındaki kayaların arasında bir trilobitin veya başka bir hayvanın fosilleşmiş kalıntılarını göremezsiniz. Bu canlıların soyu yaklaşık 252 milyon yıl önce tükenmiştir. Dolayısıyla bu canlıların fosillerini Orta Mezozoik dönemine tarihlenen kaya katmanlarında dinozor kemikleriyle karışmış hâlde bulamazsınız. Ayrıca trilobitleri kesinlikle Hawaii, San Ramon, Kosta Rika gibi yerlerde de bulamazsınız çünkü bu bölgeler son birkaç milyon yılda gerçekleşen volkanik faaliyetlerle oluşmuştur. Dolayısıyla Paleozoik döneme ait kayalar barındırmazlar.

Bununla beraber Amerika kıtasının taş ocaklarında Kambriyene tarihlenen çok sayıda kaya mevcuttur ve bu kaya katmanlarında trilobitlerin fosilleşmiş kalıntılarına da oldukça sık rastlanır. Bu fosilleri görmek için paleontolog olmaya gerek yoktur. Kuzey Amerika'daki herhangi bir kaya dükkânına girin, büyük olasılıkla üzerine "en yaşlı hayvan" etiketi asılmış, trilobit fosilleriyle dolu bir kova bulursunuz. Trilobitler bu bölgede o kadar yaygındır ki birkaç dolara bir trilobit fosili alıp cebinize atmanız mümkündür. Üstelik trilobit Ohio, Pensilvanya ve Wisconsin eyaletlerinin resmî fosilidir.

Şekil 2.1. ABD'nin Utah eyaleti, Millard ilçesinde bulunan Wheeler Şeyl Oluşumu'nda yaygın bir tür olan Kambriyen trilobiti Elrathia kingii'nin fosilleşmiş gömlek değişimi sonrası dış iskeleti.

Fosil Kayıtlarındaki Atlamalar

Fosilleri inceleyerek çok şey öğrenebiliyorsak da fosillerin genellikle hikâyenin tamamını vermediklerini unutmamamız gerekir: Fosil kayıtları asla istediğimiz kadar eksiksiz olamazlar çünkü cisimler yalnız belirli koşullarda fosilleşirler. Tortulaşmanın yoğun olduğu sığ denizlerde yaşamış canlı toplulukları geriye nispeten nitelikli fosiller bırakırlar, dolayısıyla Kambriyen döneminde yaşamış hayvanların fosil kayıtları fazla eksiklik içermez. Buna karşılık, günümüzde yağmur ormanlarında çok büyük bir böcek çeşitliliği olmasına rağmen yakın tarihli fosil kayıtları bu çeşitliliğin ancak çok küçük bir kısmını yansıtmaktadır. Birçok canlı ya diğer canlılar tarafından tamamen sindirilir ya da öldüğünde kalıntıları hızla çürür. Bu nedenle önemli hayvan gruplarının fosillerde hiç kaydı olmayabilir. Bunu ailenizin fotoğraf albümü gibi düşünün: Belki siz doğduğunuzda anneniz ve babanız ir fotoğraf makinesi kapıp sizin bol bol fotoğrafınızı çektiler ama bu çekimler yıllar içinde seyrekleşti, bazen meşgul oldukları için fotoğrafınızı çekmeyi hepten unuttular. Tüm hayatımızı özetleyen eksiksiz bir fotoğraf albümüne pek azımız sahibiz. İşte fosiller de aynen bu fotoğraflar gibidir: Onlara baktığınızda bazen geçmişin çok net resimlerini elde edersiniz, bazen de bu resimler arasında büyük atlamalar olur, arada nelerin eksik olduğunu sizin fark etmeniz gerekir. Bunu daha anlaşılır kılmak için Kambriyenden bir örnek verelim: İsveç'in Kambriyen tortullarında, tardigrad adını verdiğimiz ve minyatür bir oyuncak ayıya benzeyen, sevimli bir hayvanın fosili bulundu. 'Su ayıları' diye bilinen –ve ilk kez Ekvador'un yağmur ormanlarındaki bromeliad, yani ananasgillerin su haznesinde keşfettiğimiz– tardigradlar bugün hâlâ varlar. Buna rağmen bu iki dönem arasına tarihlenen hiçbir tardigrad fosili bulunamadı. Bu hayvanların iki yerde, yani Kambriyenin sığ deniz toplulukları içinde ve modern dünyanın yağmur ormanlarında bulunmuş olması, farklı yerlerde iki kez evrimleştiği anlamına gelmiyor, ta Kambriyende evrimleştiğini ve elimizde onunla ilgili fazla fosil kaydı olmasa da bu evrimin o zamandan beri devam ettiğini gösteriyor.

Zamana maruz kalan kayalar, kademeli, istikrarlı değişim kayıtlarını barındırmaz. Dahası, şurası kesin ki canlıların insanlara doğru hızla ilerlediğini de göstermez. Bu katmanlar bize yaşam topluluklarının ortaya çıkıp milyonlarca veya on milyonlarca yıl boyunca değişmeden kaldığı, farklı zaman dilimlerinin bir kaydını sunar. Yaşam çağlarını zamanlara bölmemizin nedeni, canımızın öyle istemesi değildir. Bunun nedeni, katmanların kendilerinin bize farklı yaşam topluluklarını sunması, katmanların aralarının ise genellikle on milyonlarca yıllık durgunluktan sonra gerçekleşmiş hızlı ve ani değişimleri göstermesidir. Ortalık sütlimansa canlılar da sırf değişme kabiliyetine sahipler diye evrilmezler. Aksine, böyle dönemlerde türler ve yaşam toplulukları, mevcut çevre koşullarına iyi uyum sağladıkları, uzun süreler boyunca rahatça hareket edebildikleri bir denge hâline ulaşırlar. Gelgelelim yeryüzünde yaşamın tarihine ilişkin kayıtlar bize bu dengeyi derinden sarsan, hatta bozan bazı büyük olayların da yaşandığını göstermektedir: buzullar, kıtaların kayması, kuyruklu yıldız ve göktaşı çarpması gibi. Yaşam topluluklarının ara sıra feci kitlesel yok oluşlar yaşadıkları bir gerçektir. Ama her büyük değişikliğin ardından yeni bir yaşam dengesi kuruluncaya dek boşalan nişleri doldurmak üzere hızla yeni türler ortaya çıkar. Paleontolog Niles Eldredge ile Stephen Jay Gould bu duruma 'aralıklı denge' adını vermiştir.

Sahne Eklembacaklılar İçin Hazırlanıyor: Kambriyen Patlamasının Fitilini Ne Ateşledi?

Yaşam tarihiyle ilgili en çarpıcı gözlemlerden biri, bu gezegendeki yaşamın yaklaşık üç milyar yıl boyunca tek hücreli kalmış olmasıdır. Çok hücreli hayvanların evrimleşmesi neden bu kadar uzun sürdü? Basit bir cevap verelim: oksijen.

Üç milyar yıl boyunca, en eski bakteriler kaynayarak yok olurken havadaki oksijen ve karbondioksiti kalsiyum karbonat ve karbon temelli tortular halinde birbirine bağladırlar. Bu bakteriler oksijen saldıklarında bile atmosferin oksijen içeriği uzun bir süre boyunca fazla değişmedi. Oksijen havada yeterince birikmeden önce, serbest haldeki oksijen yerkabuğunda ve okyanuslarda bulunan demir ve başka maddelerle çeşitli tepkimelere girdi. Bu şekilde tortul kayaçların, damarlı demir filizlerinin ve minerallerin içinde milyonlarca, hatta milyarlarca yıl boyunca hapsoldu. Atmosferdeki karbondioksit fazlalığından ortaya çıkan büyük miktarda serbest karbonsa zamanla aşağıya, kireçtaşı birikintilerine çekilip bunların içinde hapsolmuştu. Bu mineral oluşumu döneminde, Güneş ile Dünya arasında rastlantısal bir denge kuruldu. Eskiden Güneş bugünkünden daha soğuktu ama eski dünyanın kalın ve karbondioksit bakımından zengin atmosferi, sera etkisi sayesinde yeryüzünü ısıtan bir battaniye oluşturdu. Fazla karbondioksit canlılarca atmosferden çekilirken, Güneş de gittikçe ısındı; böylece yeryüzü yaşam için daha elverişli bir hâle gelmişti. Ama bundan yaklaşık 2,3 milyar yıl önce atmosferdeki karbondioksit seviyesi aniden düşünce Dünya korkunç bir buzul çağına girdi. Bu, yeryüzündeki yaşamı kesintiye uğratacak olayların ilkiydi.

Bu buzullar lezzetli aminoasitlerle dolu balçığımsı ılık denizlerin üzerinde milyarlarca yıl yüzdükten sonra tüm okyanusları kapladılar ve yeryüzündeki ilk mikrobiyal yaşam neredeyse tamamen yok oldu. Hayatta kalan şanslıların arasında, volkanik menfezlerin buluşup soğuk sularla karıştığı rahat ara katmanlarda saklanan bakteriler de yer alıyordu. Bugün, bu bakteri türlerini Antarktika'da, ABD'deki Yellowstone Milli Parkı'nın dumanı tüten volkanik bacalarında ve kükürtlü kaplıcalarında bulmak mümkün. Elbette bu durum yeryüzündeki yaşam için epey sıkıntılıydı ama bir yandan da hayatta kalan canlı hücreleri birbirinden farklı mikroçevreler içinde tecrit ederek genetik hatların ayrılmasını sağlıyordu. Böylece doğal seçilim, geriye kalan hücrelerin bu koşullarda bile hayatta kalabilenlerden olmasını sağlamıştı.

Milyonlarca yıl sürmüş olabilecek bu küresel buzul çağının izlerini, yerkürenin kayalarındaki damarlı demir katmanlarında görebiliriz. Bu katmanlar, demirin okyanuslarda birikip tortulaşmasıyla oluşmuştur. Bu kayalar bir kalsiyum karbonat tabakasıyla kaplıdır ki bu durum, buzul çağının, demir minerallerinin denizlere akıp bakterilerin çoğalmasını tetiklemesiyle yaşanmış bir küresel ısınma dönemiyle sona erdiğini göstermektedir. Yeryüzünde hapsolmuş oksijen de böylece atmosfere geri salınmış ve yeryüzü bir kez daha ökaryot hücrelerle dolmuştur.

Ölümün ucundan sıyırdığı böylesi bir deneyim, yaşamı daha karmaşık bir yola sevk etmeye yetebilecek bir sarsıntıdır diye düşünebiliriz. Ama durum pek öyle görünmüyor. Bakteri hücreleri, on milyonlarca yıl boyunca eski düzenlerinde yaşamaya devam ettiler. Daha sonra, bundan yaklaşık 850 milyon yıl önce, kıtaların kayması kara kütlelerini ekvator yakınında yaşama elverişsiz hale getirince Dünya tekrar küresel çapta bir derin dondurucuya girmiş gibi oldu. Buzulların sınırları ekvatora yaklaştı, soğuk milyonlarca yıl sürdü. Sonunda buzlar kırıldı ve hayat kısa bir süreliğine de olsa nefes aldı. Gelgelelim bir döngü oluşmuştu bile: Bundan 850 ila 590 milyon yıl önceki 260 milyon yıllık zaman aralığında Dünya bir değil, en az dört küresel buzul çağı yaşadı. Bunlardan en sonuncusu, büyük Varanger buzul çağı, 610 milyon yıl önce başlayıp 590 milyon yıl öncesine dek, yani tam 20 milyon yıl sürdü. Bilim insanları buna 'kartopu dünya' adını verdiler.

Son kartopu dünya dönemi sona ererken ve son küresel buzullar kutuplara doğru geri çekilirken, yaşam çok hücreli kümeler hâlinde yeniden bir araya geldi. Bundan kısa bir süre sonra 'Kambriyen patlaması' yaşandığında sayısız yeni canlı türü ortaya çıkacaktı. Peki, tek hücrelilerin milyarlarca yıllık egemenliğinden sonra yaşam formlarında böylesine ciddi değişiklikleri harekete geçiren neydi? En göze çarpan şey, atmosferdeki oksijen seviyesinin nihayet bugünküne yakın seviyelere yükselmiş olmasıdır. Oksijenden zehirlenme olasılığı, hücreleri kümelenmeye ittiyse de hayvan yaşamını teşvik edecek enerji dolu bir sistem de mevcuttu: aerobik solunum. Hayvanlar oksijen sayesinde bakterilerden daha karmaşık ve hareketli hayatlar yaşarlar. Yaşamın evrimini etkileyen bu oksijen artışı süreci, oksijen seviyesindeki değişikliklerin tarihi ve tüm bunların jeolojik kanıtları, Nick Lane'in popüler ve eğlenceli kitabı *Oxygen, The Molecule That Made the World*'de [*Oksijen, Dünyayı Yapan Molekül*] kapsamlı bir şekilde ele alınmaktadır. O yüzden hepsini burada tekrarlamama gerek yok.

Son kartopu dünyadan sonra çok önemli bir olay daha oldu: Kıtaların kayması hızlandı ve Prekambriyen kıtaları çarpıcı biçimde yeniden şekillendi. Kıtaların Kambriyen dönemindeki kayma hızının, o günden bu yana sahip oldukları ortalama kayma hızından yaklaşık on kat daha fazla olduğu tahmin ediliyor. Bu iki nedenden dolayı önemliydi: Birincisi, bu kaymalar kıtasal kara kütlelerini baş döndürücü bir hızla gezegenin kutuplarının yakınlarına kadar getirdi. Bu da buzul çağlarını daha ılımlı tutan hava döngüsünü yeniden kurarak gezegene bir denge getirdi. O zamandan beri bazı kara kütleleri, daima kutuplardan birine yakın olup modern Dünya'yı yeni ve şiddetli bir 'kartopu' evresinden koruyor. İkincisi, kıtaların bu şekilde kayması Kambriyen hayvanları için bolluk demekti çünkü deniz seviyelerinin yükselmesi ve kıtaların hızla sürüklenmesi, kıyı şeritlerinin çoğalmasını, sığ deniz topluluklarının bol mineralli tortullara sahip olmasını da beraberinde getiriyordu. Ayrıca Kambriyen sırasında Dünya daha hızlı dönüyordu ve Ay Dünya'ya daha yakındı. Gelgitler, sığ denizlerde yaşayan canlı topluluklarına hızlı bir besin akışı sağlıyordu. Hayvanların evrimini hızlanması için elverişli şartlar oluşmuştu.

Kambriyenin Sırları: İskeletler

Kambriyen hayvanlarının ilk faaliyetlerinin bazıları, sığ deniz tortularında gerçekleşti. Kambriyen dönemine tarihlenen fosillerin en eskilerinden bazılarını hayvanların kendilerini değil faaliyetlerini gösteren 'iz fosilleri' oluşturur. Bunlar eski deniz solucanlarının yaptığı tahmin edilen yuvaların fosilleşmiş kalıntılarıdır. Adlandırılmış en eski Kambriyen hayvanı, *trichophycus pedum*'dur. Bu ad tamamen fosilleşmiş yuvalarından hareketle verilmiştir. Sert kabuklu canlıların fosillerinin ortaya çıkmasından önce bu canlı gelir. Fakat elimizde tünellerin fosillerinden başka bir şey bulunmadığı için, *trichophycus*'un tek bir hayvan türü mü, yoksa benzer alışkanlıklara sahip birkaç hayvan türü mü olduğundan emin değiliz. Yine de elimizdeki verilerle bu canlılar hakkında şaşırtıcı sayıda çıkarım yapabiliriz. Dip tortularında yaşadıkları için, bakteri yaşamından biriken organik tortularla beslendiklerini varsayıyoruz. Açtığı tüneller uzun, dar ve kıvrımlı, dolayısıyla tortuyu delip geçebildiğini biliyoruz. Bu, ön ve arka uçları, ağızları ve anüsleri ve sindirim sistemlerinin olduğu anlamına geliyor. Hareket ettikleri ve tüneller açtıkları için kasları, dolayısıyla ters çevrilebilir bir kütikül sistemi, bir tür dolaşım sistemleri ve elbette solunum şekilleri olmalı. *Trichophycus*, büyük olasılıkla annelidlere, yani halkalı solucanlara benzeyen bir yaratıktı. Böcekler, segmentli vücutlarını muhtemelen bu tür atalardan miras almışlardır.

Kambriyen kayalarının bir üst katmanı, sert hayvan parçaları kalıntılarını içeren ilk katmandır: küçük kabuklar, dikenler ve en eski dış iskeletlerin izleri olabilecek, daha modern grupların altında sınıflandırılması zor olan küçük sert parçalar. Bu katmana basitçe 'küçük kabuklu fosiller' veya 'ilk kabuklu fosiller' denir. Bu eski hayvanlar hakkında fazla bilgimiz yoksa da birlikte, bize çok önemli bir şey öğretiyorlar. Eski siyanobakterilerin stromatolit oluşturmak için kalsiyum karbonat salgıladıklarını belki hatırlarsınız. Dış kabukların evrimi de benzer bir süreçti. İlk kabuklu hayvanlar, katılaşabilen atıklar salgılayarak taşınabilir sert parçalar yaptılar. Hayvanlar yırtıcı alışkanlıklar geliştirdikçe, kabukluluk özelliğinin faydası da hemen görülmeye başlandı. Sert parçalar bu hayvanlara koruyucu bir kaplama sağlıyor, iskelet sistemlerinin temelini oluşturuyor, kasların destek alabileceği dirençli kısımları teşkil ediyordu. Dolayısıyla kabukların evrimi, daha karmaşık iskeletlerin, kasların ve daha hızlı bir hareket kabiliyetinin evrimine doğru atılmış bir adımdı.

529 milyon yıl önce başlayıp daha yakın dönemlere tarihlenen bir üst Kambriyen katmanda ise 'Kambriyen makro faunası' denen fosilleri bulmaya başlıyoruz. Bunlar, Kambriyenden sonra çoğalan, tam iskelete ve farklı uzuvlara sahip ilk hayvanların fosilleridir. Bunlar çoğunlukla trilobitlerin ve diğer eklembacaklıların fosilleridir. Süngerler, mercanlar, yumuşakçalar ve annelidler gibi diğer bilinen grupların –diğer şubelerin– örnekleri de mevcuttur. Ayrıca, modern hiçbir şeye benzemeyen, bir süre yaşayıp ortadan kaybolmuş bir grup tuhaf ve harika hayvanı da barındırır.

Modern hayvanların çoğu şubesinin Kambriyen döneminde ortaya çıktığını sık sık duyacaksınız. Bu sadece modern hayvan gruplarının soylarının ilk ataları olan eklembacaklıların, halkalı solucanların, yumuşakçaların, derisidikenlilerin ve kordalıların ilk örneklerini o dönemde görmeye başladığımız anlamına gelir. Yoksa hayvan gruplarının modern hayvan şubelerinin sergilediği tüm çeşitlilikle daha o günden sahneye çıktığı anlamına gelmez. İlk eklembacaklı türlerinin, ilk yumuşakçaların, ilk derisidikenlilerin, ilk halkalı solucanların, ilk kordatların Kambriyende ortaya çıktığı ve bu grupların her birinin, bugün gördüğümüz modern hayvan şubelerini karakterize eden temel vücut yapılarını o dönemden itibaren geliştirdiği anlamına gelir.

Kambriyen Denizlerinin Rock Starları

Hayvan çeşitliliğinde asıl başarı öyküsü, Kambriyen trilobitlerinden de anlaşılabileceği üzere eklembacaklılarınkidir. En eski Kambriyen katmanlarındaki ilk Kambriyen mikrofaunasında karşımıza çıkan trilobitler, Paleozoik dönemin sonuna dek okyanuslarda yaşadılar ve yaklaşık 300 milyon yıllık bir zaman dilimi içinde çeşitlendiler. Çoğu Kambriyende ve Erken Ordovisiyende yaşamış, yaklaşık 20 bin trilobit türü keşfettik. Geç Kambriyende trilobit çeşitliliği, 800 cins ve 70 farklı trilobit aile grubuna ayrılan altı binden fazla türle zirveye ulaştı. Trilobitlerin çoğu, sığ denizlerin tortularının üzerinde yaşadı veya bunların içine gömüldü. Dipte yaşayıp geniş bir alana yayılmış kimi trilobit türlerinin olgunlaşmamış planktonvari formlar olduğu görülmektedir. Bazı trilobitler yüzme becerisi geliştirmiştir, diğer küçük türleri ise planktonlar gibidir ve akıntılar ya da gelgitlerle hareket etmiş görünüyorlar. Trilobitler çoktan yok olup gitmiş olabilirler ama modern eklembacaklılar onların vücut yapılarının benzer yanlarını miras almışlardır: sertleşmiş bir dış iskelet ve çok eklemli birkaç bacak.

İskeletlerin evrimini düşünelim: Kambriyen patlaması sert vücut parçalarının ve iskelet çeşitliliğinin çoğalmasına da neden olmuştur. Popüler basında Kambriyen hayvanları hakkında söylenenlerin çoğu, bu hayvanların iskelet şekillerinin tuhaflığına odaklanmıştır. Örneğin Kambriyen hayvanat bahçesi *hallucigenia* gibi tuhaf yaratıkları da barındırıyordu. Bu yaratık o kadar dikenli ve uzun bacaklıydı ki yıllarca neresi altı, neresi üstü, neresi başı, neresi kuyruğu ayırt edemedik. İskelet biçimlerinde sonradan meydana gelmiş bu gibi tuhaf değişikliklerle dikkatimizi dağıtmayalım. İskeletler ilk evrimleştiğinde, bunun yalnızca birkaç olası yolu vardı. İskeletinizi dışınızda geliştirebilir, yumuşak hücrelerinizi destekleyip dış etkilerden koruyabilirdiniz veya içinizde geliştirip onun vücudunuza sadece destek olmasını da sağlayabilirsiniz. Temelde ya –trilobit tarzı– bir dış iskelete ya da –balık tarzı– bir iç iskelete sahip olabilirdiniz. İç iskelete sahip bazı hayvanlar da birtakım dış vücut zırhları geliştirerek eklembacaklıların anatomisini taklit edebilirler elbette: Zırhlı balıklar, zırhlı dinozorlar, günümüz armadilloları ve Kral Arthur'un şövalyeleri bunlardan bazılarıdır. Ama yine de temelde sadece iki iskelet tarzı vardır: dış ve iç. Her iki iskelet tarzı da canlıya –hayvan olmanın önemli bir yanını oluşturan– kasların bağlanması ve hareket için gerekli olan yapısal desteği sağlar.

Bir dış iskelete sahip olmanın avantajı hemen görülebilir: hem koruma hem de destek sağlaması. Ayakkabı giymemizin nedeni de genellikle budur. Dezavantajlar ise hemen göze çarpmaz: Bir dış iskelet, büyümeyi sınırlamanın yanı sıra duyu organlarına da sınırlamalar getirir. Nitekim eklembacaklılar, hissetmeye yarayan bir dış cilde sahip olmayabilirler. Gerçi iskeletlerindeki dikensi duyargalarla bu eksikliklerini telafi etmişlerdir. Bir zırhın içinde yaşarken bir yandan da büyümeye devam etmek bir eklembacaklı için daha zordur. Bu durum eklembacaklıların, eski iskeletlerini düzenli olarak değiştirip yeni bir iskelet geliştirmelerine izin veren metabolik yollar geliştirmelerini gerektirmiştir. Bunun yeterli bir çözüm olduğunu söylemek mümkündür ama yumuşak kabuklu bir yengeç gibi, belli dönemlerde vücutlarının yumuşak kısımlarının ifşa olup savunmasız kalmalarına da yol açar. Yırtıcılara karşı en savunmasız oldukları ânın bu hassas aşama olduğundan kuşku yok. Biz omurgalılar, sıkıcı iç iskeletlerimizle, eklembacaklılara göre sadece tek bir gerçek avantaja sahibiz: İskelet değiştirmemize veya yeniden büyütmemize gerek yok. Bizim büyüme dönemimiz bu tür kesintiler olmadan devam edebilir. Elbette bizim onlarınkine kıyasla çok ciddi bir dezavantajımız var: Lezzetli ve yumuşak dış dokularımız sürekli olarak avcılara ve çevreden gelen yıpratıcı etkilere maruz kalıyor. Omurgalılar açıkta kalan vücutlarını korumak için pul, sümük, zırh plakaları, tüy, kürk ve *Levi's* kot kullanarak bu eksikliği giderme yoluna gittiler. Fosil yakıtlı dev otomobillerin sert madenî kabuklarına sığınarak lezzetli etimizi avcılardan ve dış etkilerden koruyoruz.

Basit bir savım var: Hayvanlar için dış iskelet daha iyidir. İlk etapta dış iskeletin gelişme olasılığı kesinlikle daha yüksektir çünkü vücudun ürettiği zehirli yan ürünleri içeride depolamak yerine dışarı yönlendirmek canlılar açısından daha iyidir; ayrıca savunma amaçlı kullanılması kolay olduğundan başarılı olma olasılığı iç iskelete kıyasla çok daha yüksektir. Bunu görmek için Kambriyenin sonunda trilobit türlerinin ulaştığı geniş çeşitliliği, tortularda saklanarak hayatını sürdürmüş küçük akrabamız *pikaia*'nın biçare hâliyle kıyaslamanız yeterli olacaktır. Modern dünyadaki tüm omurgalı canlı türlerinin toplamı, şu an yeryüzünü arşınlayan eklembacaklı türlerinin çeşitliliği karşısında bir toz zerresi gibi kalmaktadır. Başarı çeşitli şekillerde ölçülebilir. Büyük ve sürekli bir şeyler düşünen beyinlerimizle daima gurur duyuyoruz. Ama şu övündüğümüz beynimizi biraz da bu savunmasızlığımızla varlığımızı bugüne kadar sürdürebilmiş olmamızın ne denli büyük bir rastlantı olduğu gerçeğine yormalıyız. Mütevazı böcekler kendi başarılarını, yani eklembacaklı türlerinin hayvan yaşamının tüm çağları boyunca sergilediği müthiş sayısal üstünlüğü hiç düşünmüyor olabilirler. Ama tüm bunlar başka bir gezegende sil baştan yaşanmış olsaydı, iç iskeletlere sahip yumuşak gövdeli yaratıkların daha önce gelişmesi veya uzun vadede daha başarılı olması bana çok ama çok düşük bir ihtimal gibi görünüyor. Dış iskeletlere sahip sert kabuklu canlılar, yumuşak gövdeli canlılarla girdikleri ezeli rekabette çoğu zaman daha avantajlı taraf olacaktır.

Kambriyene tarihlenen eski iz fosillerine, yani solucan yuvalarına baktığımızda, bu basit hayvanların bile tortularda tünel açabildiğini görüyoruz. Ayaklarının olduğunu sanmıyoruz çünkü fosilleşmiş ayak izleri yok. O halde nasıl hareket ediyorlardı? Modern solucanlarda olduğu gibi, vücut segmentlerine göre düzenlenmiş kaslara sahip olduklarını ve segmentlerini kasarak vücutlarını kımıldattıklarını varsaymalıyız. Segmentlenme yaygın bir vücut formu olduğu kadar, eski bir form. Tüm modern böcekler segmentli vücutlara sahip hayvanlardır. Bu yüzden İngilizce adları, 'bölümlere ayrılmış' anlamına gelen *in sections* sözcüklerinden türeyerek *insect* olmuştur. Ne var ki bu ayırt edici özellik yalnızca böceklere özgü değildir, onların eski atalarından aldıkları bir mirastır. Trilobitler dâhil tüm eklembacaklılar, segmentli yaratıklardı, hatta halkalı solucanlar gibi daha basit canlılar da öyleydi. *Trichophycus pedum* da tünel açma becerisi yüzünden, muhtemelen segmentliydi ama görünürde bacakları yoktu.

Segmentasyonun kökenleri, en eski çok hücreli hayvanlara kadar uzanır. Nasıl tek hücreliler kendi kopyalarını oluşturarak çok hücreli canlı kümeleri hâline geldilerse ilk çok hücreli canlılar da hücre düzenlerinin kopyalarını oluşturup onları zincirler hâlinde birbirine bağlayarak segmentlere kavuştular. Segmentasyon, bir hayvan için harika bir özelliktir. Bu yalnızca vücut bileşenlerinin oluşturulmasının ve birbirine bağlanmasının en kolay yolu bu olduğundan değil, ayrıca bir segmenti kazada kaybettiğinizde yaşayacağınız şokun daha az olması nedeniyle de böyledir. Bilim kurgu filmi *Kor*'u izlediyseniz şu örneği hatırlayabilirsiniz: Filmdeki kâşifler, dünyanın derinliklerine seyahat için çok segmentli bir araç kullandılar. Yol boyunca aracın parçalarını kaybettiler ama hayatta kaldılar. İşte bunun gibi, trilobitler ve böcekler de vücut parçalarını kaybettiklerinde bizden daha kolay hayatta kalabilirler.

En eski iskelet parçalarının vücudun dışında bulunması bir hata değildir. Daha önce de belirttiğim gibi, atık ürünleri içeride toplamaktansa dışarı yönlendirmek daha mantıklıdır. Solucan benzeri eski bir yaratık, sert bir dış iskelet geliştiriyorsa bu iskeletin tüm eklembacaklılarda olduğu gibi segmentli plakalarda oluşması da gayet mantıklıdır. Çünkü bu canlıların zaten kaslı segmentleri vardı. Gövde esnekliği, ancak bu segmental parçalar hücre zarları kenarda kalacak biçimde esnek kalırsa korunabilirdi. Tamamen sertleşmiş bir dış gövde hem işe yaramazdı hem de canlının uyum sağlama becerisine zarar verirdi çünkü dış gövdesi tamamen sertleşmiş bir canlı hareket edemezdi.

Eklembacaklıların bir diğer benzersiz özelliği ve başarılarının bir diğer anahtarı da çok eklemli bacaklarıdır. Bir dakikanızı ayırıp tabakta dumanı tüten, lezzetli bir Alaska kral yengecinin bacaklarını hayal edin, ne demek istediğimi anlayacaksınız. Sert kabuklu ve eklemli bacaklar, eklembacaklıların ayırt edici özelliklerinden biridir ve bu özellik böceklere de geçmiştir. Zaten 'arthropod' sözcüğü 'eklemli ayak' anlamına gelir. Alın size bu adı hatırlamanın kolay bir yolu: Eklemlerimizle ilgili bir sağlık sorunumuz olduğunda biz buna 'artrit' diyoruz. Ayağımızla ilgili bir sağlık sorunumuz için bir 'podiatrist'e görünüyoruz. Demek ki 'arthropod' eklemli ayak demek.

Şekil 2.2. Beyaz bacaklı bir kırkayak, eklem bacaklıların bazı özelliklerini gösterir: dış iskelet, segmentasyon ve eklemli eşleşen bacaklar. (Fotoğraf: Kevin Murphy.)

Kambriyen fosilleri bacakların kökenine dair de birtakım ipuçları barındırıyor. Erken Kambriyende yaşamış *burgessochaeta* gibi bazı halkalı solucanlar, her segmentte bir çift kısa çıkıntıya sahipti. Bu uzantıların eklem yerleri yoktu ama uzun kılları vardı. Açıkçası bunlar bacak değildi ama yine de harekete faydalı olabilirdi. En basit solucanlarda dahi segmentli en küçük çıkıntı çifti bile sürtünmeyi arttırır ve oyuk açmaya faydalı olur. Bu uzantılar, segment başına iki tane olmak üzere çiftler halinde ortaya çıktı çünkü Kambriyen hayvanlarının çoğu iki taraflı simetriye sahipti; yani birini boylamasına keserseniz, aynadaki yansımalar misali iki benzer yarı elde edersiniz.

◆◆◆

Eklemli bacaklar trilobitlerin yanı sıra bazısı henüz adlandırılamamış, Kambriyene ait başka eklembacaklılarda da görülür. Bunlar kırkayaklara veya çıyanlara benzeyen ama okyanuslarda yaşayan, çok segmentli, çok bacaklı yaratıklardı. Dahası ıstakoz ve karidesin öncüleri olan, 'erken dönem kabukluları' da denebilecek küçük, kabuklu eklembacaklılar da vardı. Ayrıca, neredeyse 10 santimetre boyunca, muhtemelen akreplerin ve örümceklerin suda yaşayan ilk örnekleri sayılabilecek, gövdesi adeta zırh kaplı *sanctacaris* de mevcuttu. Ama ortada böcek yoktu. Henüz... Peki, bu canlılar eklemli bacaklara nasıl sahip oldular? Muhtemelen uzun ve ince hayvanlar nasıl segmentli vücutlara sahip oldularsa öyle. Uzun, eklemsiz bir bacak esnek değildir, dolayısıyla fazla kullanışlı da değildir. Oysa bacağa kazandıracağınız en küçük bir eklem bile hayvana bir fayda sağlayacaktır, örneğin yiyeceğini tutma veya onu yönlendirme kabiliyeti kazandıracaktır. Eklembacaklıların tarihinin de gösterdiği üzere, bu basit bacak biçimi kolaylıkla akla durgunluk veren bir form ve işlev çeşitliliği kazanabilir. Nitekim böcekler bacaklarını yürümek, koşmak, zıplamak, dövüşmek, avlarını kavramak, yemeklerini tatmak, vücutlarını tımar etmek, yüzmek, kazmak, ipek dokumak, kur yapmak, ses çıkarmak, hatta işitmek için bile kullanırlar. Çayır çekirgelerinin kulakları bacaklarındadır.

Trilobitlerin Yükselişi ve Düşüşü

Eklembacaklılar madem bu kadar başarılı, o halde trilobitlere ne oldu? Trilobitlerin kaderini anlamak, sadece trilobitler âleminin neden yükselip nasıl yıkıldığını açıklamamızı sağlamayacaktır. Ayrıca eklembacaklıların biyolojisi hakkında öylesine temel önemi haiz bir şey anlatır ki trilobitlerin uzak akrabaları olan böceklerin daha sonra nasıl yükseldiğini ve başarılı olduğunu açıklamaya da yarar. Böcekler doğrudan trilobit atalarından türememiştir, daha ziyade onların uzak kuzenleri sayılırlar. Birazdan göreceğimiz gibi, böceklerin başarısını, kısmen, trilobitlerin asla üstesinden gelemedikleri bazı sorunları çözmüş olmalarına bağlamak mümkündür.

Trilobit türlerinin çeşitliliğinin Kambriyen döneminde istikrarlı bir şekilde arttığını ve bu çağın sonunda zirveye ulaştığını daha önce belirtmiştim. Ordovisiyen döneminin başlangıcında trilobit çeşitliliği azalmaya başlamış ve Silüryene kadar azalmaya devam etmiştir. Permiyenin sonundaysa tüm trilobitlerin soyu tükenmiştir. Trilobitlerin yok oluşuna sebep olan neydi?

Ordovisyeninin başlangıcı, yıkıcı çevre felaketlerine değil, canlı topluluklarında meydana gelen önemli birtakım değişikliklere bağlanır. Sığ okyanuslarda yeni ve farklı canlı türleri ortaya çıkmış, *hallucigenia* gibi Kambriyen dönemine ait daha tuhaf hayvanların çoğu sonsuza dek ortadan kaybolmuştu. Ordovisyen bizim bakış açımıza göre öncelikle iskeletlere sahip ilk bariz omurgalılar olan balıkların sahneye çıkıp çeşitlenmeye başladığı zaman aralığını ifade eder. Bu nedenle Ordovisyen genellikle 'ilk balıkların zamanı' diye de anılır.

Bir kez daha bazı insanmerkezci efsaneleri yıkmamız gerekiyor. İlk balıkları hayvan topluluklarına egemen olduklarından dolayı değil, onları en eski omurgalı atalarımız olarak kabul ediyoruz ve görünüşlerinin insan açısından tarihi bir olay olması gerektiğini varsayıyoruz. İşin aslı şu ki balıklar çok büyük ve çok hızlı bir değişim geçirmediler. Hatta balıklar, Ordovisyende yaşamış en çeşitli veya baskın hayvan grubu da değildi. Trilobitlerin çeşitliliği Ordovisyende artık azalmaya başlamıştı ama 62 milyon yıl boyunca sayıları balıklardan daha fazla olmaya devam edecekti. Orta Ordovisyende trilobit çeşitliliği 35 aileye kadar gerilemiştir ama ortada hâlâ sadece beş balık ailesi vardı. Ayrıca yaklaşık 50 kafadanbacaklı ailesi vardı ve kıvrımlı kabukları olan büyük yırtıcı mürekkep balıkları denizlerde cirit atıyordu. Dolayısıyla Ordovisyen zamanını Kambriyenle birleştirip tamamına 'trilobitler çağı' adını da pekâlâ verebilirdik. Ama illa canlı topluluklarında meydana gelen değişiklikleri vurgulamak istiyorsak o zaman bu döneme 'kafadanbacaklıların çağı' demeliyiz. Dolayısıyla ilk balıkların görüntüsüne kanmak sadece benmerkezciliğimizin bir tezahürüdür. Erken Ordovisyenin canlı topluluklarına bakarsanız çok sayıda trilobit görürsünüz ama fazla balık görmezsiniz.

Aslında tüm olup biten, küçük *pikaia*'nın bazı alt soylarının solungaçlar ve yüzgeçler geliştirip yüzmeye başlamasıydı. İlk *pikaia* fosilleri ile balıkların ortaya çıkışı arasında birkaç milyon yıl vardır. Dolayısıyla bu mütevazı küçük yaratığın, savunmasız olmasına rağmen, Geç Kambriyende milyonlarca yıl eklembacaklı topluluğunun arasında sağ kalmasına izin vermiş bir yaşam tarzı oluşturduğunu varsayabiliriz. Ordovisiyen başlayıp balıklar ortaya çıktığında küçük *pikaia*'dan geriye artık hiçbir şey kalmamıştı. Bu noktadan sonra notokordları veya omurlara sahip yumuşak küçük solucanları görmüyoruz. Belki *pikaia*'nın soyundan gelenler tamamen balıklara dönüşmüş, belki de balığa dönüşen alt soylar dönüp son *pikaia*'yı da yutmuştu.

Trilobitlerin düşüşünün başlaması balıkların ortaya çıkışıyla aynı zamana denk geldiği için, yok olmalarında balıkların önemli bir rol oynadığını düşünmek bize cazip geliyor. Evet, bu yok oluşta muhtemelen balıkların da bir parmağı vardı ama o sıralar hiçbir şeyin hızlı değişmediği de gayet açıktır. Nitekim trilobit çeşitliliği Kambriyenden sonra azalmaya başlamış olsa da bu canlı türünün üyeleri yaklaşık 250 milyon yıl daha, yani Permiyenin sonlarına dek varlıklarını sürdürmüşlerdir. Balık çeşitliliği ise bu süreçte yavaş yavaş artmıştır. İlk başta balıklar çenesizdi, tortuları kemiriyorlardı. Kabukları ve kemikleri kırabilecek dişler geliştirmeleri on milyonlarca yıl alacaktı. Trilobitler sert dış iskeletlere sahip olmanın avantajlarını kullanmaya devam ettiler. Yalnızca küçük planktonvari evrelerinde ve yumuşak dokularının açıkta kaldığı gömlek değiştirme evrelerinde yırtıcılara karşı savunmasızlardı. Ayrıca Ordovisyenden Permiyen zamanına kadar trilobitler kademeli olarak azalırken, kafadanbacaklı kalamarların aile çeşitliliği, balıkların çeşitliliğinden daima daha fazla olmuştur; keza deniz kabukluları da o sıralarda yükselişteydi. Bir başka yırtıcı eklembacaklı grubu da ilk kez Geç Kambriyende ortaya çıktı: 'deniz akrepleri' denen eurypteridler. Bu ürkütücü yaratıkların zırh kırıcı kocaman pençeleri vardı. Bu yüzden muhtemelen iri trilobitleri, balıkların veya kafadanbacaklıların tüketebileceğinden çok daha verimli bir şekilde tüketebiliyorlardı. Balıklar ve kafadanbacaklılar ise trilobitlerin ancak daha küçük planktonvari formlarını tüketmiş olabilirler. Hatta bazı trilobitler bile yırtıcı türlere evrilerek kendi sonlarına katkıda bulunmuş olabilirler. Nitekim Ordovisyen döneminde, boyu 40 ila 70 santimetre arasında olabilen yırtıcı ve dev trilobit *isotelus* ortaya çıkmıştır. 'Ordovisyenin tiranozoru' olarak da adlandırılan bu vahşi canavar, Ohio'nun resmî eyalet fosilidir. Dolayısıyla, yırtıcıların artan baskısı trilobitlerin yok oluşunda bir etken olsa da asıl nedenin balıklar olmadığı açıktır; trilobitleri avlayan başlıca avcılar da muhtemelen balıklar değildi.

Trilobitlerin soyunun tükenişini gerçekten anlamak istiyorsak yırtıcıların ötesine geçip trilobit biyolojisinin bazı yönlerini incelememiz gerekiyor. Michigan Eyalet Üniversitesi'nde bir trilobit biyoloğu olan ve trilobitlerin gömlek değiştirme süreçlerini araştıran Danita Brandt, onların yok oluşuyla ilgili önemli bir ipucu bulmuş olabilir. Öyle görünüyor ki trilobitlerin ilk başarısının anahtarı olan dış iskeletleri, onların soyunun tükenişinin sırrını da saklıyor. Anlaşıldığı kadarıyla trilobitler, bir eklembacaklı iskeletini başarılı biçimde geliştirmiş ilk türler arasında yer almalarına rağmen dış iskeletle yaşamak konusunda hiçbir zaman fazla başarılı olamamışlardır.

Danita Brandt gömlek değiştirme işlemi sırasında ölmüş genç trilobitlerin fosillerini de incelemişti. Bu incelemeleri sırasında trilobitlerin dış iskeletlerini değiştirmek için çok düzensiz ve verimsiz bir yöntem kullandıklarını keşfetti: Böcekler gibi modern eklembacaklılar, bir gömlek değiştirme derzi geliştirerek iskeletlerinden sıyrılma sanatında ustalaşmışlardır. Bu derz, eski iskeletin 'fermuarını açmaya' izin veren ve kabuğun üst tarafında yer alan belli belirsiz bir çizgidir. Böcekler, eski iskeletlerini olabildiğince geri dönüştürüp onun altında yeni ve daha esnek bir iskelet oluşturana dek gömlek değiştirmezler. Ayrıca yeni iskelet hızla sertleşir ve birkaç saat içinde bu canlıların olağan işlevlerini geri kazanmalarını sağlar. Oysa trilobitler bu yeniliklerin her ikisinden de yoksundu. Eski iskeletin kırılma ve düşme süreci düzensizdi. Hatta aynı trilobit türü içinde bile iskelet değiştirme çeşitli şekillerde gerçekleşebiliyordu ve trilobitlerin birçoğu bu süreçte ölüyordu. Üstüne üstük trilobitlerin eski iskeletlerini attıktan sonra yeni bir iskelet oluşturana kadar uzun bir süre savunmasız kalmaları, onlar için daha büyük bir sorun teşkil ediyordu. Eski iskeletin kalıntılarını geri dönüştürmek için etkili bir yöntemleri de olmadığı için, her gömlek değişiminden sonra sert dış iskeletlerini sil baştan oluşturmaları gerekiyordu. Gömlek değiştirirken gövdelerinin yumuşak kısımları günlerce, hatta haftalarca açıkta, saldırılara karşı savunmasız kalabiliyordu.

Brandt ayrıca trilobitlerin segmentasyonlarına ve omur örüntülerine göre hayatta kalma oranlarını da inceledi. Daha az vücut segmenti ve daha az omura sahip trilobitlerin, gömlek değiştirmede daha başarılı olup daha uzun süre hayatta kaldıklarını buldu. Sonuçta onun çalışması sadece trilobitlerin düşüşünü değil, aynı zamanda kabuklular ve böcekler gibi diğer eklembacaklı gruplarının nihai başarısını da açıklamaya yardımcı oluyor. Eklembacaklıların vücut segmentleri 'tagmosis' adı verilen bir süreçle birbirine kaynamıştır. Tüm eklembacaklı gruplarında görülen genel tagmosis kalıbı şöyledir: Eklembacaklıların çok segmentli ataları vücut segmentlerini işlevsel bölgeler, yani tagmalar halinde birbirine kaynatmıştır. Vücut biçimleri daha yalın olan eklembacaklılar, gömlek değiştirmede daha başarılı olurlar. Bu nedenle daha yalın tagmalı eklembacaklıların jeolojik çağlar boyunca hayatta kalma oranı da daha yüksek olagelmiştir. Tüm hayvanların ilk kez iskelet formları geliştirdiği Erken Kambriyende trilobit çeşitliliği de artmıştı. Ama Kambriyenin sonunda kabuklular ve çokayaklılar gibi diğer eklembacaklıların daha verimli gömlek değiştirme davranışları geliştirip denizlerde balıklar, kalamarlar ve deniz akreplerinin sahneye çıkmasıyla, trilobit imparatorluğu gerilemeye başladı.

◆◆◆

Artık elinizde eski sığ okyanuslardaki yaşamın yaklaşık 444 milyon yıl öncesine kadarki kısmının bir resmi var. Eklembacaklılar, özellikle envai çeşit trilobit bu dönemde tortuları arşınladı, ılık sularda yüzdü, akıntılarda süzüldü. Kabuklu kalamarların, balıkların, deniz akreplerinin ve kabuklu diğer canlıların gitgide çeşitlenen faunası, trilobitlerin gömlek değiştirme evrelerinde kendine bir trilobit ziyafeti çekti. Sonra Silüriyen dönem başladı. Silüryende, yeryüzünün tarihinde 3 milyar yılı aşkın bir süre boyunca olmamış bir şey oldu: Hayvanlar nihayet karaya ayak bastılar. Bitkiler güneşe doğru filizlendiler. Kara ekosistemleri kuruldu. Peki, bu olağanüstü değişiklik neden oldu?

3

SİLÜRYEN: KARA GÖRÜNDÜ!

Her şeyin var bir güzelliği, herkes onu göremez ki.
ANONİM (fal kurabiyesi manisi)

Boy pos marifet olsa korkar mı akrepten aslan?
ANONİM (Bir başka fal kurabiyesi manisi)

Benim yaşımdaki insanlar 1969 yılının Temmuz ayında olanları berrak şekilde hatırlıyorlar. İnsanlık Ay'a ilk kez ayak basmıştı. Bunu tarihsel bir olay addediyoruz ve böyle düşünmekte elbette haklıyız. Yaklaşık dört milyar yıldır ilk kez yeryüzündeki bir türün bireyleri, ayaklarını tamamen yabancı bir yere, hem de çok uzak ve çok tehlikeli bir yere bastılar ki oraya kısacık bir ziyaretin bile canlılar için barındırdığı riskler muazzamdır. Bizim kuşağın çoğu gibi ben de karıncalanan siyah beyaz televizyonumuzun önünde oturduğumu, Neil Armstrong'un ay modülünün merdivenlerinden inip Ay'ın tozlu ve gri yüzeyine ayak basmasını beklediğimi hatırlıyorum. Şimdi 'siyah beyaz TV' nedir bilmeyenlerinize soruyorum: Bu başarıyı, dünyadaki izleyicilerin çoğunun ekranında henüz renk bile yokken başarmış olmamız göründüğünden daha da kayda değer, değil mi? Armstrong'un botlarının izi kültürel psikolojimize o kadar yerleşmiştir ki bahse girerim onların resmini bile aklınızdan çizebilirsiniz. Sonuçta hepimiz bu bot izlerin kitaplarda, dergilerde, afişlerde ve televizyonda defalarca gördük.

Burada benim savım şu: Tarihimizde bunun kadar önemli bir başka gün daha var ama o gün, zamanın derinliklerinde kayıp. O gün, sıra sıra ayak izlerinin bırakıldığı, aynı derecede tarihsel bir başka gündü. Ama o günü nadiren kutluyoruz veya haberlerde duyuyoruz. O günü özel yapan şey bundan yaklaşık 443 milyon yıl önce gerçekleşti. Üstelik büyük patlama veya bir süpernova patlaması gibi bu da biricik bir olaydı: Bir canlının, hayvanların, karaya ilk kez ayak bastığı andı.

◆◆◆

Dünya'da atılmış bu adımlar Ay'a ayak basmaktan daha tarihsel bir olaydı. Okyanuslardan karaya çıkan ilk hayvanlar için çorak toprak sert ve ürkütücüydü. Onların da bu yolculuğu gerçekleştirmelerine izin verecek, vücut yapılarını destekleyecek bir araca ihtiyaçları vardı: karasal ortamın gerilimlerini kaldırabilecek bir iskelet sistemi ve onları bir yerden başka bir yere taşıyabilecek bir hareket sistemi. Ayrıca onları bu yabancı ortamda canlı tutacak yaşam destek ünitelerine de ihtiyaç duyuyorlardı: Güneş'in ışınlarının yanı sıra aşırı sıcak ve soğuk gibi zorlayıcı dış etkilerden korunmalarına ve su kaybını önleyip hem gaz hem de sıvı solumalarına izin verecek bir solunum sistemi. Elbette oraya gitmek için bir bahaneye de ihtiyaçları vardı. Nitekim okyanuslardaki hayat uzun bir süredir yeterince rahattı. O halde hayvanları, yaşanması imkânsız, düşmanca görünen bir yere taşınmaya yönlendiren neydi?

Eklembacaklılar İçin Küçük Bir Adım

Karanın canlılar tarafından kolonize edilme hikâyesi genellikle 444 ila 419 milyon yıl önceki zaman aralığının, yani Silüriyen döneminin hikâyesi olarak düşünülür. Fakat o tarihlerden önce de bazı canlıların karada yaşamış olabileceğine dair elimizde kanıtlar var. Hatta 'karada' olmanın ne anlama geldiğine dair bir tartışma bile var. Bu noktaya daha sonra noktaya tekrar döneceğiz. Şimdilik Silüryenin hem kara hayvanları hem de bitkileri için bol miktarda fosil kanıtı bulduğumuz yaşamın ilk çağı olduğunu söylemekle yetinelim. Bu jeolojik dönemin sonunda bu gruplar en azından denizin karayla buluştuğu kıyılarda ve nemli bataklıklarda kara ekosistemleri oluşturmuşlardı. Bu basit ekolojik sistemler, daha sonraki tüm kara temelli yaşam topluluklarının da çıkış noktası olacaktı.

İnsanların 'hayvan' kelimesini 'omurgalı' ile eş anlamlı kullanması beni hep hayrete düşürmüştür. Geçenlerde 'ilk kara hayvanları' hakkında olduğunu iddia eden bilimsel bir makaleye denk geldim ama makale aslında akciğerli balıklarla ilgiliydi. Daha fazla ilerlemeden burada bir noktayı açıklığa kavuşturalım: Eklembacaklılar hayvandır ve Erken Silüriyende küçücük bacaklarını kaldırıp karaya ilk adım atanlar da onlar olmuşlardır. Eklembacaklılar o sıralar bu yolculuğu yapmak için en iyi donanıma sahip olan canlılardı. Kambriyen yıllarından beri gerekli koruyucu donanımları (dış iskelet) ve hareket sistemleri (eklemli bacakları) vardı. Oysa tembel, donuk zekâlı, sümüklü ve hantal akciğerli balık atalarımız karaya çıkmayı ancak Devoniyende, yani eklembacaklıların karaya çıkışından yaklaşık 40 milyon yıl sonra başarabilmişlerdir. Hatta bunu başarmaları bile aslında başka bir olaya bağlı olmuştur: Bazı balıklar karada muhtemelen fazla gelecek ağırlıklarını destekleyebilecek biçimde, yüzgeçlerinde yeterince kemikli yapı geliştirmişlerdir. Tarihteki bir başka rastlantıdır bu: Olmasaydı kara omurgalıları burada olamazdı, yani biz de burada olamazdık. Yine bu hikâyedeki varlığımızı dahi bir mucizeye borçluyuz dersek abartmış olmayız.

Fakat karikatürist Larry Gonick'in ustaca ifade ettiği üzere, tarih kitaplarını biz yazıyoruz, yani akciğerli balıkların alt soyları yazıyor. Dolayısıyla bir kez daha yaşamın tarihine işlediğimiz insanmerkezci önyargıyı ifşa etmemiz gerekiyor. Çünkü sırf Silüryen dönemine 'kara kolonizasyonu çağı' diyerek bile aslında biz bu önyargıyı besliyoruz. Oysa gerçek tüm çıplaklığıyla karşımızda duruyor: Omurgalıların bu sahnede hiçbir rolü yok ama biz bunu gelişigüzel ve kayıtsızca görmezden geliyoruz. On milyonlarca yıl boyunca okyanuslarda yüzüp durduk. Şimdi arsızca o sahnenin her nasılsa en başından beri bizim için hazırlandığını ima ediyoruz. Hayat, biz var olmadan, on milyonlarca yıl boyunca karada gayet güzel sürüp gitti. Sonsuza kadar öyle devam edebilirdi.

Dahası Silüryene kara kolonizasyonu çağı diyerek dikkati diğer büyük ekosistemden, yani okyanuslardan ustalıkla uzaklaştırmış da oluyoruz. İnsanların ortaya çıkışına yol açan süreçte bu adım gerekliydi diye karanın kolonizasyonunu yüceltiyoruz. Oysa Silüryenin gerçek hikâyesini okyanuslardaki muhteşem yaşam çeşitliliği teşkil ediyor. Silüryen dönemi, ilk mercan resiflerinin zamanı demektir. Bu resifler bugün bildiğimiz mercanlardan değil, uzun zaman önce soyları tükenmiş, eski kıvrımlı mercan ve tablo mercanı türlerinden oluşuyordu. Trilobitler de henüz sahneden inmemişlerdi; ammonitlerin, dallıbacaklıların ve balık çeşitliliğinin içerisinde hâlâ sayıca fazlaydılar. Bahsi geçen balıklar çoğunlukla çenesizdi ama Silüryen aynı zamanda ilk çeneli balıkları, ilk zırhlı balıkları ('placodermler' olarak adlandırılan ve bazılarının boyu dokuz metreyi bulabilen balıklar) ve tümü çenesiz ilk tatlı su balıklarını da barındırıyordu. Karaya geri dönmeden önce, şunu kabul edelim: O zamanın biyolojik sistemlerinin, Silüryen çeşitliliğinin ve ekosistem karmaşıklığının asıl zirvesi okyanuslardı. Bu yüzden Silüryene 'ilk mercan resiflerinin çağı' dersek herhalde daha iyi etmiş oluruz.

Trilobit türleri zamanla azaldı azalmasına ama hayatta kalmayı başaran trilobit türlerinden bazıları Silüryen zamanlarının mercan kayalığı ekosistemlerinde de epey yaygındı. Şu anda Wisconsin'in eyalet fosili olan *calymene celebra* o dönemde epey bol bulunan bir trilobitti. Bugün Wisconsin diye bildiğimiz yer, Silüryen döneminde ekvatorun güneyinde yer alıyordu ve trilobitlerle dolu sığ denizlerle kaplıydı. Bu eski sıcak denizlerin bir sonucu olarak, Güney Wisconsin'in kireçtaşı oluşumları katman katman Silüryen trilobitleri, yumuşakçalar, dallıbacaklılar ve mercanlar barındırmaktadır. Wisconsin'in resmi trilobiti *calymene*, dipte beslenen ve yırtıcılardan korunmak için top gibi kendi üstüne kapanma yeteneği geliştirmiş bir hayvandı. Bu savunma davranışı bu türün varlığını başarıyla sürdürmesine katkıda bulunmuş olabilir.

Silüriyen bir hayvanı onurlandıran tek eyalet Wisconsin değil. New York, deniz akrebi denen *eurypterus remipes*'i resmî fosili ilan etti. Bu canlılar, Kambriyenden Permiyene kadar yaklaşık 250 milyon yıl boyunca var oldular ve asıl yuvaları okyanuslar olmasına rağmen bazı acı ve tatlı su habitatlarını da kolonize etmeyi başardılar. Deniz akrebi, muhtemelen şimdiye kadar yaşamış en büyük eklembacaklı olması itibarıyla oldukça dikkate değer bir hayvandır. En büyük deniz akrebi türlerinden bazıları, 210 ila 240 santimetre arası bir uzunluğa erişmiş devlerdi. Bu hayvanlar gerçekten akrep değildi, daha ziyade at nalı yengecinin yırtıcı bir türü gibiydi. Uzun, keskin, dikenli bir kuyrukları vardı. Bu yüzden 'deniz akrebi' diye adlandırılıyorlar ama sokabileceklerini gösteren hiçbir işaret yoktur. Avlarını kavramak için büyük dikenli bacakları, bazılarının kıskaç benzeri kocaman pençeleri vardı. Yani bunlar muhtemelen sert kabuklu trilobitler ve dallıbacaklılarla doyasıya beslenebilen ilk yırtıcılardı.

Dünyanın dört bir yanında 300'den fazla deniz akrebi türü keşfedilmiş olmasına rağmen New York fosilleri bugün önemlerini korumaya devam ediyorlar. İlk deniz akrebi 1818 yılında bu eyaletteki Silüryen kaya katmanlarında bulundu. Bugünkü Poughkeepsie ve Buffalo arasındaki alanın tamamı, bundan yaklaşık 420 milyon yıl önce Silüryen döneminin sığ denizleriyle kaplıydı. Dolayısıyla oradaki kaya oluşumlarında bu hayvanların o kadar fazla kalıntısı var ki bölgeye 'deniz akrebi mezarlığı' deniyor. Kuşkusuz bu canlılar Silüryen mercan resiflerinin en gösterişli sakinleri arasındaydılar.

Eski okyanuslarda yaklaşık 30 bin türe evrilen dallıbacaklılar onlar kadar gösterişli değildi ama daha bol ve çeşitliydiler. Cins adlarını –lamba kabuklular– bazı dallıbacaklıların kabuklarının eski bir Roma lambasını andırmasına borçludurlar. Ayrıca bu canlılar istiridyelere benzerler ama bu benzerlik yüzeyseldir çünkü bir deniztarağının iki kabuğu boyutça birbirine benzerken, dallıbacaklıların üst kabukları alt kabuklarından daha küçüktür. Lamba kabukluların çeşitliliği Ordovisyen döneminde zirveye ulaşmış ve bu canlılar çeşitliliklerini Silüryen döneminde de korumuşlardır. Dallıbacaklılardan bazıları, kabuklarını yerlerinde tutmak için yüzeylere yapıştırdılar. Böylece Silüryen resiflerinin oluşumunda önemli bir rol de oynadılar. Paleozoik denizlerde lamba kabuklar o kadar boldu ki bugün ABD'nin ortadoğusunda en yaygın rastlanan fosiller bu canlılara aittir. Benim de çocukken keşfettiğim ilk fosil Mississippi Nehri kıyısındaki bir kaya üzerinde bulunan bir dallıbacaklı deniz kabuğu kalıntısıydı. Kentucky eyaleti, belirli bir cins veya türün adını verme zahmetine girmeden, tüm dallıbacaklı fosillerii eyalet fosili ilan etti çünkü orada sayılamayacak kadar fazla dallıbacaklı türü fosili var.

Eklembacaklılar İçin Dev Bir Adım

Mercan resifi ekosistemleri, Silüryen zamanlarının biyolojik zirvesi olmuş olabilir ama böcekler temelde kara hayvanları olduklarından, karanın kolonizasyonunun hikâyesi biraz daha eklembacaklıların safından anlatılmalı. On milyonlarca yıl sürse de karadaki türlerin zenginliği okyanuslarınkini en sonunda geride bırakmıştı. Yağmur ormanı ekosistemlerimizin karmaşıklığı da okyanus resiflerininkini büyük ölçüde geride bırakmıştı. Bu küçük eklembacaklıların küçücük ayaklarının pıtırtısı uzun çağlardan geçerek yüksek bir sesle yankılandığı gibi, yaşamın sonraki çeşitliliğinin şekillenmesinde de son derece etkili olacaktı.

Birçok biyolog uzun bir süredir bitkilerin önce toprağı kolonileştirip hayvanların yaşayabileceği ekosistemler kurmuş olmaları gerektiğini varsayıyordu. Fakat bugün elimizde bunun böyle olmayabileceğini gösteren sağlam kanıtlar mevcut. Geç Ordovisyenden kalma tortulara tarihlenen eklembacaklı ayak izleri, fosilleşmiş izler ve iz fosilleri mevcuttur. O zamanlar kara bitkileri vardıysa bile eklembacaklıların karada canlığın görüldüğü en erken zamanlarda, bitkilerinkinden tamamen farklı bir ortamda, nemli topraklarda yürüdükleri, arkalarında bıraktıkları ayak izlerinden bellidir.

Şekil 3.1. Sarmal halde kırkayak, çok bacaklıların mükemmel bir örneği: çok sayıda bacağa sahip uzun, çok segmentli bir eklem bacaklı. Karada koloni kuran ilk hayvanlar arasında az çok bu türe benzer yaratıklar vardı. (Fotoğraf: Kenji Nishida.)

443 milyon yıldan uzun bir süre önce eklembacaklılar sahillerde geziniyorlardıysa, oralarda ne yapıyorlardı? Derin deniz yırtıcılarından kaçmış olabilirler. Karada yürüyen ilk hayvanların, gelgit bölgelerindeki en sığ sularda yaşayan

eklembacaklılar olduğunu varsayıyoruz. Uzun zamandır yol arkadaşımız olan Ay, bu havuzları ve onları şekillendiren gelgitleri yaratarak, yaşamın evriminde önemli bir rol oynadı. Gelgit sırasında deniz çekildiğinde ve yükseldiğinde, gelgitin düşük olduğu ıslak kıyı şeritlerinde hayatta kalabilen bir eklembacaklı, sadece büyük yırtıcılardan kaçınarak bile kendine büyük fayda sağlayabilirdi. Silüryen ilerledikçe, mercan resifleri gitgide daha düşmanca bir ortam hâline gelecekti. Solungaçlarla nefes alan deniz akrepleri, kafadanbacaklılar, balıklar, hatta büyük trilobitler gibi çeşitli yırtıcılar gelgit sırasında daha derin sulara doğru yol aldılar. Kıyı şeridinde hayatta kalan küçük eklembacaklılar belki de bu sayede huzurlu ve güvenli bir sığınağın tadını çıkarmışlardır.

Kıyı şeritlerini iki eklembacaklı grubu aynı anda kolonileştirmiş gibi görünüyor: örümceğimsiler ile çokayaklılar. Örümceğimsiler akreplerden ve örümcekler, akarlar ve onların akrabalarının türediği hayvan grubundan oluşuyordu. Çokayaklılar ise kırkayakların ve böceklerin evrimleştiği grup olan uzun, çok segmentli, çok bacaklı canlılardı. Şimdi bu hayvanların her birine sırayla bakıp sahillere nasıl ve neden göç etmiş olabileceklerini düşünelim.

Kumsalda Sokulma Zamanı

Karada yaşayan hayvanların en eski fosilleri arasında, Geç Silüryene tarihlenen ilk akreplerin kalıntıları bulunmaktadır. Silüryen akreplerini 'karasal' canlılar diye niteleyebiliriz çünkü kıyı şeritleri boyunca suyun dışında hareket edip yiyecek aramış oldukları ayan beyan ortadadır. Yine de hâkim görüş, onların esasen yarı sucul canlılar oldukları yönündedir. Bu canlılar, bir kitabın sayfaları gibi katmanlı çok sayıda düz solunum plakasıyla nefes aldıkları için onların solunum organlarına 'kitap solungaçları' denir. Bu solunum plakalarının iş görebilmesi için ıslak kalmaları şarttı. Dolayısıyla Silüryen akrepleri solungaçlarını nemli tutmak için düzenli olarak suya girip çıkmış olmalılar. Örümceğimsiler de çok sonraları, Devoniyen döneminde benzer 'kitap solungaçları' geliştirdiler ama onlarınki vücutlarının içindeydi. Böylece tam bir kara hayvanı hâline geldiler. Birçok modern yarı sucul canlı gibi Silüryen akrepleri de solungaçları ıslak kaldığı müddetçe kıyılarda muhtemelen uzun süreler boyunca dolaşabiliyorlardı.

Sadece Silüryen akrep fosillerine değil, aynı zamanda modern akreplere de bakarak, karayı kolonileştiren bu ilk hayvanlar hakkında çok şey öğrenebiliriz. Bunun nedeni, canlılar dünyasının, çeşitli zamanlarda evrimleşmiş organizmaların bileşimlerinden oluşmasıdır. Farklı türler, çevreleriyle nasıl etkileşime girdiklerine bağlı olarak farklı oranlarda gelişirler. Çevrelerine iyi uyum sağlamış organizmalar, uzun zaman dilimlerinde fazla değişmeyebilir; bu nedenle at nalı yengeçleri ve akrepler gibi uzun zaman önce evrimleşmiş canlılar 'yaşayan fosil' olarak anılırlar. Ne var ki bu, akreplerin zaman içinde evrimleşmediği ve değişmediği anlamına da gelmez. Nitekim değiştiler. Erken Silüryende bir noktada, sadece bir akrep türü vardı ve bu tür suda yaşıyordu. Modern dünyada ise 1100'den fazla akrep türü ve her türün kendine has özellikleri vardır. Hepsi karada yaşayan hayvanlardır; bazısı çöllerin kurak ve çetin ortamında yaşamaya uyum sağlamıştır ama diğerleri hâlâ nemli yaşam koşullarına ihtiyaç duyup yağmur ormanlarında yaşamayı tercih eder. Yine de bir akrebe baktığımızda, karayı kolonileştiren ilk canlılardan bazılarıyla birlikte Erken Silüryende ortaya çıkmış bir vücut şeklini görüyoruz.

Akrepler geceleri faal olan canlılardır. Gündüzleri çatlaklarda ve yarıklarda, kayaların ve başka cisimlerin altında saklanırlar. İlk akrepler de geceleri faaldiyse karaya ilk adımlarını güneşin morötesi ışığından kaçınmak için Ay ışığında atmış olsalar gerektir. Eski akreplerin kitap solungaçlarıyla nefes aldığını ve solungaçları ıslak kaldığı sürece sudan dışarı çıkabildiklerini unutmayın.

Akrepler yırtıcıdır. Asla bitkilerle beslenmezler. Dolayısıyla bu eklembacaklılar karayı hiç değilse bitkilerden daha kolay kolonileştirebilirlerdi. Bugünkü akrepler, genellikle Silüryende henüz var olmayan böceklerle beslenirler. Peki, o zamanlar neyle besleniyorlardı? Çokayaklılar kıyıları akreplerle aynı anda işgal ettiyse akrepler muhtemelen onların birçoğunu avlamıştır. İşgal etmedilerse gelgitlerin yaşandığı kayalık bölgelerde onlar için bol yemek seçeneği hâlâ vardı. Sular çekildiğinde, bugün olduğu gibi birçok küçük hayvan sığ gelgit havuzlarında kısılıp kalıyordu. Akrepler avlarını parçalayıp eklembacaklılara özgü, *keliser* denen pençe benzeri ağız uzantılarıyla beslenirler; dolayısıyla halkalı solucanlar, küçük balıklar ve gömlek değiştirme evresindeki trilobitler gibi yumuşak gövdeli hayvanlar, onlar için kolay av ve zahmetsiz bir yemek olurdu. Akrepler ayrıca, avlarını tutup parçalamalarına ve sert kabuklardan yumuşak dokuları çekip almalarına izin veren, *pedipalp* adı verilen, pençe benzeri kıskaçlara ve küçük hayvanları felç edebilen zehirli bir iğneye de sahiptirler. Silüryen döneminin gelgit bölgelerinde bol miktarda dallıbacaklı olacağından, onlar da muhtemelen ilk akreplerin avları arasındaydı. Eğer bir akrep, iğnesini bir dallıbacaklının yumuşak kısımlarına saplayabilirse kıskaçlarını kullanarak hayvanın yumuşak vücudunu kabuğundan kolaylıkla ayırabilirdi.

Akreplerin büyük bir halkla ilişkiler sorununun olduğu bir sır değil. Neredeyse hepimiz onlardan nefret ediyoruz ve bunun için muhtemelen haklı gerekçelerimiz var. Tüm akreplerin, avlarını felç ve zapt etmek için kullandığı güçlü zehirleri vardır. Akrep sokması insanlar için en iyi ihtimalle acı verici, en kötü ihtimalle ölümcüldür. Yalnızca karanlıkta hareket ederler, geldiklerini çoğu zaman göremeyiz. Bu alışkanları ile zehirli olmaları birleşince, etrafta bulunmaları da hâliyle pek hoş olmuyor. Tropik bölgelerde seyahat ediyorsanız, sabahları ayakkabılarınızı ters çevirip şöyle bir sallamayı alışkanlık haline getirmenizde fayda var, ne de olsa akrepler kuytulara saklanmayı seviyorlar.

Bazı bilim insanları, insanların yılan ve örümcek gibi tehlikeli hayvanlardan içgüdüsel olarak korktuklarını öne sürmüşlerdir. Muhtemelen bu listeye akrepleri de ekleyebiliriz çünkü bir tanesini görmek bile çoğumuzu çabucak paniğe sevk ediyor. Belki de bu canlılara karşı genlerimize işlenmiş bazı ilkel korkularımız var. Siz bir de balıklar gibi Silüryen atalarımızın hâlini düşünün: Derin sularda mercan resiflerinin yanı başında, korkunç deniz akreplerinin benzerleriyle, ılık sığ sulardaysa zehirli iğnelere sahip akreplerle mücadele etmek zorunda kaldılar. Silüryen dönemi, omurgalı atalarımız için pek de eğlenceli bir zaman dilimi değildi. O dönemi sağ salim atlatabildiğimiz için yine çok şanslıydık.

Şekil 3.2. Üzerinde yavrularıyla bir anne akrep. (Fotoğraf: Piotr Naskrecki)

Akrepler hakkında tüm bu nahoş şeyleri söyledikten sonra, şimdi size onları sevmeniz için bir sebep vereceğim: Dişileri gerçekten çok iyi annelerdir. Hatta ebeveyn bakımının en eski izlerini onlarda bulabiliriz. Yumurtladıktan sonra yavrularını kaderlerine terk eden çoğu dişi eklembacaklıdan farklı olarak dişi akrepler döllenmiş yumurtalarını kendi içlerinde taşırlar. Bu yumurtaların gelişmesi aylar alır ve bir dişi akrep, en sonunda, sayıları 6 ila 90 arasında değişen akrep yavrusu doğurur. Annelerinin minyatür hâline benzeyen bu yavrular, annelerinin sırtına tırmanıp bir hafta veya daha uzun bir süre boyunca annelerinin sırtından inmezler. İlk gömlek değişimini tamamlayana kadar annelerinin koruması altında kalıp sonra kendi maceralarına atılırlar.

İyi anneler olmaları bu dişi akreplerin mutlaka iyi eşler olduğu anlamına gelmez. Dişi akrepler tehlikelidir. Üstelik erkeklerinden de daha iridirler, bu yüzden erkekler onlara kur yaparken son derece özenli ve saygılı davranmak zorundadırlar, yoksa akşam yemeği olurlar. Bu özenli çiftleşme töreni sırasında, erkek ile dişi karşı karşıya gelir, kuyruklarını kaldırır ve saatlerce, hatta günlerce daireler çizerek hareket eder. Erkek akrepler, *spermatofor* denen zarla kaplı bir sperm hücresi paketi üretirler. Erkek akrep, bir fırsatını bulup dişiyle çiftleşerek sperm hücrelerini doğrudan ona aktarmak yerine, spermatoforunu yere bırakır ve dişiyi spermatofora yönlendirmeye çalışır. Bu eski davranış belki kulağa pek verimli bir üreme yöntemi gibi gelmiyor ama akreplerde çok işe yarıyor gibi görünüyor, hatta bugün varlığını sürdüren en ilkel böceklerin bazılarında da bu çiftleşme yönteminin muhafaza edildiğini görüyoruz.

◆◆◆

Akreplerin üreme davranışları, Silüryen döneminde hayvanların karaya çıkışı hakkında bize bir fikir verebilir. Spermatoforun zarı, kurumayı yavaşlatsa da, daima nemli kalmalıdır. Aksi takdirde içindeki sperm hücreleri kuruyup ölürler. Güneş ışınları bu hücrelere kolayca zarar verebilir, dolayısıyla spermatofor transferini gecenin karanlığında yapmak daha güvenli bir yoldur. Bu durum akreplerin başlangıçta kıyı şeritlerini sadece yiyecek bulmak için değil, aynı zamanda Ay ışığının aydınlattığı romantik Silüryen sahillerinde biraz takılıp çapkınlık yapmak için de kolonileştirdiğini gösteriyor. Dişi akreplerin gelişen yumurtaları vücutlarının içinde tutup doğan yavrularını koruduğu gerçeği ise Silüryen kumsallarının aslında epey tehlikeli yerler olduğunu işaret ediyor. Kıyı şeritleri derin sulara göre daha güvenli yerler olsa da buralarda büyük kırkayaklar, diğer akrep türleri, hatta aynı türün daha büyük bireyleri gibi, akreplerin yumurtalarını ve yavrularını yiyebilecek avcılar cirit atıyorlardı.

Bir Bacakları Var...

Böceklerin çok bacaklı akrabaları olan çokayaklılar, buraya kadar hikâyemizin arka planında yer aldılarsa da haklarında fazla bir şey söylemedik. Erken Kambriyen okyanuslarında, Burgess Şeyli faunasında, bu uzun bacaklı yaratıklardan birkaçının dip tortularında koştuğunu hatırlayabilirsiniz. Bunların vücut yapısı çok basitti: önde iki antenli bir kafa, ardında her biri iki bacaklı birçok segment. Bu aslında sayısız eklembacaklı türünün evrimleşmesine izin vermiş çok basit bir vücut yapısıdır ve bu yapı daha önce trilobitlerde de gördüğümüz tagmosis sürecinin bir ürünüdür. Bu segmentlerin kaynaştırılmasıyla son derece işlevsel vücut bölgeleri oluşturulabilir. Bacaklar biraz değiştirilerek çeşitli besleme veya çiftleşme uzantıları haline getirilebilir. Çok yönlü vücutlarıyla çokayaklılar, modern böceklerin evrimleştiği atalara benzedikleri için artık hikâyemizin kilit oyuncuları haline geliyorlar.

◆◆◆

Burada, kayda değer üç çokayaklı grubundan bahsedeceğim. Bunlardan ilk ikisi oldukça tanıdık: çıyanlar ve kırkayaklar. Üçüncüsü ise daha nadir bulunan bir tropikal hayvan grubu: simfila. Üçü de havayı iç tüplerden taşıyarak trake solunumu yapar. Bu durum, trake solunumunun, karada yaşamaya uyum sağlamış ilk çokayaklıların bir yeniliği olduğunu ve çokayaklıların bunu böceklere aktardığını düşündürtmektedir. Çıyanlar ve kırkayaklar bize karanın ilk kolonizasyonu hakkında çok şey anlatıyorsa da bunlardan her biri kendi yolunda uzmanlaşmış ve böceklerden daha farklı sınıflara evrilmişlerdir. Tropik simfilalar ise böceklerin atalarının anatomisine daha çok benzeyen, daha basit bir vücut yapısına sahiptir.

Şekil 3.3. Beyaz bir kırkayak (Polydesmida takımı) uzun bacaklı çok ayaklıların benzersiz bir özelliğini sergiler: Her segmentte dört ayak bulunur. Polydesmidler, bilinen 2.700'den fazla türle çokayaklıların en büyük takımını oluşturur. (Fotoğraf: Kenji Nishida.)

Çıyanlar belki de en tanıdık çokayaklılar grubudur. Çıyanların, çoğu yağmur ormanlarında yaşayan, üç binden fazla türü vardır ve bunlar çoğunlukla geceleri faaldir. Vücutlarının her segmentinde iki tane olmak üzere 30 veya daha fazla bacakları vardır ve bu bacakları nasıl kullanacaklarını gerçekten iyi bilirler. Çoğu, çok hızlı koşabilir. Böceklerin aksine, kırkayakların su kaybını önleyen balmumsu bir kütikülleri yoktur. Çabucak kururlar; bu nedenle toprağa yakın nemli habitatlarda kalıp güneş ışığından kaçınmaya meyillidirler. Tüm çıyanlar yırtıcıdır; zehir bezleri barındıran ve dişleri andıran ön ayaklarıyla küçük hayvanları avlarlar. Çoğu çıyan diğer küçük eklembacaklılarla beslenir ama yağmur ormanlarında yaşayan ve boyları yaklaşık 25 santimetre uzunluğa erişebilen bazı büyük çıyan türleri, küçük omurgalıları öldürme yeteneğine de sahiptir. Yırtıcı akreplere benzer şekilde çıyanlar da bitkiler karada kolonileşmeden çok önce, kayalık gelgit bölgelerinde hayatta kalabiliyorlardı ve diğer çeşitli küçük hayvanlarla beslenebiliyorlardı.

En uzun bacaklı eklembacaklılar olan kırkayaklar ise benzersiz bir vücut yapısı geliştirdikleri için 'diplopod' diye adlandırılırlar: Bunların vücutlarının her segmentinde bir yerine iki çift bacakları vardır, bu segmenler iki çift sinir demeti ve kalp kapakçığı içerir. Bu durum, kırkayakların segmentlerinin, her birinde bir çift bacak olan iki ilkel segmentin kaynaşmasıyla oluştuğunu gösterir. Yeryüzünde 7500'den fazla kırkayak türü vardır ve bu canlınların asıl yaşam alanları yağmur ormanları olsa da onları dünyanın her yerinde bulmak mümkündür.

Kırkayaklar, çıyanlardan çok daha mülayimdir. Silüryen evcil hayvanınız olsun istiyorsanız, bir tane edinmenizi şiddetle tavsiye ederim.[1] Dost canlısıdırlar, zehirleri yoktur veya insanları ısırmazlar ve evcil hayvan dükkânlarında bu aralar Afrika menşeli dev kırkayak türlerinden bazılarını bulmak hiç zor değildir. Kırkayaklar da çıyanlar gibi güneş ışığından uzak durmayı tercih ettikleri için yosunlarda, toprak altındaki tünellerde veya gevşek kayaların altında saklanırlar veya mağaralarda yaşarlar. Birkaç kırkayak türünün

1 Ancak uzun süre yaşadıklarını bilin. Meslektaşım Nina Zitani'nin evcil kırkayağı yaklaşık on iki yıl yaşadı.

diğer yumuşak gövdeli eklembacaklıları ve solucanları avladığı bilinmektedir ama kırkayakların çoğu, mantar veya bakteri birikintilerinin yanı sıra çürüyen bitkileri de yiyen leşçillerdir. Eldeki kanıtlardan anladığımız kadarıyla, kırkayaklar kara bitkileri evrimleşmeden epey önce sahilleri başarıyla kolonileştirebilmiş bir başka eklembacaklı grubudur. Bu leşçiller Silüryen döneminin mikrobiyal topraklarında çürüyen yeşil alg örtüleri, mantarlar ve bakteriler gibi bitkisel temelli olmayan çeşitli organik malzemelerle beslenebilmiş olmalılar.

◆◆◆

Simfilalar çoğu insanın gözünden kaçmıştır ama bu canlılar böceklerin hikâyesi için çok önemlidirler çünkü böceklerin atası olan türe çok benzerler: Bu ata, kırkayaklardan ve çıyanlardan daha az segmente sahip, kısa bir yaratıktı ve segment başına sadece iki bacağı vardı. Simfila çok küçüktür, boyları iki ila on milimetre (bir santimetre) uzunluğundadır. Bilinen yaklaşık 120 türü vardır ve bunların çoğu, tropik bölgelerde yaşar. Kırkayaklar gibi simfilalar da toprakta, yosunlarda ve çürüyen bitkilerde saklanırlar ve güneş ışığından kaçınırlar. Modern simfilalar esas olarak çürüyen bitki örtüsüyle beslenirler ama kırkayaklar gibi onlar da kara bitkileri ortaya çıkmadan önce mikrobiyal topraklarda organik maddelerle besleniyorlardı.

Yosunların bu gizemli sakinleri, sıra dışı bir üreme yöntemine sahiptir. Erkek simfilalar, spermatoforlarını uzun bitki saplarının üzerine bırakırlar. Dişilerin çevrede dolaşıp bunları bulmaları gerekir. Dişi, bir spermatoforu bulunca ısırır ama sperm hücrelerini yutup sindirmek yerine, yanaklarındaki özel keselerde saklar. Bir yumurta bıraktığında, uzanıp onu ağız parçalarıyla yerden alır. Böylece yumurtayı döller. Döllenmiş yumurtayı bir yosun parçasına yapıştırır.

Yeşil Gelgit: Bitkiler Kıyı Şeritlerini Kolonileştiriyor

Silüryenin sonlarına doğru, çokayaklıların mevcut manzarayı değiştirme faaliyetine yeni ve daha uzun bitkiler de destek vermiştir. İki dizi kanıt bize onların neye benzediği hakkında iyi bir fikir vermektedir. Geç Silüryenin tortullarından çıkarılmış 420 milyon yıllık fosiller, İskoçya'nın Rhynie kırsalında keşfedilen erken Devoniyene ait *rhynia* bitki cinsinin adından hareketle 'riniyofit' diye adlandırılmış ilkel bitkilerin iyi korunmuş kalıntılarını barındırır. Bunların en eskisi olan *cooksonia*, ilk damarlı bitkiydi ve boyu sadece birkaç santimetreydi. Çok basit ve yarı sucul olan riniyofitler, kıyı habitatları boyunca yaşadılar. Bu bitkilerin suyun dışında kalan kısımları da vardı. Yaprakları, çiçekleri veya derin kökleri yoktu. Bu bitki cinsinin daha gelişmiş erken Devoniyen türleri bile nispeten kısa boyluydu, en fazla 50 veya 60 santimetre uzunluğuna erişebiliyorlardı. Riniyofitlerin, kıyı boyunca yanlara doğru uzanan ve tepeleri boyunca birden çok noktadan yukarı doğru sürgünler veren gövdeleri, toprağın altına inen küçük köksü kılları vardı. Her dikey sürgün bir veya iki kez çatallanarak üst uçlarda 'sporanjiya' adı verilen üreme yapıları oluşturuyordu. Riniyofitlerin sıvı taşıyabilen damarlı gövdeleri, onların nemli kıyı şeritlerinde sık bir orman oluşturacak şekilde yayılmalarına izin vermişti.

İkinci kanıt bitki DNA'sından gelmektedir. Moleküler çalışmalar, kara bitkilerinin fotosentetik yeşil alglerden evrimleştiği ve damarsız bitkilerin –ciğer otları ile yosunların– ilk kez Silüryen civarında ortaya çıktığı ve bunları eğrelti otları gibi ilkel damarlı bitkilerin izlediği şeklindeki yaygın kabul gören varsayımı desteklemektedir. Kızılyapraklar ve yosunlar hayatta kalabilmek için çok fazla neme ihtiyaç duyarlar ve öldüklerinde hızla ayrışırlar. Bu yüzden iyi fosilleşmezler ama Geç Silüryenin kıyı şeritlerinin, riniyofitler ve çeşitli toprak mantarlarının yanı sıra bunlarla da dolu olduğuna emin olabiliriz.[2]

Şimdiye kadar bitkiler hakkında fazla bir şey söylemediysem bunun nedeni karada yaşayan eklembacaklıların, bitkiler ortaya çıkıp hayatta kalma becerilerini geliştirmeden önce, milyonlarca yıl boyunca evrilmiş olmalarıdır. Eklembacaklılar mücadeleye bir-sıfır önde başlamışlardı çünkü sert yapısal kısımlarını geliştirecek epey vakitleri olmuştu. Dahası, bu hayvanlar hareketli oldukları için kara seferlerinin zamanını seçebiliyorlardı. Eklembacaklılar geceleyin faal oldukları ve güneşin zararlı ışınlarından saklanabildikleri için, karada kolonileşmeden önce ozon tabakasının oluşmasını beklemek zorunda da değillerdi. Bunu karanlığın örtüsü altında usul usul yaptılar.

Bitkilerse güneş ışığına ihtiyaç duyuyorlardı. Geceleri karaya çıkıp gündüzleri saklanmak gibi bir seçenekleri yoktu. Dolayısıyla bitkiler iki şey gerçekleşene dek karada hayatta kalamazlardı: Gün boyu güneş ışığına maruz kaldıklarında onları zararlı ışınlardan koruyacak ozon tabakasının oluşmasını beklemeliydiler ve yapılarını destekleyecek düzenekler geliştirmeliydiler. Nitekim Geç Silüryende lignin ve selüloz gibi karmaşık molekülleri imal edip sert maddeleri sıvı taşıma damarları halinde düzenlemek suretiyle yapılarını destekleme sorununu çözdüler. Bazı bilim insanları, karada yaşayan hayvanların ihtiyaç duyduğu oksijeni imal ettikleri gerekçesiyle ilk önce bitkilerin karada kolonileşmiş olmaları gerektiğini öne sürdüler. Oysa siyanobakteriler ve yeşil alg-

[2] Mantarlarla ilgili en son moleküler çalışmalar, mantar çeşitliliğinin ana soylarının, erken dönem vasküler bitkilerin ve karasal ekosistemlerin çeşitlenmesiyle birlikte evrimleştiğine işaret etmekte. Mantar çeşitliliği, kara bitkilerinin kolonizasyonu için uygun mikrobiyal toprakların evrimine kesinlikle katkıda bulunmuştur ve mantarlar ayrıca kırkayaklar ve simfilalar gibi temizleyici eklembacaklıların diyetlerine de katkı sağlamıştır. Mantar evrimi hakkında daha fazla bilgiyi şu kitaptan alabilirsiniz: Robert Lücking, Sabine Huhndorf, Donald H. Pfister, Eimy Rivas Plata ve H. Thorsten Lumbsch vd., "Fungi Evolved Right on Track," *Mycologia* 101 (2009): 810-22.

ler bu gazı milyarlarca yıldır üretiyorlardı. Dolayısıyla tam aksine, ozon tabakasının morötesi ışınları seyreltebilmesi ve bitkilerin lignin ile selüloz moleküllerini imal edebilmesi için yüksek oksijen seviyelerine ihtiyaç vardı.

Bitkileri, karada yaşamanın zorluklarıyla nasıl başa çıktıklarına bakarak böceklerle kıyaslamak büyüleyicidir. Her ikisi de ciddi bir potansiyel su kaybı sorunuyla karşı karşıyaydı. Dolayısıyla her ikisi de kolay su geçirmeyen kütiküller geliştirdi. Yoğun bir kütikül, oksijeni ve karbondioksiti geçirmeyeceğinden, bitkiler gaz alışverişi yapmalarına izin veren ve kurumayı önlemek için açılıp kapatılabilen 'stoma' denen solunum gözenekleri geliştirdiler. Bunlar doğrudan doğruya böceklerin solunum deliklerine benzer. Bitkilerin suyu içerden taşıyacak bir düzenek geliştirmeleri de gerekiyordu. bu doğrultuda hücre duvarlarını suya dayanıklı lignin molekülüyle sertleştirdiler ve dâhili boru hatları, yani odunsu dokulu damarlar (trakeit) inşa ettiler. Bu basit düzenek, böceklerin iç organlarının sıvılarla yıkandığı açık dolaşım sistemine benzer. Böceklerin yapılarını desteklemek için bir iskelet sistemi geliştirmeleri gibi, bitkiler de lignin aracılığıyla odunsu dokular ve selülozle sertleştirilmiş hücre duvarları inşa ettiler. Fakat bitkiler güneş ışığından saklanmak gibi bir seçeneğe sahip olmadıkları için, güneş kremi görevi gören ve canlı hücreleri güneşi zararlı morötesi ışınlarından ve başka radyasyondan koruyan flavonoid bileşikli karmaşık moleküller de geliştirdiler. Genellikle en tepelerinde bulundukları için güneş ışığına maruz kalan sporlarını korumak adına başka bir tür güneş kremi, 'sporopollenin' de geliştirdiler.

Bu bitki uyarlanmalarının bazıları böceklerin evrimini de etkilemiştir. Lignin ve selüloz sert ve sindirilemez olduğundan, ilk bitki köklerini olası otçullardan korudular. Eklembacaklılar bitki gövdelerindeki odunsu dokuları tüketmenin bir yolunu bulana kadar on milyonlarca yıl geçecekti. Flavonoidli güneş kremleri de otçulları caydırırdı. En sonunda böcekler, bu tür bileşiklerle başa çıkmak, hatta onları kendi savunma sistemlerine katmak için sindirim mekanizmaları geliştireceklerdi ama bu da yine on milyonlarca yıl alacaktı. Yalnızca ilk bitkilerin sporları onlara besleyici, hazır bir besin kaynağı sağlıyordu. Bitkiler, spor üreten yapılarını, pusuya yatmış kırkayak ve benzeri canlıların erişemeyeceği yerlerde oluşturarak kendilerini savundular. Ayrıca, aşırı spor üretip ortalığı otçul eklembacaklıların tüketebileceğinden daha fazla besinle doldurarak, bir 'otçul bataklığı' yaratma stratejisine de başvurdular. Milyonlarca yıl sonra, Devoniyen döneminde, bu besleyici sporlar, eski böcekleri yerden yukarılara çekip onlara yükseklerde olmaları için bir sebep vererek, kanatların ve uçuşun evrimini teşvik etmiş olabilir.

Gerçi ilk kara hayvanları ile bitkiler uzun bir süre barış içinde, bir arada yaşadılar. Karada yaşamış ilk eklembacaklıların hiçbiri gerçekten otçul değildi. Ya akrepler ve kırkayaklar gibi yırtıcıydılar ya da kırkayaklar ve simfilalar gibi mikrobiyal topraklarda biriken organik maddeleri ve belki de bazı riniyofit sporlarını yiyen çöpçülerdi. Modern kırkayaklar ve simfilalar yosunlarda yuvalanmayı severler, bu nedenle eski kara hayvanları da yosunlara ulaşır ulaşmaz elbette oraya yerleştiler. Fakat bütün bitkileri yediklerini gösteren hiçbir kanıt yok. Botanikçi meslektaşlarım bunu duyduklarında tedirgin olabilirler ama ben "bitkiler eklembacaklılara zemin sağlıyor" demeyi seviyorum. Yosunlar, çokayaklılarla yaşamak ve güneşten korunmak için gayet hoş bir yer sunuyordu. Bundan iki taraf da fayda sağladı çünkü çokayaklılar tünel açma ve beslenme sürecinde toprağı gevşetip tersyüz ettiler, besinleri toprakta dolaştırdılar, toprağı bitkilerin kolonileşmesi için hazırladılar. Geleneksel inanışın aksine, hayvanlar bitkilerden daha önce karaya çıkmış olabilirler. Dahası, bitkilerin de iç bölgelere doğru hareket edebilmesi için toprağı bitkilere hazırlayacak hayvan topluluklarına ihtiyaçları vardı.

419 milyon yıl önce, Geç Silüriyende, ilk kara ekosistem-

leri kurulmuştu. Gerçi manzara bize pek göz alıcı görünmeyebilir: İç kesimler hâlâ rüzgârlı, kurak ve topraktaki mikroplar dışında yaşamdan yoksundu. Kıyı şeridinde ise bir veya iki metre yüksekliğe ulaşan riniyofitler ve yüzeyi halı misali kaplamış yeşil algler, yosunlar ve ciğer otları vardı. Silüriyen döneminin bu riniyofit bataklıkları bizim beklentilerimizi karşılamıyorsa da akrepler, çıyanlar, kırkayaklar, simfilalar ve diğer eklembacaklılar için cazip bir minyatür cangıl teşkil ediyorlardı. Ne var ki bundan yaklaşık 26 milyon yıl sonra Silüryen sona erecekti. Devoniyen yaklaşıyordu ve kim bilir ne gibi değişiklikler getirecekti. Nitekim bitkiler toprakları örtecek, boyları atacak ve ilk ormanlar oluşacaktı. Gezegen kısa süre içinde yeşile döndü ve ilk böcek toplulukları sahneye çıktı. Bu cesur eklembacaklılar karaya ilk kez ayak bastıktan on milyonlarca yıl sonra, bizim tembel atalarımız olan dört ayaklı akciğerli balıklar nihayet yüzgeçlerini sertleştirip derin bir nefes aldılar ve kafalarını sudan çıkarıp etrafı merakla süzdüler: "Orada neler oluyor?"

4

YOSUNLARIN ALTINDAKİ DÜNYA

Böceklerin dünyasında yaşıyoruz.
STEPHEN MARSHALL, *Insects, Their Natural History and Diversity*

Michigan'da yaşamayalı yıllar oldu ama hâlâ orayı ve Büyük Göllerin kumsallarında öğleden sonraları aylaklık ederek geçirdiğim o keyifli saatleri sevgiyle hatırlamadan beş parmaklı sağ elimin avucuna bakamıyorum. Herhangi bir Michigan sakininin de size söyleyeceği gibi, bir Devoniyen akciğerli balığının yüzgecinin evrilmiş hali olan sağ eliniz, size eyaletin alt kısmının pratik bir haritasını da sunar. Aslında Michigan, sınırları uzaydan kolayca tanınabilecek kadar farklı yer şekillerine sahip birkaç eyaletten biridir. Ama her zaman böyle değildi. Michigan'ın Aşağı Yarımadası'nın eldivene benzeyen şekli, son 1,6 milyon yılda bölgedeki buzullar tarafından oyulmuştur. Bu buz tabakaları büyüyüp geri çekilirken, Büyük Göllerin havzalarını oymaktan fazlasını yaptılar: Bu süreçte tortul katmanların derinlerine, hatta 419 ila 359 milyon yıl öncesine, yani Devoniyen zamanlarına kadar uzanan jeolojik oluşumlara kadar indiler. Bu kayaları parçaladılar ve kopan küçük parçaları başka yerlere sürüklediler. Buzun barındırdığı çakıl ve kum, daha yumuşak olan taşları aşındırıp cilaladı. Buz eriyip buzullar geri çekilirken, parçalar yol boyunca düşüp Büyük Göllerin soğuk sularına karıştı. O zamandan itibaren dalgalar kıyı şeridindeki eski kayaları bu kumla ovdu. En sonundan bunların çoğu cilalı, pürüzsüz ve yuvarlak hâle geldiler; bugün kumsallarda, insanların ayaklarında hoş bir his bırakıyorlar.

Petoskey Taşları Üzerine Düşünceler...

Ailem 1970'lerde kuzeye, Aşağı Michigan'a taşındı. Bu yüzden Boyne City, Charlevoix ve Petoskey yakınlarındaki bu tür kumsalları ziyaret etmek için birçok fırsatım oldu. Buralar sadece sularının ve kıyı şeritlerinin güzelliği ve yumuşacık kumları için bile uğramaya değen yerlerdir. Gelgelelim bu özel kumsallar başka bir nedenle daha ünlüdür: Michigan eyaletinin taşı olan Petoskey taşlarının asıl çıktığı yerlerdir. Petoskey taşları aslında fosildir. Bunlar, yaklaşık 360 milyon yıl önce Geç Devoniyende Michigan'ı kaplayan sığ denizlere hâkim büyük mercan resiflerinden kopup fosilleşmiş eski ve küçük mercan parçalarıdır. Bu eyalette büyüyen herkesin en sevdiği Devoniyen fosili mutlaka bunlardır.

Petoskey taşlarının yaygınlığı, Devoniyen mercan kayalığı ekosistemlerinin ne kadar yaygın olabileceğine dair bize iyi bir fikir de veriyor. Michigan'ın batısındaki Uyuyan Ayı Tepeleri'nde şimdiye kadar bulunan en büyük taş, bir tondan daha fazla bir ağırlığa sahiptir. Fakat taşların çoğu bundan çok daha küçüktür. Charlevoix yakınlarındaki kumsalda yürüyüşe çıkarsanız, onları sığ sularda kolaylıkla görebilirsiniz. Taşlar ıslakken mercanın kendine özgü formu canlı bir şekilde ortaya çıkar. Canlı mercanın kendisine ise altı kenarlı şeklini yansıtan *hexagonaria* adı verilmiştir. Islak taşın enine kesiti, bir arı peteğinin eriyen parçasına benzer. Islak bir Petoskey taşını elinize alırsanız, neredeyse tüm yüzeyinin pürüzsüz olduğunu fark edersiniz. Bu kayalar, kumlu plajda bile kolayca aşınacak kadar yumuşaktırlar ve sadece biraz zımpara kâğıdı ve yumuşak bir bezle onları zımparalayıp daha pürüzsüz hâle getirip parlatabilir, altıgen mercan mimarilerinin karmaşık desenlerini ortaya çıkarabilirsiniz. Cilalı bir Petoskey taşı yağlıya yakın bir his verir. Ara sıra bir tanesini elime alıp tutmayı, ovup yüzeyini ayna gibi parlatmayı ve kayıp Devoniyenin görüntülerini aklımda canlandırmaya çalışmayı seviyorum.

Aslında Petoskey mercanlarının bize Devoniyen mercan resifi ekosistemlerinin süregelen önemini hatırlatması gerekirken, söz konusu dönemle ilgili tartışmalar ne yazık ki akla başka imgeleri getiriyor. Omurgalı paleontologları, yaşamın hikâyesini anlatırken, Devoniyeni biraz kendilerine yontarak 'amfibiler çağı' diye adlandırdılar. Bu çağ, dört yüzgeçli akciğerli balık atalarımızın ayaklarını sürüyerek sudan ilk kez çıktıkları jeolojik zaman dilimidir. Gerçi haklarını da yemeyelim: Bu döneme bu adı reva gören omurgalı paleontologları ve jeologlar, dogmatik, yaratılışçı anlayışı evrimci bir sistemle ikame etmeye çalışıyorlardı. Hâliyle jeolojik çağlar boyunca omurgalı formlarının geçişini belgelediler ama bunu yaparken, farkında olmadan, dikkatleri yeryüzünde yaşamın tarihinde yaşanmış birçok önemli olaydan uzaklaştıran, omurgalımerkezli yeni bir tarihlendirme sistemi oluşturdular. Diğer biyologlar yaşamın hikâyesini daha farklı noktaları vurgulayarak anlatabilirler. Botanikçiler, kara bitkilerinin yayılmasından, kökleri, kabuğu, yaprakları ve tohumları olan ilk bitkilerin Devoniyen dönemindeki atalarından gururla bahsedeceklerdir çünkü Devoniyen, ilk ormanların ve toprağın, en azından su yollarının yeşillendiği bir zamandı. Bir bakteri veya mantar uzmanı ise öncelikle mikrobiyal toprakların çoğalmasını, bakteri ve mantarların toprağı nasıl işlediğini ve bunun ormanlara nasıl zemin hazırladığını anlatacaktır. Ama ben bir entomolog olarak, saklanmayı seven küçük yaratıklar –ilk böcekler– ve onların bu süreçlerdeki şaşırtıcı rolleri hakkında konuşacağım.

Karada yaşam çoğalmasına rağmen –buna birazdan geri döneceğim– Devoniyen döneminin tür zenginliğinin asıl zirvesi okyanuslarda, mercan resiflerinin arasında kaldı. Alçak ormanlar ilk kez kıyı şeritleri boyunca gelişmeye başladığında, yakınlardaki mercan kayalığı ekosistemleri çoktan yüksek bir çeşitlilik ve yapısal karmaşıklık sergilemeye başlamıştı bile. Devoniyen döneminin resifleri şu anki resiflerden farklıdır; pek çok türden oluşan dallıbacaklı deniz kabuğu formlarının kendi izlerini bıraktığı tablo ve boynuz mercanlarından oluşmuştur. Karides ve ıstakozların eski akrabaları olan kabuklu eklembacaklıların hayvanat bahçesi, Silüryenden başlayıp Devoniyen boyunca trilobit çeşitliliğini gölgede bıraktı. Daha önce trilobitler tarafından işgal edilen ekolojik nişler, Devoniyenin resif yırtıcıları olmayı sürdüren dev deniz akrepleri gibi daha modern eklembacaklı türleri tarafından da dolduruluyordu. Balıkların çeşitliliği ilk kez trilobitlerinkini geride bırakmıştı ama yırtıcı kafadanbacaklı 'kalamar' türlerinin sayısı da balıklarınkinden daha fazlaydı ve tüm Paleozoik dönem boyunca bu üstünlüğünü korudu.

Trilobitlerin çeşitliliği Geç Kambriyendeki zirvesinin sadece %25'ine düşmüş olsa da nüfus Orta Paleozoik dönemin denizlerinde yeni bir dengeye oturmuş gibiydi. Silüriyen ve Devoniyen zamanlarında on milyonlarca yıl boyunca dengede kalmış nüfus, Devoniyenin sonunda tekrar ciddi oranda düşecekti. Kambriyenden bu yana trilobit türlerinin sayısı büyük ölçüde azalmış olsa da sakın onların Devoniyen resif ekosistemlerinde önemlerini kaybettikleri fikrine kapılmayın. Sağ kalan trilobit türlerinin sayısı hâlâ çoktu ve bunlar zamana ayak uydurmuşlardı. Devoniyen resiflerinde başarılı olmuş bir trilobit örneği, bir zamanlar Kuzey Amerika'nın doğusunu kaplayan sığ denizlerde yaşamış ve bugün Pennsylvania'nın resmî eyalet fosili olan *phacops rana*'dır. Bu özel trilobitin, vücudunun yanlarından dışarı fırlamış kocaman gözleri vardı; bu nedenle 'kurbağa gözlü' adını almıştır. Bu gözler muhtemelen avcıların cirit attığı denizlerde bu trilobitin hayatta kalmasına yardım eden bir uyarlanmaydı. Hayatta kalmayı başarmış diğer trilobit türleri gibi *phacops rana* da rahatsız edildiğinde vücudunu top haline getiriyordu. Devoniyen boyunca balık çeşitliliği arttıkça daha fazla rahatsız edilecekti. Nitekim Geç Devoniyen döneminde *hyneria* gibi 3,65 metre uzunluğunda yırtıcı balıklar su yollarında yaygın görülüyordu. Dolayısıyla, ilk dört üyeli akciğerli balıklar gözlerini sudan çıkardıklarında, önlerindeki kumsalda neler olup bittiğini merak etmiş olabilirler ama arkalarındaki daha derin sularda olan biteni gayet iyi bildiklerine bahse girebilirsiniz. Bir kez daha kendi akrabalarımız, en büyük düşmanlarımızın arasındaydı. Daha büyük balıklardan gelen avlanma baskısı, akciğerli balıkları kıyı şeridine sürmüş olabilir.

Balonlar Patlasın: Omurgalı Egomuzu Söndürmek

Kısa bir süre önce, *National Geographic* dergisinin Mayıs 1999 tarihli sayısına denk geldim. Sayıda yer verilen yazıların listesinde şu başlık da yer alıyordu: "Dünyada Yaşamın Yükselişi". Başlığın yeterince açık olduğunu düşündüm ve Prekambriyende 3 milyar yıl boyunca bakteri yaşamının evrimi hakkında mükemmel bir hikâye okumak umuduyla 114. sayfayı açtım. Başlığın tamamının "Yüzgeçlerden Ayaklara, Dünya'da Yaşamın Yükselişi" olduğunu görünce yaşadığım şaşkınlığı varın siz tahmin edin. Yaklaşık 365 milyon yıl önce ilk amfibilerin ortaya çıkışı hakkında bir makaleydi bu. Amfibiler çamurda yürüyüşe çıkmış[1] ilk omurgalılardı; bu yüzden şaşırmamamız gerekir. Sonuçta bu hikâyeleri biz omurgalılar anlatıyoruz. İşte buradayız, 21. yüzyılın başın-

[1] Burada "yürüyüş" terimini sadece sanatsal etki için kullanıyorum. 360 milyon yıllık amfibi *Ichthyostega* hakkında yakın zamanda yapılan araştırmalar, onun sırtını bükerek ve düzelterek ilerlediğini gösteriyor. İlk amfibiler muhtemelen arka ayaklarını ve kuyruklarını sürüklediler.

dayız ve Paleozoik zamanı omurgalıların gelişim aşamaları üzerinden ele almaya devam ediyoruz. Şu aydınlanmış zamanımızda bile bazen yaşamı hayvan yaşamıyla, hayvanları omurgalılarla, toprağı karayla bir tutabiliyoruz.

'Balıkların çağı' bazen balıkların büyük ölçüde çeşitlendiği Ordovisyenden Devoniyene kadar genişletilir. 'Amfibilerin çağı' ise bazen amfibilerin sudan ilk çıktıkları Devoniyenden, eski kömür bataklıklarında önemli ölçüde yayıldıkları Karbonifer zamanlarına kadar genişletilir. Devoniyen dönemine 'balıklar çağı' veya 'birinci amfibiler çağı' dememizin bir önemi yok. Her iki durumda da omurgalı atalarımızı bir şekilde daha yüksek bir konuma yerleştirmeye çalışan insanmerkezci bir önyargıyla hareket etmiş oluyoruz. Oysa bu bakış gerçeklerden alabildiğine uzaktır. Devoniyen döneminde, Kambriyenden bu yana geçen tüm dönemlerde olduğu gibi, eklembacaklı türlerinin çeşitliliği ister okyanuslarda ister karasal ekosistemlerde olsun, omurgalı türlerininkinden çok daha fazlaydı. Karada yaşayan eklembacaklı topluluklarının, sudan çıkmak için amfibilere ihtiyacı yoktu. Aksine, ilk amfibiler hayatta kalabilmek ve başarılı olabilmek için karada yaşayan eklembacaklılara ihtiyaç duyuyorlardı. Büyük amfibiler balıklarla, hata birbiriyle bile beslenmiş olabilirler. Fakat olgunlaşmamış ve küçük amfibilerin yaşamı şimdi olduğu gibi o zaman da yosunlu kıyı şeritlerinde bol miktarda bulunan ve önemli bir besin kaynağı olan kırkayak gibi küçük eklembacaklılara bağlıydı, bunu bugün biliyoruz.

Amfibilerin eklembacaklılarla beslenebilmeleri, eklembacaklı topluluklarına baskın çıktıkları anlamına gelmiyor. O dönemlerde pek çok yırtıcı eklembacaklının amfibilerle beslendiğini biliyoruz. Küçük amfibi türleri, gelişmekte olan genç amfibiler ve amfibi yumurtaları, sucul ve yarı sucul akrepler için kolay hedeflerdi. Yosunlu kıyı şeridi topluluklarında akreplerin yanı sıra zehirli, büyük kırkayaklar ve ilkel örümceklere benzeyen, yeni ortaya çıkmış bazı yırtıcı eklembacaklılar da vardı. Yosunlu Devoniyen kıyı şeritleri, ilk amfibiler için bir cennet bahçesi değildi. Devoniyenin akrepleri ve kırkayaklarının ilk amfibileri soylarını tüketecek kadar avlamayı şans eseri başaramadıkları için herhalde ne kadar sevinsek azdır.

Zamanda geriye gidip Devoniyen sahillerinde dolaşabilseydik, kıyıdan bir avuç dolusu kırık mercan toplamaya hayır diyemezdim herhalde. Hevesli bir bilimkurgu okurunun bana itiraz edip bunun akıllıca olmadığını söyleyeceğinden eminim. Ama sudan dışarı bakan akciğerli balıklar ve amfibiler görseydim, elimdeki mercan parçalarını onları korkutup kaçırmak için kullanırdım herhalde. Bir an gözlerimizi kapatalım ve o sahneyi hayal edelim. O sinir bozucu amfibilere birkaç kırık mercan parçası fırlatıp tüm akciğerli balıkları korkutarak tekrar suya doğru kaçmalarını sağlayalım. Bu hikâyenin geri kalanına karışmalarını istemiyorum.

Ormana Doğru

Devoniyenin diğer büyük hikâyesi, karada yaşayan bitki topluluklarının gelişmesiydi. İlk kara bitkilerinin geniş kök sistemleri olmadığını ve üremek için çok nemli bir ortama ihtiyaç duyduklarını önceki sayfalarda belirtmiştim. Böylece, Devoniyenin 'kara' bitki toplulukları, kıyı şeritleri boyunca, bataklıklarda ve haliçlerde, göller ve nehirler boyunca su, toprak mantarları ve tortulları tutan diğer alçak alanlarda yükselmeye başladılar. Kıtaların iç kısımlarındaki ve dağ yamaçlarındaki araziler ise mikrobiyal toprakları saymazsak çoğu yerde kayalık, kuru, kavruk, rüzgârlı ve çorak kaldı.

Devoniyen bitki toplulukları hakkında, o döneme ait birkaç çeşit bitki fosiline bakarak çok şey öğrenebiliriz. Maine eyalet fosili, *pertica quadrifaria* (Erken Devoniyene ait bir kara bitkisi) başlangıç için bize güzel bir örnek sağlar. Bu, şimdiye kadar tartıştığımız diğer fosillere kıyasla daha nadir bulunan ve daha farklı bir eyalet fosilidir. Yaklaşık 390 milyon yıl önce, bölgede bir yanardağ patlamış, büyükçe bir *pertica* bitkisi topluluğu yağan küllerin altında kalmıştır. İşte bu *pertica* 'ormanının' küçük bir bölümü volkanik kül katmanlarının arasında fosilleşti ve milyonlarca yıl sonra Maine eyaletinin Katahdin Dağı yakınlarındaki Alabalık Vadisi'nde yeniden keşfedildi. Maine'deki *pertica* bitkileri, çeşitli şekillerde Geç Silüryen benzerleri içinde ilk damarlı bitkiler olan *cooksonia*'nın bir üst versiyonuna benzer. *Cooksonia* gibi *pertica* bitkileri de yapraklardan, çiçeklerden ve derin köklerden yoksundu. Ama dalları geniş, boyları uzundu. Zamanın devleriydiler, boyları iki metreden uzun olabiliyordu. Modern bitkilerin aksine, yaprakları veya çiçekleri yoktu, sadece bir sürü çatallı dalları ve kökleri vardı. Üst gövdelerinin dış katmanlarının açıkta kalan yeşil hücreleriyle fotosentez yapıyorlardı ve üst gövdelerinin uçlarında üreme sporanjiyumları bulunuyordu. Bu erken bitki topluluklarının ana stratejisi, daha fazla hücreyi güneşe maruz bırakmak için daha yüksek dallara ayrılmak ve sporlarını rüzgârda daha iyi dağıtabilmek için üreme organlarını daha yükseğe yerleştirmekmiş gibi görünüyor. Fotosentez yapan canlıların daha uzun boylu olacak şekilde evrimleşmesi çok mantıklı.

Çapasız bitkiler fırtınalarda kolayca devrileceğinden, bir sonraki bitki yeniliklerinin kök sistemlerinin evrimini içermiş olması şaşırtıcı olmamalıdır. Doğu New York'taki Gilboa Fosil Ormanı, Orta Devoniyen döneminin bitkileri hakkında bize bazı bilgiler sağlamaktadır. Gilboa kıyı şeritleri, zemini kaplayan alçak bitkiler, küçük çalılık bitkiler ve yaprakları, kabuğu ve kökleri olan, dört buçuk ila yedi buçuk metreyi aşan uzunluklarda, küçük ve orta boy ağaç benzeri bitkilerle tamamlanmış karmaşık bir bitki topluluğundan oluşuyordu. Yine de Gilboa bitki örtüsü birkaç yönden basitti. Bitkinin sığ kök sistemleri vardı, bu durum onların yaşam alanlarını suya yakın bataklıklarla sınırlıyordu. Ayrıca, yaprakları sık değil seyrekti. Bu da gölgeli ve tepesi örtülü bir ormandan ziyade açık ve güneş alan bir ortam oluşturuyordu. Seyrek yapraklı yapıları, çok az yaprak döküntüsü ürettiklerini, bu nedenle orman tabanında organik maddelerin sonraki ormanlardakine kıyasla daha yavaş biriktiğini de göstermektedir.

Geç Devoniyende uzun ağaçlardan oluşan ormanlar gelişmiştir. Bunların belki de en iyi bilinenleri, tüm kıtalarda bulunan, 15 ila 20 metre arasında yüksekliğe sahip, yoğun yaprak çalılıkları olan, derin gölgeli ormanlar ve kalın yaprak döküntüsü biriktiren tropik *archaeopteris* ağaçlarıdır. Bunların ayrıca derinlere nüfuz eden kökleri vardı. Bu yüzden Devoniyen döneminin tropik ovalarına geniş bir şekilde yayılmayı başardılar. Dönemin sonunda gerçek bir orman biyomu gelişti.

Az önce anlattığım hikâyeyi duyunca, bitkilerin toprağı çabucak fethettiğini hayal etmek kolay. Belki gizemli ama heybetli ağaçların kökleriyle kayaları kopardığını ve iç kesimlere doğru muzaffer bir şekilde ilerlediğini hayal ediyorsunuzdur. Ama durum tam olarak böyle değildi. Az önce anlattığım bitki topluluklarının geçişinin tüm Devoniyen boyunca, yani 60 milyon yıldan fazla sürdüğünü unutmayın. Gelişen bitki topluluklarının sadece kökleriyle uzanıp kayaları ezmediklerini anlamak da önemlidir. Bunların mikrobiyal toprak substratına ihtiyaçları vardı. Bu substrat fotosentezle organik madde oluşturan bitkilerin yanı sıra damarlı kara bitkilerinin kökleriyle de yakın ilişkide büyüyen mikorizal mantarlar tarafından ve mikro eklembacaklıların toprağı işlemesiyle de oluşuyordu. Mikorizal mantarlar bitkilerin topraktan besinleri emme yeteneğini artırıyorlardı; organik maddeleri parçalayarak, bitki köklerini besinleri emmeye uygun hâle getiriyorlardı. Mantarlar ve çürüyen organik maddelerle beslenen kırkayaklar gibi toprakta yaşayan küçük eklembacaklılardan oluşan karmaşık topluluklarsa bitki kalıntılarını parçalıyor, toprağı havalandırıyor ve toprak katmanları boyunca yollar kazarak besinleri bir yerden diğerine taşıyordu. Yumuşak gövdeli halkalı solucanlar gibi diğer hayvanlar, gelişmekte olan substratlara taşındılar ama eklembacaklılar, bu topraklarının yaratılma sürecinin ilk anları için son derece önemliydiler. İlk ağaçların gölgesinde, ilk yaprak döküntüsünden battaniyelerin altında, yaşamla dolu karmaşık mikrobiyal topraklarda bir dram yaşanıyordu ve ilk böcekler evrimleşiyordu.

İlk Karınca

Biyolojideki klasik sorulardan biri "Okyanuslarda neden böcek yok?" sorusudur. İlk bakışta, karada baskın olan en fazla çeşitlenmiş canlı grubunun okyanuslarda hiç bulunmamış olması şaşırtıcı görünüyor. Birçok böcek, tatlı su habitatlarını kolonize etmiştir, tuzlu su sinekleri gibi bazı böceklerinse tuza dayanıklılığı çok yüksektir. Sadece su böcekleri gibi birkaç böcek açık denizlerde koloniler kurmuştur. Oysa mercan kayalığı ekosistemlerinde veya okyanusun başka alanlarında –yüzeyini veya kıyılarını saymazsak– hiç böcek bulunmaz. Neden? Yaşamın okyanuslarda evrimleştiğini düşünmeye o kadar koşullandık ki böcekler gibi bazı önemli hayvan gruplarının karada evrimleştiğini unutmaya meyilliyiz. Böcekler evrimleştiğinde, deniz ekosistemlerinin nişleri diğer canlılar tarafından çoktan doldurulmuştu. Çeşitli kitlesel soy tükenişleri deniz topluluklarını büyük ölçüde yok ettiyse de bu topluluklar tamamen yok olmadılar. Böcekler sisteme katılmak için uyarlanana dek, hayatta kalan deniz canlıları yeniden kolonizasyonu çoktan gerçekleştirmişlerdi. Böceklerin zaten oldukça rekabetçi olan okyanus ortamına girmelerine gerek yoktu. Karada ortaya çıkan her yeni ve boş nişi ilk kolonize eden türler olarak epey başarılı oldular.

Toprakta yaşayan ilk böcekler nasıl evrimleştiler? Bakteriler, mantarlar ve eklembacaklılarla dolu Devoniyen toprak mikro habitatı, fosilleşmeye pek elverişli değildi. Çok önemli bazı Devoniyen fosilleri var elbette, bunlara birazdan değineceğim ama şimdi, canlı böcek türlerini inceleyip onların anatomilerini soyu tükenmiş atalarıyla karşılaştırarak işe başlayalım: Yaşayan veya soyu tükenmiş tüm böcekler ortak bir vücut biçimine sahiptir. Tagmosis süreci boyunca, ilkel vücut segmentleri üç farklı vücut bölgesinde veya tagmada kaynaşmıştır: baş, göğüs ve karın. Bir böceğin başı, duyusal girdileri eşgüdümlemek için beyni, görmek için bileşik gözleri ve ayrıca ışığı algılamak ve gün uzunluğundaki değişiklikleri izlemek için basit gözleri, duyarga görevi gören ama kimyasal maddeleri algılamaya ve koku almaya da yarayan bir çift anteni ve ağız parçalarını barındırır. Böceklerin ağız parçaları, dört ilkel bacak taşıyan segmentlerden oluşur ve böcek gruplarının farklı beslenme alışkanlarına göre büyük değişiklikler gösterir. En eski böceklerin, toplayıcı çokayaklılarınkinden pek farklı olmayan, çiğnemeye yarayan çeneli ağızları vardı.

Böcek gövdesinin orta kısmı olan göğüs, hareket için değişiklik geçirmiş üç segmentten oluşur. Tüm böceklerin altı göğüs bacağı vardır: her göğüs segmentine bir çift bacak düşer. Modern böceklerin kanatları da burada bulunur. İlk böceklerin henüz kanatlarının olmadığını unutmayın. Bu özellik daha sonraları, Karboniferde ortaya çıkacaktı. Böcek göğüs kafesinin hareket için özelleşmesi, onun kaslarla dolu olmasını gerektirir. Bu, özellikle uçmak için daha fazla kasa ihtiyaç duyan kanatlı böcekler için geçerlidir. Bunun bir sonucu olarak o alanda fazla yer kalmayınca diğer organ sistemlerinin çoğu arka kısımda toplanmıştır.

Üçüncü vücut bölgesi, arkadaki çok segmentli karındır. Dışarıdan pek önemli görünmez ama iç kısmı çok karmaşık ve önemlidir. Sindirim, boşaltım, dolaşım, solunum, üreme ve sinir sistemlerinin işlevsel kısımları burada bulunur. Kalp kapakçıkları böceğin karnındadır ve bu segmentasyon vücuttaki kan basıncını artıran kasılmalara izin verir. *spiracle* adı verilen solunum deliklerinin çoğu, bu kasılmaları havayı trake sisteminden geçmeye zorlayan karnın kenarlarında bulunur. Bu, böceklerin özellikle gömlek değiştirdiği dönemlerde önemlidir çünkü havayla şişerek eski gömleklerini yırtmalarına izin verir. Üreme organları dâhil olmak üzere karın sistemleri bölgesel sinir demetleri tarafından kontrol edilir. Bu nedenle, kopmuş bir böcek karnı bile bazen üremek için yeterince uzun süre hayatta kalabilir. Böceklerin dış cinsel organlarının ilkel bacak parçalarından evrimleştiği düşünülmektedir.

İki Bacak Az Gelir, Altı Bacak Verelim

Altı bacaklı anatomi Devoniyen döneminde evrimleşmiştir ve böcekler o zamandan beri bu yapıya sadık kalmışlardır: On milyonlarca modern böcek türünün tamamı altı bacaklıdır.[2] Bazı küçük istisnalar hariç diyelim. Bir böcek bir kazada bir veya iki bacağını kaybettiğinde bile yürüyebilir. Hatta bazı böcekler sadece dört ayak üzerinde yürürler. Örneğin fırça ayaklı kelebeklerin ön ayakları işlevsiz, fırça benzeri yapılara dönüşmüştür, bu nedenle arka dört ayakları üzerinde durup yürürler ama zaten zamanlarının çoğunu uçarak geçirirler. Peygamberdevelerinin ön ayakları avlarını kavramak için değişim geçirmiştir ve onlar da yine arka dört ayakları üzerinde yürürler ama zaten bu hayvanlar pusu avcılarıdır ve çok hızlı yürümeleri yahut koşmaları gerekmez. Diğer böceklerin larva gibi olgunlaşmamış formları ise bacaklarını tamamen kaybetmiştir ama zaten yiyeceklerinin içinde yaşarlar, fazla hareket etmeye ihtiyaç duymazlar ve sonunda altı bacaklı erişkinlere dönüşürler. Kabuklu bitler gibi hiç hareket etmeyen bazı erişkin böcekler bacaklarını tamamen kaybetmiştir. Tırtıllar gibi olgunlaşmamış böceklerin çoğu, besin bitkilerine sıkı sıkıya tutunmak için kullan-

2 Meslektaşım, mühendislik profesörü John McInroy'a göre, altı bacak kullanmanın temel bir nedeni var: Altı bacakla üç yönü çözüp üç yöne de dönmek mümkündür. Ayrıca altı bacaklı yaratıklar her yönden kuvvetlere ve torklara karşı koyabilirler. Altı bacağın stabilitesi robotik alanında iyi bilinmektedir. Yürüyen robotlar hakkında daha fazla bilgi için bkz. Jean-Pierre Merlet, *Parallel Robots*, Springer Dordecht 2005.

dıkları ek karın 'ön bacakları' geliştirmişlerdir ama yine de altı torasik bacağı vardır. Ayrıca, çekirge veya cırcır böceği gibi zıplayan bir böceğin kendini havaya fırlatırken iki ayağı üzerinde durduğu kısa anı saymazsanız, hiçbir böcek bizim yaptığımız gibi iki ayak üzerinde yürümez. İki ayaklı yegâne böcekler, belki de animasyon filmlerdeki hayali böceklerdir. Çizerler bu canlılara çok sayıda insan özelliği yükleyerek onları insansılaştırdılar. İki ayak üstünde duruş bunun en bariz örneklerinden biridir. Bir keresinde *Bir Böceğin Yaşamı* filmindeki bazı karakterlerin özelliklerinin bir listesini çıkarmış, bazılarının böcek özelliklerinden ziyade insan özellikleri sergilediğini keşfetmiştim.

Gerçekten iki ayak üstünde duran böceklerin var olmaması, altı bacaklı hareketin nedenleri hakkında bize önemli ipuçları verebilir. Mesele denge ve istikrardır. Bir keresinde bir bebek bezi reklamı görmüştüm. Bebek, poposunun üzerine düşüyordu, şişkin bir bebek bezi ona yumuşak bir yastık vazifesi görüyordu. Anlatıcı "Yürümeyi öğrenmeden önce yaklaşık iki yüz kez düşmeniz gerekir" diyordu. Bunu destekleyecek herhangi bir veri olup olmadığını bilmiyorum. Yine de reklam iyi bir noktaya değiniyordu: İki ayak üstünde hareket etmek doğası gereği dengesizdir ve böyle bir dengeyi sağlamak hiç de kolay değildir. Ancak altı bacaklı bir böcek nimfi, yumurtadan çıktığı an yürüyüp koşabilir. Gerçi altı bacaklı form denge için sadece daha iyi değildir, optimal bile olabilir. Herkes sacayaklarının ne kadar dengeli olduğunu bilir. Böceklerse esasen bir üç ayağı diğeriyle değiştirerek, bir üç ayağını hareket ettirirken diğer üç ayağını dik tutarak yürürler.[3] Altı bacaklı form, koşmak için de iyidir. Gümüş ba-

[3] Belki de böceklerin düz bir yüzeyde yürüme veya koşma şeklinin bacaklarını üçer üçer hareket ettirmek olduğunu belirtmeliyim. Böcekler çok küçük boyutlarından dolayı dikey ve hatta ters yüzeylerde de yürüyebilirler. S. N. Gorb tarafından yapılan son araştırmalar, ters çevrilmiş yüzeylerde biraz daha dikkatli yürüdüklerini gösteriyor. Tavandaki bir sinek yavaş ve dikkatli bir şekilde hareket eder, dört ayağıyla tutunurken her seferde yalnızca iki ayağını yeniden konumlandırır. Ters çevrilmiş yüzeylerde baş aşağı yürümek mümkündür çünkü

lığı, kılkuyruk ve hamamböceği gibi daha yaygın ilkel böcek gruplarından bazılarına bir bakın. Yüzlerce bacağının hareketini eşgüdümlemesi gereken ortalama bir kırkayakla karşılaştırıldığında bunların hepsi çok hızlıdır.

Dolayısıyla altı bacaklı vücutları geliştirme süreci, hızlı hareket potansiyeli ile denge ve istikrarı optimize etme meselesi gibi görünüyor. İki ayak üstünde hareket dengesiz olmaya o kadar müsait ve bu konuda ustalaşmak o kadar zor ki neredeyse olanaksız ve de anlamsız görünüyor. Böceklerin bacaklarıyla deneyler yapmak için 360 milyon yılları vardı ama hiçbiri iki ayaklı forma veya yeterince kararlı olsa bile hız potansiyeli düşük olan dört ayaklı forma kavuşmak için zahmet etmedi. Tetrapodların, yani dört ayaklıların tümü sıcakkanlı metabolizma geliştirene kadar uyuşuk ve yavaş canlılardı. Altı bacaklı form üstündür. 50 milyon böcek türü yanılıyor olamaz. Sekiz ayaklı form da fena değildir. Binlerce türü olan örümceklere bir bakın. Ama son kertede sekiz bacağa sahip olmanın gerçek bir avantajı yok gibi görünüyor; en fazla altı ayak kadar iyiler. Aynısı on, on iki veya daha fazla bacak için de söylenebilir. Daha fazla bacak, yalnızca hareketleri eşgüdümleme sorununu karmaşıklaştırır, hız veya dengede gerçek bir avantaj sağlamaz. Ayrıca, trilobitlerin çöküşünü hatırlayın: Daha fazla segmente ve uzantıya sahip olmak, eklembacaklıların gömlek değiştirme sürecini zorlaştırır.

Tagmosisin altı bacağın evriminde itici unsur olduğunu düşünmek ayartıcıdır. Trilobitlerde olduğu gibi, altıbacaklıların daha başarılı olmasının sebebi, kısmen de olsa, daha

böcekler o kadar küçüktür ki yüzey gerilimi ve kohezyon kuvvetleri orantılı olarak daha büyüktür. Hem pürüzsüz hem de pürüzlü yüzeylere tutunma, pençeler, tüylü pedler ve yapışkan salgılar dahil olmak üzere, böcek ayağının ucundaki çeşitli mikroskobik adaptasyonlarla iyileştirilir. Bu özellikler muhtemelen en eski karasal altı bacaklılarda mevcut değildi; ancak yüz milyonlarca yıl boyunca uçan böceklerin soylarında oluşturuldu ve geliştirildi. Bkz. S. N. Gorb, "Uncovering Insect Stickiness: Structure and Properties of Hairy Attach Devices," *American Entomologist* 51 (2005): 31-35.

az segmente ve uzantıya sahip olmanın gömlek değiştirme sürecini kolaylaştırması olduğu görünüyor. Bu süreçte ustalaşmak ve basit bir vücut formu geliştirmek kuşkusuz ilk böceklerin başarısındaki kilit unsurlardı ama her şey bu kadar basit olamaz. Nitekim bazı çokayaklılar, sayısız uzantıya sahip olmanın doğurduğu birtakım zorluklara rağmen, gömlek değiştirmede ustalaşmışlardır. Kırkayakların uzun vadeli başarısını bir düşünün. Yüzlerce bacakları olabilir ama yüz milyonlarca yıldır varlar. Bazı kırkayaklar hızlıdır da. Dolayısıyla, böceklerin vucut şeklinin gelişiminde, vücut segmentlerinin ve bacakların sayısını azaltarak gömlek değiştirmenin verimliliğini artırmak önemli bir unsur olsa da, tek unsur bu olamaz. Altıbacaklıların formlarının ve hızlarının evrimine vücudun küçülmesinin eşlik ettiğini de unutmayın. Silüryen ve Devoniyenin çokayaklılarından bazısı epey büyüktü (bazı kırkayakların boyu yaklaşık 50 santimetre uzunluğa erişebiliyordu). En eski altıbacaklılar ise bunun aksine sadece birkaç milimetre uzunluğundaydı. Devoniyen boyunca eklembacaklıların vücutları ciddi oranda küçüldü.

Eklembacaklıların vücut ölçülerinin azalmaya meyilli olmasının nedenleri yeterince açıktır. Eski çok ayaklılar, bazı çok tehlikeli yırtıcılarla karşı karşıya kaldılar: akrepler, kırkayaklar ve örümcekler. Bu tür makro eklembacaklı yırtıcılardan kaynaklanan seçilim baskısı, daha küçük eklembacaklıları ve daha az bacaklı ama daha hızlı eklembacaklıları seçecektir çünkü avcılar çevrede daha büyük avları tercih etmeye meyillidir. Fakat çok küçük olmanın başka avantajları da vardır: Bu sayede böcekler yosunların derinliklerine, doğrudan toprağa saklanıp gömlek değiştirme süreçlerinde daha güvende olabilecekleri nemli ortamlar buldular. Ayrıca vücut ölçülerinin küçük olması, böyle ortamlarda solunum konusunda onlara avantaj da sağlar. Daha küçük hayvanlar, vücutlarındaki hücre hacmine kıyasla daha fazla yüzey alanına sahiptir. Bu nedenle en küçük böcekler, çok küçük oldukları ve artık kalın bir iskelete ihtiyaç duyulmayan çok nemli ortamlarda yaşadıkları için doğrudan kütikülden nefes alabilirler. Yine de mikroskobik vücut boyutunun en büyük avantajı, hayatta kalmak için daha az kaynağa ihtiyaç duyulmasıdır. Küçük hayvanlar, büyük hayvanlardan daha hızlı büyüyebilir ve çoğalabilirler. Bu nedenle daha hızlı evrimleşirler ve çok daha küçük ekolojik nişleri işgal edebilirler.

Belki de küçülmenin ve nemli toprağın dış dünyadan koruyan örtülerinin derinlerine göç etmenin bir başka avantajı daha vardır. Devoniyende yapraklı bitkiler ortaya çıkıp dökülen yapraklar zeminde birikmeye başlayınca ilk orman yangınları da çıkmıştı. Nitekim yangınların ilk orman topluluklarıyla birlikte başladığını Devoniyen döneminin kömür yatakları belgelemektedir. Her yangında kuru yaprak katmanları yanacak ve daha büyük eklembacaklı toplulukları bu yanan bölgeyi yeniden kolonileştirecekti. Böylece daha derin ve nemli toprakta yaşayan küçük eklembacaklılar da bu tür yerel felaketlerden korunmuş olacaklardı.

Yaykuyruklar: Devoniyenin Süperstarlığına Sıçrayış

Devoniyen çağın ait altıbacaklıların kalıntılarını barındıran muhtemelen en önemli fosil yatakları, İskoçya'nın Aberdeenshire bölgesindeki Rhynie çörtleridir. Rhynie'deki fosiller, bundan 396 ila 407 milyon yıl önce, günümüz İskoçya'sının henüz yağmur ormanlarında yer alan bir bataklık olduğu zamanlarda oluşmuştur. Rhynie bataklığındaki kaplıca faaliyetleri, bazı çok küçük organizmaların kalıntılarını neredeyse hiç bozulmadan koruyabilen 'çört' denen kristal kuvarsların ortaya çıkmasına yol açılmıştır. Örneğin bölgedeki fosil bitkiler, hücresel ayrıntılarına kadar korunmuştur. Rhynie çörtleri aynı zamanda mikorizal mantarların bilinen en eski fosillerini içerir. Ama Rhynie daha ziyade başka bir nedenle ünlüdür: Fosillerin arasında, iyi korunmuş altıbacaklıların en eski örnekleri olan *rhyniella praecursor*'ların kalıntıları da bulunmaktadır.[4] *Rhyniella,* toprakta yaşayan ve varlığını bugüne dek sürdürebilmiş bir altıbacaklının, yaykuyruklar olarak da bilinen *collembola* takımının en eski örneğidir.

Mikrobiyal toprakta mevcut en iyi nişleri belli ki başarıyla kolonize eden ilk altıbacaklılar grubu olan yaykuyruklar, genel adlarını, abdomenlerinde bulunan ve çatallı bir kuyruğa benzeyen olağandışı yapıdan alırlar. Bu çatallı yapı sayesinde, rahatsız edildiklerinde sırıkla atlar gibi kendi boylarından yirmi kat yükseğe sıçrayarak güvenli bir yere kaçabilirler. Yaykuyruklar son derece küçüktür, boyları yalnızca bir ila on milimetre arasında değişir ve sayıları çok fazla olabilir: Nüfusları genellikle toprağın metrekaresi başına binlerce bireyi bulur. Daha az yırtıcı hayvanın bulunduğu bazı uzak adaların kıyılarında, toprak yüzeyinin metrekaresi başına yüz bin kadar yaykuyruğun yaşadığına dair kayıtlar vardır. Bazı yaykuyruklar bakteri, nematod, tardigrad, rotifer ve protozoa ile beslenirken, çoğu organik bitki kalıntılarıyla beslenir. Küçük boyutlarına rağmen, eklembacaklı biyokütlesinin büyük bir kısmından yaykuyruklar sorumludur. Yaykuyruklar, organik maddelerin parçalanmasından sorumlu en yaygın kara mikro eklembacaklıları arasında yer aldığından, Devoniyen topraklarının işlenmesine şüphesiz ciddi bir katkıda bulunmuşlardır. Beslemeleri, çürüyen bitkilerden besinlerin geri dönüşümünü hızlandırır ve faaliyetleri, toprakların fiziksel özelliklerini, besin akışını ve drenajı iyileştirir.

Yaykuyruklar, çok bacaklı atalarıyla aynı dolaylı üreme yöntemlerini kullanırlar: Erkek yaykuyruklar, spermatofor üretip bunları nemli, yosunlu ortamlarındaki saplara yapış-

[4] *Rhyniella praecursor*, tartışmasız en eski altıbacaklı olmasına rağmen, çoğu entomolog, yaykuyrukları gerçek böcekler olarak görmez. Çok belirgin ve olağandışı içe çekilmiş ağız parçalarına sahiptirler ve çoğu modern böceklere yol açan çizgiden erken ayrılan bir altıbacaklı soyu gibi görünmektedirler. Bununla birlikte, daha eski entomologlar, yaykuyruklar dâhil herhangi bir altı bacaklı eklembacaklıyı genellikle böcek olarak adlandırırlar.

tırırlar. Aslında onların çiftleşme törenleri bize gülünç bile gelebilir. Bazı erkekler epey zaman harcayarak bir dişinin etrafına saplı spermatoforlarla çevirir. Büyük umutları vardır, dişi en azından bir spermatoforu alacaktır. Ama o da ne; dişi, sırıkla atlar gibi sıçrayarak bu aşk çemberinden kaçıverir! Diğer erkek yaykuyruk türleriyse bir dişiyi yakalamalarına ve çiftleşmeye hazır hâle gelene kadar onu bırakmamalarına izin veren, birbirine kenetlenebilen antenler geliştirmişlerdir. Bu ilkel çiftleşme yöntemleri, yaykuyrukları nemli ortamlarla sınırlandırıyor gibi görünmektedir ama modern yaykuyruklar, çok aşırı koşullar altında bile hayatta kalabilecek şekilde evrimleşmiştir. Bazılarının kanında glikol antifriz bulunur ve Antarktika adalarının kıyılarında yaşadığı bilinen tek altıbacaklılardır. Diğerleri, çorak çöllerde hayatta kalacak şekilde evrimleşmiştir. Vücutlarındaki suyu kaybedip kururlarsa bile yağmur yağdığında vücutlarındaki su dengesini tekrar sağlayıp tekrar hareketlenebilirler.

Şekil 4.1. Yaykuyruklar (Collembola takımı) orman toprağında ve yaprak döküntülerinde yaşayan altı bacaklı eklem bacaklılar arasında en büyük çeşitliliği sergiler. Mikroskobik boyutlarına rağmen sayıca çokturlar ve besin geri dönüşümünde önemli role sahiptirler. Bazıları epey güzeldir. (Fotoğraf: Kenji Nishida.)

Yaykuyruklar da diğer eski kanatsız altıbacaklı türleri gibi mikroskobik küçüklükte olduklarından, insanlar onları nadiren fark ederler. Kendiniz bir tane bulmak isterseniz, aslında Berlese hunisi adı verilen çok basit bir numune alma yöntemi vardır. Bu yöntem yaykuyrukların kuru koşullardan hoşlanmamalarından yararlanıyor. Söz konusu hunilerden birini siz de evinizde kolayca ve ucuza yapabilirsiniz. Gerekenler: büyük bir plastik huni (bir radyatöre antifriz eklemek için kullanılan türden), bir parça pencere sinekliği, bir kavanoz, biraz alkol ve bir masa lambası veya ışıldak. Sineklikten yuvarlak bir parça kesin ve huninin altına yerleştirin. Huniyi biraz alkol içeren büyük bir kavanozun üzerine koyun ve içine yosun, yaprak döküntüsü, toprak veya mikroskobik eklembacaklıları içermesi muhtemel herhangi bir malzeme örneği ekleyin. Genellikle, orman tabanından küçük bir kürekle alacağınız herhangi bir malzeme işinize yarayacaktır. Lambayı huninin geniş ağzının üzerine doğru, numuneyi biraz aydınlatıp biraz da ısıtacak şekilde yerleştirin ama dikkat edin numuneyi yakabilecek kadar yakın da olmasın. Yosun ve toprak kurudukça küçük eklembacaklılar numunenin dibine doğru hareket edeceklerdir. Sinekliğe geldiklerinde –eğer sinekliğinizin delikleri çok küçük değilse– alkol kavanozunun içine düşeceklerdir. Bu basit yöntem, çeşitli yaykuyruk türlerini görmenin en kolay yollarından biridir. Birçoğunuz açısından, bu bölümün geri kalanında tartışılan diğer daha nadir bulunan altıbacaklı türlerini görmenin tek yolu da bu olabilir.

Kuyrukların Hikâyesi

Bugün var olan ilkel altıbacaklı türleri ise çatalkuyruklar (diploranlar) takımındandır. 'Diplura' sözcüğü 'iki kuyruk' anlamına gelir ve karınlarının ucundan uzanan iki belirgin kuyruk benzeri çatala atıfta bulunur. Çatalkuyrukların yaykuyruklarla yakından ilişkili olduğu düşünülür (benzersiz bir ağız parçası yapısını paylaşırlar, çeneler kafadaki bir kese içindedir). Ne var ki kolembolanların aksine nadir bulunurlar veya nadir görülürler. Çatalkuyrukları yaygın olarak canlı gördüğüm tek yer, Doğu Ekvador'un nemli sis ormanlarıdır. Çatalkuyruklar burada çok sayıda yaykuyrukla birlikte, genellikle büyük ağaçların yerden epey yüksekte bulunan sık dallarını kaplayan yoğun yosunlarda ve toprak katmanlarında yaşarlar. Ayrıca, çatalkuyrukların fosil kayıtları da yok denecek kadar azdır. Yumuşak gövdeli oldukları ve yalnızca çok nemli ve mantarlı mikro habitatlarda yaşadıkları için bu hiç de şaşırtıcı bir durum değildir. Yine de bugün yaşayan birkaç türünün üzerinde yapılan çalışmalardan hareketle onların anatomisi ve biyolojisi hakkında biraz da olsa bilgi sahibi olmayı başardık. Yaykuyruklarınkinden daha az özelleşmiş olan vücut formları, altıbacaklı eklembacaklılarınki kadar basittir: çok segmentli, anteni ve çeneleri olan ama gözleri olmayan bir baş; altı bacaklı ama kanat gelişiminin izi görülmeyen bir gövde; uzun, çok segmentli, bir çift çatalsı uzantıyla biten bir karın. Çatalkuyruklar, çatal uçlarının şekline göre iki biçime sahiptirler: Bazılarının, kuyruk ucundan çıkan antenlere benzeyen uzun, çok segmentli çatalları vardır ve bunları arka uç 'duyargaları' olarak kullanırlar. Bu türlerin tamamının topraktaki ve yosunlardaki canlı kalıntıları ve mantarlarla beslendikleri düşünülüyor. Diğer çatalkuyruk türleriyse, segmentleri forseps benzeri kıskaçlar halinde kaynaşmış çatallara sahiptir. Bu türlerin çoğu, görünüşte yırtıcıdır ve bazılarının kıskaç benzeri 'kuyrukları'nı kullanarak yaykuyruklar veya başka küçük böcekler gibi küçük avları yakaladığı bilinmektedir. Diğer çok ilkel altıbacaklı türleri gibi, çatalkuyruk erişkinleri de cinsel olgunluğa eriştikten sonra gömlek değiştirmeye devam ederler. Hatta bazı çatalkuyruk türlerinin otuz kez gömlek değiştirdiği bilinmektedir.

Şekil 4.2. Çift kuyruklu dipluralar (Diplura takımı, Campodeidae ailesi) yosun ve yaprak birikintisinde yaşayan münzevi altı bacaklılardır, insanlar onları nadiren görürler. (Fotoğraf: Kenji Nishida.)

Geç Devoniyende evrimleştiği düşünülen diğer ilkel altı bacaklı hayvanlar arasında, zıplayan kılkuyruklar veya adi kılkuyruklar dediğimiz hayvanlar da vardır. Adlarından anlaşılacağı üzere, bu hayvanların kıllı, uzun kuyrukları vardır ve vücutlarını gererek zıplayabilirler. Takım adları olan *archaeognatha*,[5] 'ilk ağız' anlamına gelir ve başlarının alt kısmında yer alan, düştü düşecek gibi duran zayıf, ilkel çe-

[5] Oldukça yakın zamana dek arkeognatanlar gümüş böcekleri ve ateş yumurcakları ile beraber thysanura adı verilen daha büyük bir takım adı altında birleştiriliyordu. Bu adlandırma şimdilerde terk edilse de bazı saha kılavuzlarında ve eski literatürde varlığını sürdürüyor. Soyu tükenmiş monura takımı yalnızca kıl gibi kuyruğu olan benzer türleri içerecek biçimde tanımlanıyordu. Entomologlar yakın dönemde monuranları archaeognatha takımının üyeleri olarak değerlendiriyorlar.

nelerine atıfta bulunur. Bu çenelere –muhtemelen besinleri yalnızca nazikçe öğütebildikleri için– bazen 'yavaş öğütücüler' de denir. New York'un Devoniyen Gilboa ormanında kılkuyruk kalıntıları bulunmuştur. Bu eski altıbacaklıların birkaç türü bugün bile nemli orman topraklarında ve okyanusların kıyı şeritlerinde yaşamaya devam etmektedir. Çoğu modern böceğin aksine, eski bacak parçalarının kalıntıları olabilecek, çıkıntı adı verilen karın uzantılarına sahip olmaları olağan dışı bir durumdur. Bu yaşayan fosillerin kendilerine göre birkaç hilesi de vardır. Gömlek değiştirirken vücutlarını yere yapıştırmak için kendi dışkılarını kullanırlar. Bu, görünüşe göre, gömlek değiştirme işlemi sırasında kendilerini eski iskeletlerinden daha kuvvetli şekilde çekmelerine izin veriyor ama yapıştırıcı bozulursa eski iskeletlerinden çıkamazlar ve ölürler. Bu da erken dönem böceklerin daha verimli gömlek değiştirme yöntemleri geliştirmek zorunda kaldıklarının bir göstergesidir.

Modern entomologlar, altıbacaklıları, ağız kısımlarının yaykuyruklarda ve çatalkyruklarda olduğu gibi bir kese içinde veya diğer çoğu altıbacaklıda olduğu gibi açıkça ortada olmasına bağlı olarak iki gruba ayırır. Bu ölçüte göre, gerçek böcekler yalnızca açıkta manipulat ağız parçalarına sahip altıbacaklıları kapsar: kılkuyruklar, onların akrabaları ve tüm alt soyları. Bilinen en eski gerçek böcek fosili *rhyniognatha hirsti*'ye aittir ve Rhynie çörtlerinde bulunan bu fosil günümüzden 396 ila 407 milyon yıl önceye tarihlenmektedir. Ona dair bilgimiz bir fosil dişinden sadece biraz daha fazlasına dayanmasına rağmen, bu canlı özellikle ilgi çekicidir çünkü çoğu modern böcek türünde olduğu gibi, kondil adı verilen iki menteşe eklemi ile çift menteşeli bir mandibulaya sahiptir. Bu çene türü, kılkuyruklar (*zygentoma*, eski adıyla *thysanura*) takımındaki gümüşböceği veya ateş yumurcağı gibi kanatsız bir böceğe ait olabilir. Bununla birlikte, tüm uçan böcek türleri, çift menteşeli bir çeneye sahip atalardan evrimleşmiştir. Bu,

Michael Engel gibi bazı bilim insanlarının, böcek uçuşunun eskiden düşünülenden çok daha erken, hatta Devoniyen kadar erken bir dönemde ortaya çıkmış olabileceğini ileri sürmelerine yol açmıştır. Bu iddiayı doğrulayacak fosil kanatları yoksa da bunun akla yatkın bir ihtimal olduğunu söyleyebiliriz. Ayrıca, bu tür rafine vücut planlarına sahip böcekler gerçekten Geç Devoniyen dönemiyle ortaya çıkmışlarsa, altı bacaklı vücut formunun da genellikle tahmin edilenden daha erken evrimleşmiş olabileceği ve belki de böceklerin ilk olarak Geç Silüryen döneminde yaşamış olabileceği düşünülebilir. Bu tür düşünceler, en eski böceğin tarihini daha da geriye çekebilecek yeni fosiller keşfedilene dek sadece birer spekülasyon olarak kalmalıdır. Kesin olarak bildiğimiz şey, gerçek böceklerin Devoniyen döneminde evrimleştikleri ve ortaya çıktıkları kara ekosistemlerinin en azından Silüryenden beri mevcut olduğudur.

Şekil 4.3. Zıplayan kılkuyruklar (Archaeognatha takımı) yaşayan böceklerin en ilkelleri arasındadır. Çoğu böceğin aksine karın segmentlerinde ikincil organlar (stylus'lar) bulunur. (Fotoğraf: Kevin Murphy.)

◆◆◆

360 milyon yıl önceki Geç Devoniyen döneminde, ağaç benzeri bitkilerden oluşan karmaşık orman toplulukları ortaya çıkmış ve nemli tropikal ovalarda yaygınlaşmıştır. Ormanın zeminindeki gölgeli topraklarda biriken yaprakların kalın katmanlarının altında yaykuyruklar, zıplayan kılkuyruklar ve gümüş böceği dâhil altı bacaklı, küçük eklembacaklılardan oluşan çok sayıda böcek topluluğu yaşıyordu. Gezegeni böcekler basmıştı. Bu kımıl kımıl canlılar, görünüşe göre toprağın, yaprak döküntülerinin, yosunlu ve nemli habitatların sağladığı rahatlık ve güven içinde yaşamaktan memnunlardı. Yine de Devoniyenin sonunda ve Karbonifer zamanlarına doğru yeryüzünün çehresi çarpıcı biçimde değişti. Devoniyenin sonunda gezegenimiz biraz soğudu, buzullar oluştu, deniz seviyeleri düştü ve deniz resifi topluluklarında kitelesel soy tükenişleri yaşandı. Karadaysa bitki topluluklarının bileşimi Erken Karbonifer dönemine doğru büyük ölçüde değişti. Gelgelelim, belki de meydana gelen en çarpıcı değişiklik, Erken Karboniferin sonra dönemlerinde uçan böceklerin ilk kez ortaya çıkışıydı. Yaklaşık 320 milyon yıl önce, Karbonifer zamanlarının ikinci yarısında yeryüzü ormanları parıldayan ve çırpınan kanatlardan oluşan bir masal diyarına dönüştü. Hikâyenin bundan sonraki bölümü olan böcek uçuşunun öyküsü, yaşam tarihinin en önemli dönüm noktalarından biridir. Soru şu: Kanatlar da nereden çıktı?

5

HAVADA DANS

600 milyon yıldan fazla süren hayvan evriminde daha önceki başka bir şeyin uyarlanması olduğunu cehaletimizden göremediğimiz sadece bir avuç yeni özellik çıkmıştır. Misal, böcek kanatları.
DOUGLAS J. FUTUYMA, *Science on Trial* [*Bilim Yargılanıyor*]

Kanatlara ve uçan şeylere karşı iflah olmaz bir merakım var. Benim için uçan bir böceği izlemekten daha büyüleyici çok az manzara var ve bir kelebeği takip etmekten daha zorlu bir görev neredeyse yoktur diyebilirim. Kendimi bildim bileli, kelebekler ve güveler gibi rengârenk uçan canlılar özellikle ilgimi çeker ama bunu sevenin bir tek ben olduğumu sanmıyorum. Kelebek ve böcek bahçelerinin yaygınlığına bakılırsa, çoğu insan, hatta böceklerin diğer türlerinden nefret edenler bile, uçan kelebekleri görmekten zevk alıyor gibi görünüyor. Kelebeklerin sihirli, neredeyse peri masalından fırlamış özellikleri var. Böcek kanatlı narin küçük periler içeren çok fazla Disney filmi gördüğümüzden mi? Yoksa sırf yusufçuklar ve kelebekler ruhumuzda büyülü bir yer işgal ettiği için mi çizgi film yapımcıları böcek kanatlı periler çiziyorlar? Perileri yarasa kanatları veya balık yüzgeçleriyle tasvir etseydik kimsenin perilerden bu kadar zevk alacağını sanmıyorum.

Elli yıldır böcekleri gözlemliyorum ama geçen 1 Haziran'da, benzerini daha önce hiç görmediğim, gerçekten büyülü bir olaya tanık oldum. Ailemle Kanada'nın St. Clair Gölü'ndeki evlerinde akrabalarımızı ziyarete gitmiştik. Bahçede babalar günü barbeküsünün tadını çıkarıyorduk ki tesadüfen o gece boyunca *heptagenia* mayıs sineği bulutunun gölden yükselip tüm ağaçları, çalıları, hatta kulübeleri bile kapladığını gördüm. Bu fenomeni daha önce Michigan'ın kuzeyindeki göl kıyılarını ziyaret eden bir çocuk olarak birkaç kez görmüştüm ama asla bu boyutlarda bir gösteriye rastlamamıştım. Akşamleyin güneş gölün üzerinde turuncu bir ateş parçası misali batarken, binlerce, hatta milyonlarca mayıs sineği parıldayarak göğe yükseldi ve çılgın bir çiftleşme dansı yaptı. Uçsuz bucaksız mayıs sineği bulutları, kıyı boyunca göğe doğru göz alabildiğine yükseldi. Yerden üç ila on beş metre yüksekte gölün on beş metre açığına kadar uzanıyorlardı. Böcek bulutu o kadar yoğundu ki o sürünün altında durup yukarıya bakarken gökyüzünü güçbela görüyordum. Görüş alanımda bulunan ve çoğu erkek olan birkaç milyon mayıs sineği alacakaranlıkta dans ediyor, yavaşça yükseliyor ve dalgalar halinde aşağı doğru süzülüyordu. Böyle bulutsu kümeler oluşturmak, erkek mayıs sineklerine özgü bir taktiktir. Bu gösteri çiftleşmeye hazır dişilerin dikkatini uzaktan çekmeye yarar.[1]

Sineğin Ölümü Danstan Olsun!

Modern mayıs sinekleri, ismiyle müsemma 'birgünlükler' cinsine ait sinir kanatlı böceklerdir. Nimfleri, plaka benzeri solungaçlarını kullanarak nefes aldıklarından, hayatta kalabilmek için çok temiz, soğuk tatlı suya ihtiyaç duyarlar. İnsanlar bir süredir su yollarını kirlettikleri için birçok böcek türünün böyle gövde gösterilerine maalesef artık pek sık tanık olamıyoruz. Mayıs sineğinin suda yaşayan ve naiadlar diye de adlandırılan nimfleri, hayatlarının çoğunu tatlı

[1] Bu, ekologların, erkek hayvanların dişilere kur için yapmak toplanma davranışı (*lekking*) dediği şeye bir örnektir.

su göllerinin, bataklıkların ve akarsuların dip tortularında saklanarak geçirirler. Buradaki algler ve canlı kalıntılarıyla beslenip yavaş yavaş gelişirler. Yılda bir kez, genellikle eşzamanlı olarak sudan çıkarlar, gömlek değiştirirler ve genç kanat çubuklarından kanatlar geliştirirler. Erişkin mayıs sineklerinin ömrü çok kısadır, çoğu bir günden az yaşar.

Paleopteranların, yani eski kanatlıların bir örneği olan mayıs sinekleri, varlığını bugüne kadar sürdürebilmiş en eski böceklerden biridir ve en eski kanat yapılarından birine sahiptir. Bir mayıs sineği görme şansınız varsa ona daha yakından bakın derim. Yaklaşık 330 milyon yıl önce Karbonifer zamanlarında uçma yeteneği kazanmış bir kalıntı göreceksiniz. Çoğu böcek gibi mayıs sineğinin de göğsünün orta ve son bölümlerinde yer alan, bir ön ve bir arka çift olmak üzere, toplam dört kanadı vardır. Ön kanatlar arka kanatlardan çok daha büyüktür ve uçuş için gereken kaldırma kuvvetinin çoğunu bu kanatlar sağlar. Dört kanadın dördü de yalnızca yukarı ve aşağı hareket edebildiği için son derece basittir. Mayıs sinekleri, çoğu modern böceğin aksine, kanatlarını tabanda esnetme ve bükme yeteneğine sahip değildir. Bir mayıs sineğinin kanadı, birçok ince damardan oluşan karmaşık bir destekleyici ağ barındıran hassas bir zardır. Mayıs sinekleri Karboniferin ikinci yarısına ait (Pennsylvania alt dönemi) bilinen en eski uçan böceklerle bu kadar yüksek sayıda damarı paylaşır. Çok ilkel olduğu düşünülen bir başka tuhaf özellikleri daha vardır: Sudan çıkıp kanat geliştirdikten sonra hemen uçmazlar. Bunun yerine, işlevsel kanatları olan bir alt-erişkin gömlek değiştirme aşamasından geçerler. Bir gün sonra tekrar gömlek değiştirirler, erişkinlere dönüşürler. Kanatları geliştikten sonra gömlek değiştiren tek canlı böceklerdir, yani mayıs sineği dışında kanatlı bir böcek görürseniz, bir erişkine bakıyorsunuzdur.

Mayıs sinekleri esasen üremek için uçarlar. Bununla birlikte, sürülerini senkronize ederek yalnızca eşleri kendine çekip onlarla tanışmakla kalmazlar, aynı zamanda bataklık yırtıcılarını da yakalayabilirler. Mayıs sinekleri çok kuvvetli veya usta uçucular değillerdir. Kanatlarını çırpmaktan ve uygulanması kolay kalıplarla havada sürüklenip süzülmekten ancak biraz daha fazlasını yapabilirler. Havada kuşlara kolayca yakalanır, suda balıklara yem olurlar. Yine de mahalledeki tüm yırtıcıları toplasanız bir mayıs sineği sürüsüne etki edemezler. Henüz çiftleşmemiş bir dişi, disko dansı bulutunun içine uçtuğunda, uzun bacaklı ve istekli bir erkek tarafından çabucak yakalanır ve erkek ona bir spermatofor aktarır. Çiftleşmeden hemen sonra dişi göle geri uçar, sonra suya konup yüzmeye başlar. Eğer bir balığa yem olmayacak kadar şanslıysa, ölmeden önce yumurtalarını suya çabucak bırakabilir. Bıraktığı yumurtalar dibe çöker; bu ölüm ve yeniden doğuş döngüsü 320 milyon yıldır olduğu gibi tekrarlanır.[2]

Mayıs sinekleri eski bataklıkların üzerinde ilk kez kanat çırptığında, gökyüzü hep 'dutluktu'. Havada onları avlayacak ne bir kuş ne de başka bir omurgalı vardı.[3] Fakat Karbonifer döneminin tatlı suları, birçok çenesiz balık ve amfibi türüne ev sahipliği yapıyordu. Mayıs sinekleri yumurtlamak için akarsu ve gölcüklere geri dönmüşlerse birçoğu muhtemelen bu canlılara yem olmuştur. Dolayısıyla doğal seçilim mayıs sineklerinin eş zamanlı ortaya çıkıp bulutlar haline uçuşunu hem avcıları kalabalıkla şaşırtma stratejisi hem de bir eş bulma stratejisi olarak ta o zamandan tercih etmiş olabilir. Bu yüzden Karbonifer mayıs sineklerinin bile çoğalmak için büyük bulutlar halinde dans ettiklerini hayal etmeyi severim.

2 Mayıs sinekleri öyküsünde sanatsal etki için bazı değişiklikler yaptım. Mayıs sineklerinin veya en azından mayıs sineği benzeri böcekler gövde grubunun ilk olarak Karbonifer yıllarında evrimleştiğinden hayli eminiz; ancak bu böceklerin tatlı sucul olgunlaşmamış aşamalarının ilk ne zaman evrimleştiğini kesin olarak bilmiyoruz. Permiyen, hatta Triyas yıllarına kadar bunu yapmamış olabilirler. Ancak çağın bol sulak alanlarının, tatlı su nişlerine önce geçmenin avantajları nedeniyle Karbonifer sırasında suda yaşadıklarını tahmin ediyorum. Eğer tatlı su balıkları o zaman da varsa onların tüketebileceği sucul böcek larvalarının da olacağını varsaymak mantıklı görünüyor.

3 Lepidosauria sürüngenleri, Triyas döneminde, günümüzün Güneydoğu Asya *draco*'suna benzer formlara sahip planörlerdi. Havadaki kanatlı böcekleri takip eden ve onlarla beslenen en eski omurgalılardan olabilirler.

Şekil 5.1. Küçük bir mayıs sineği, Baetis magnus (Ephemeroptera takımı). Mayıs sinekleri, uçan böceklerin en ilkel canlı örneklerinden kabul edilir. (Fotoğraf: David Rees.)

Uçuş, mayıs sineklerinin havada yükselmesine, kolayca eş bulmasına ve görece güvende üremesine izin verse de kanatların değerli bir başka işlevi daha vardı: Mayıs sineklerinin çevreye yayılmalarına yardımcı oldular. Akarsulardaki nimfler beslenirken genellikle akıntı tarafından taşınırlar. Bu nedenle erişkin olduklarında yumurtlama alanlarından biraz uzaklaşmış da olurlar. İlk mayıs sinekleri kanatlarıyla kolayca akıntının tersine hareket edip yumurta bırakmış, daha derin sulara kıyasla daha az balığın bulunduğu karanın içlerindeki gölleri ve gölcükleri kolonize etmiş olabilirler.

Kömür Diyarında Bir Gezi

Bu ilk mayıs sinekleri yaklaşık 320 milyon yıl önce gökyüzüne uçtuğunda, dev atkuyrukları, kurtayakları, artık soyu tükenmiş tohumlu eğreltiotu ağaçları ve kordait bitkiler ile kaplı geniş ova bataklıkları, diğer bataklıklar, eski kozalaklı ağaçlar ve yağmur ormanlarının üzerinde parıldayıp dans ettiler.[4] Bu ormanlar bugün var olanlardan farklıydı ama onları iyi tanıyoruz çünkü geride bol bitki fosili bıraktılar. Biriken bu bitki kalıntıları –ki yaşamın tarihindeki en zengin birikimdir– bize doğalgaz, petrol ve kömür olarak geri döndü. Özellikle kömür, sık ve nemli ormanlarda yetişmiş ve boyu yaklaşık dokuz metre veya daha uzun olan ağaçların kalıntısıdır. Bu büyük ağaçlar fırtınalar sırasında ıslak Karbonifer topraklarına ve bataklıklarına devrilmişlerdi, gövdeleri suların altında kalmış, tortulara gömülmüştü; üst üste yığıldıkça karbonca zengin organik kalıntılardan oluşan çöküntü katmanları hâline geldiler. Jeolojik faaliyetlerden kaynaklanan basınç sayesinden bu katmanlar zaman içinde kömüre dönüştü. Üniversitem kömür santralinden üretilen elektriği kullanıyor. Yani bu sözleri yazarken ben de Karbonifer döneminin bitki yaşamının son kalıntılarından üretilen elektriği kullanıyorum. Arabayla süpermarkete gittiğinizde, siz de bundan kullanıyor olabilirsiniz.

Kömürümüzün ve petrolümüzün çoğu neden Karbonifer döneminden kalma? Bu konudaki en makul görüş, Karboniferin nemli bataklıklarının fosil yakıtının oluşumu için en uygun koşulları sağladığıdır. O zamandan sonra yeryüzü daha kuru bir yer hale geldi ve koşullar bir daha o günkü kadar elverişli olmadı. Hikâye burada bitmedi elbette. Karboniferden sonra ormanlar yok olmadı. Hatta yeryüzündeki ağaçların sayısı daha da arttı, ağaçlar gitgide daha yüksek

[4] Kordait bitkileri, kozalakların yanı sıra kayış şeklinde, geniş yapraklı yapraklara sahiptir ve en eski kozalaklı ağaçlarla yakından ilişkili olduğu düşünülür.

rakımlara yayıldılar, Mezozoik ve Senozoikte ise boyları iyice uzadı. Karboniferden sonra kıtaların iç kesimleri daha kurak hâle gelmiş olabilir ama çok sayıda akarsu, nehir havzası ve kıyı bölgeleri gibi sulak alanlar da vardı. Kuru yaylalardan gelen ağaçlar kolayca nehirlere doğru yayılabilir ve ova bataklıklarında birikebilirdi. İşte bu yüzden o dönemde iklim değişikliğinden başka bir şey yaşanmış olmalı.

Bir başka soruyu ele alalım: Günümüzde bir ormanda ağaç öldüğünde ona ne olur? Ağaçkakan, sıvacı kuşu ve baştankara gibi kuşlar, ağacın gövdesinde oyuklar açar. Bu kuşlar oyuğu terk ettiğinde birçok küçük memeli içeri girer ve daha da geniş alanları oymaya başlar. Diğer daha küçük hayvanlarsa ölü ağacın gövdesinde tüneller açarlar: Örneğin arılar ve yaban arıları bunu yiyecek aramak için değil, yalnızca yuva inşa etmek için yaparlar. Ağacın kabuğu, kabuk böcekleri, düz başlı ağaç deliciler ve kemirgen kabuk bitleri gibi çeşitli böcekler tarafından istilaya uğrar ve kolonileştirilir. Tünel açma faaliyetleri ağacın kabuğunu gevşetir ve mantarların bu yüzeyin altına yayılmasına izin verir. Mantarların büyümesi ağacın ayrışmasını hızlandırır ve böceklere odunun kendisinden daha besleyici bir besin kaynağı sağlar. Odunu delebilen daha büyük kınkanatlı türleri, yumurtalarını ağaca bırakır ve bunların kurtçuk benzeri larvaları özodunun derinliklerine inen tüneller açar. Bu arada aşağıda, orman zemininde büyüten bakteriler ve mantarlar, küçük toprak eklembacaklılarının çiğnediği kökleri ayrıştırır. Kökleri zayıflayan ağaç, en sonunda bir fırtınada devriliverir. Ağacın gövdesi ve dalları artık nemli toprağın üzerine yayıldığından, o küçük alandaki çevre koşullarını tamamen değiştirir. Ölü ağacın gövdesi böylece mantarlara ve topraktaki küçük eklembacaklılara daha fazla maruz kalır. Tropik bölgelerde termitler ağacın gövdesini istila edip parçalara ayırır. Nitekim odun hamamböcekleri ve termitler, bağırsaklarında yaşayan simbiyotik mikroorganizmalar sayesinde odunu sindirebilen birkaç hayvan arasında yer alırlar. Tropiklerin yanı sıra ılıman bölgelerde marangoz karıncalar da ağaca hücum ederler. Bu karıncalar odun yemezler; odunda tüneller açıp onun içinde yaşarlar ama zamanla büyük bir ağacı küçük parçalara ve talaşa dönüştürürler. Ağacın ufalanmış parçaları toprağa karışır ve toprak mantarları ile mikro eklembacaklılar tarafından daha da küçük parçalara ayrılır. Günümüz ormanlarında, varlığını koruyup fosilleşerek kömüre veya petrole dönüşebilecek pek bir şey kalmadı; ağacın kalıntısını çoğu, ormanın sakinleri tarafından geri dönüştürülüp ormanın yaşam döngüsüne katılıyor.

Erken Karboniferde, bugünün makroskopik ve mikroskobik ölü odun tüketicilerinin çoğu henüz evrimleşmemişti.[5] Kuşlar, memeliler, arılar, yaban arıları, kabuk delen kınkanatlılar, odun delen kınkanatlılar, kabuk bitleri, termitler veya karıncalar henüz ortada yoktu. Ayrıca Devoniyen ve Karbonifer zamanlarında bitkiler uzamak için selüloz ve lignin üretirlerdi ki hayvanların bunları sindirmesi çok zordur. En eski böceklerin hiçbiri ham odunu da sindiremiyordu. Dev Karbonifer atkuyrukları, modern atkuyrukları gibi, damar dokularını çok miktarda silisle sertleştirerek neredeyse sindirilemez hale getirmişlerdi. Dolayısıyla Geç Devoniyen ve Karbonifer, yalnızca nemli iklim ve atmosferdeki karbondioksit seviyesinin yüksekliği bitkilerin büyümesini desteklediği için değil, ayrıca bitkiler, otçulların tüketebileceğinden çok daha fazla biyokütle üretebildikleri için de gerçekten çok özel zaman dilimleriydi. Odun tüketen ilk önemli böcekler –odun hamamböcekleri– Geç Karboniferde ortaya çıkacaklardı. Onları, Permiyende kabuk bitlerinin ortaya çıkışı ve odun delen kınkanatlıların çeşitlenmesi izledi.[6] Za-

[5] Geç Karboniferde bitki ayrıştıran eklembacaklılardan oluşan çeşitli bir grup mevcuttu: oribatid akarlar. İlkel kanatsız böcekler ve kırkayaklar da bazı ayrışmalardan sorumluydu.

[6] Kınkanatlılar (coleoptera takımı) oldukça uzun bir süredir Permiyen fosillerinden biliniyor olsa da Karbonifer kınkanatlıları için olan kanıtlar Béthoux tarafından ancak yakın zamanda keşfedildi (O. Béthoux, "The Early Beetle Identified", *Journal of Paleontology* 83 [2009]: s. 931-37). İlk

manla daha karmaşık ağaç tüketici canlı toplulukları gelişti ve Karboniferin bitkisel maddelerinin küresel toplu üretimi hiçbir zaman tekrarlanmadı. [7]

İlk Uçuş

Erken Karboniferde ortaya çıkan yeni omurgalı yırtıcı türlerinin en dikkate değer olanı, anahtar deliği şeklindeki tuhaf göz yuvalarından adını alan 'anahtar deliği' amfibileridir. Bunlar kulaklara sahip olan ilk dört ayaklı omurgalılardı. Peki, bu amfibiler hangi sesleri dinliyordu? Okuduklarıma göre, ses üretme yetenekleri geliştirmiş, ses çıkararak eşlerine kur yapmış veya bölgeleri işaretlemiş olabilirler. Durum böyleydiyse bile çiftleşme, erişkin omurgalı hayvan davranışının sadece bir yönüdür. Kanımca kulaklar, eklembacaklı yiyecekleri bulmak gibi günlük yaşamın daha sıradan işleri için daha kullanışlı olurdu. Büyük amfibiler, balıkları ve diğer amfibileri yemiş olabilir ama küçük kesinlikle amfibilerin çok çeşitli eklembacaklıları ve böcekleri yemiş olmalılar. Yaprak döküntüleri arasında hareket eden eklembacaklıların hışırtı hareketlerini, kırkayakların çiğneme seslerini ve yemeklerini çatırdatarak yiyen böcekleri veyahut ilk kez uçmaya hazırlanan yeni erişkinleşmiş böceklerin çırpınma hareketlerini kulaklarıyla duyabilirlerdi. Eklembacaklıların ormanda çok fazla vızıltı ve çırpınma sesi çıkarmaya başladığı bir zamanda

kınkanatlılar ve karmaşık başkalaşıma sahip diğer bazı böcek türleri, ilk olarak Geç Karboniferde ortaya çıkmış olsa da bunlar hala nadirdi ve çeşitli değildi; sonuç olarak ormanlar üzerinde henüz derin bir ekolojik etkiye sahip değillerdi. Kınkanatlılarla ilgili bu tartışma, kınkanatlı türlerinin çeşitlendiği ve yaygınlaştığı Permiyen dönemiyle ilgili olan bir sonraki bölümü bekleyecek.

[7] Kömür üretiminin Karboniferden sonra durduğunu ima etmek istemiyorum; ancak sadece bu dönemden itibaren, ayrışan organizmaların çeşitliliğiyle beraber, gıda olarak bitki materyalleri için olan rekabet arttı. Gillette, Wyoming yakınlarındaki Paleosen açık ocak madenleri gibi, çok daha yakın zamanlardan bazı önemli kömür yatakları var.

omurgalıların kulak geliştirmiş olması muhtemelen bir rastlantı değildir. Bir dahaki sefere, en sevdiğiniz ezgileri dinlerken Karboniferde yaşamış atalarımıza böcekle beslendikleri için bir teşekkür etmeyi unutmayın derim.

Karbonifer döneminin ormanları, kulaklarımızdan ve kömür kaynaklarımızdan daha fazlasını üretti. Karboniferin ikinci yarısına denk düşen, bundan yaklaşık 320 milyon yıl öncesine tarihlenen Pensilvanyan alt döneminde ormanlar ilk uçan böceklere barınma imkânı sundu. Böcek uçuşunun kökenlerini anlamanın ilk adımı, uçan canlıların ilk atalarını göz önüne getirmektir. Karbonifer döneminde, kılkuyruklar adı verilen ve gümüş böceği ya da ateş yumurcağı olarak da bilinen basit bir böcek takımı ortaya çıktı.[8] Kılkuyruklar, uçan böceklerin en yakın akrabaları olarak kabul edilirler ve ortak adlarından da anlaşılacağı gibi, bazı türleri balıklarınki gibi gümüş renkli pullara sahipken, bazı türleri ılık ve nemli yerlerde yaşamayı tercih eder (bazısı ise fırın zararlısı olup fırınların yakınında yaşar). Bunlar da tıpkı modern böcekler gibi, bir başa, altı bacaklı bir göğüs bölgesine ve uzun bir karın bölgesine sahipti; gümüşçünler gibi kılkuyrukların vücutlarının ucunda üç uzun ipliksi uzantı vardı. Kanatları, hatta kanat çubukları yoktu ama her torasik segmentin üst kısmı düzleşip hafifçe yanlara doğru uzanıyordu. Eski kılkuyruklar gömlek değiştirmek için muhtemelen yeni ortaya çıkan yüksek bitki örtüsüne tırmanıyordu. Tıpkı modern gümüşçünler gibi onların da yüksek tüneklerinden atlayabildikleri düşünülmektedir.

Kılkuyruklar, iki kondile bağlı bir çene, iki uzantı ve bir plevral sütür oluşturan göğüs bölgesinin yan duvarının (pleuron) içe doğru katlanması dâhil, uçan böceklerle bazı benzersiz özellikleri paylaşıyorlardı. Bu, kanat gelişiminin yolunu açan çok önemli bir özelliktir çünkü hem yapısal olarak

[8] Zıplayan kılkuyruklarla birlikte, gümüş böcekleri eskiden thysanura adı verilen daha büyük bir takım içine yerleştiriliyordu. Bu ad hala eski literatürde mevcut. Son bölümde tartışıldığı gibi, farklı alt çene formları nedeniyle şimdi ayrılıyorlar.

daha kuvvetli bir göğüs bölgesi üretir hem de kasların bağlanabileceği daha fazla iç alan sağlar. Ama uçan böceklerle benzerlikleri burada biter. Kılkuyruk nimfleri, erişkin hallerinin ufağı gibidirler ve kanat gelişimi emaresi göstermezler. Bununla birlikte, Karbonifer gümüşçünleri, bazı böcek paleontologlarının protokanat olarak yorumladığı, torasik segmentlerin üst kısımları boyunca hafifçe genişlemiş loblara sahipti. Kanatları yoktu ama yüksek bitki örtüsü üzerindeki tüneklerden atladıktan veya düştükten sonra kısa bir süre süzülerek uçmuş olabilirler.[9]

Karbonifer dönemine tarihlenen bazı fosilleşmiş böcekler göğüs bölgesinin üst kısımları boyunca paranotal loblar denen düz, levha benzeri çıkıntılara sahiptirler. Bu loblar kılkuyruklarınkilerden daha büyüktür ama bunların da aynı yapıların değişim geçirmiş hâli olduğu varsayılmaktadır. Bazı hâllerde göğüs bölgesinin ilk segmentinde paranotal loblar bulunurken, orta ve son segmentlerinde tam tekmil kanatlar bulunur. Bunun anlamı, kanatların bu tür lobdan geliştiği ama daha sonraları işlevsel nedenlerle kaybolduğudur. Hiçbir modern böceğin birinci torasik segmentte kanatları, kanatçıkları veya lobları yoktur. Bunun yerine kanatları orta veya son segmentte bulunur.[10] Kanatçıklar, muhtemelen böceğin ağırlık merkezinin göğüs bölgesinin daha arkalarında bulunması ve göğsün ilk segmentinin geniş kas sistemine izin vermeyecek kadar küçük olması nedeniyle zamanla ortadan kaybolmuştur.

Kanatlar ormanların yaygınlaşmasıyla eş zamanlı olarak ortaya çıktığı için, bazı entomologlar, böceklerin uzun bit-

[9] Bilim insanları yakın zaman içerisinde, gümüşböceği ve hatta işçi karıncalar dâhil olmak üzere modern kanatsız böceklerin, ağaçlardan düşerken bir tür süzülme uçuşu yapabildiğini keşfettiler. Vücutları bir kanat profili gibi çalışıyordu. Serbest düşüş sırasında ağaç gövdesine geri dönebilir ve kayabilirler, böylece yere kadar düşmekten kaçınırlar.

[10] Antik paranotal loblar, modern tam biçimli kanatlarla benzer bir damar düzenini paylaşır; bu, kanatların paranotal loblara benzeyen uzantılardan evrimleştiği anlamına gelebilir.

kilere tırmanarak, onlardan atlayarak ve düz plakalarıyla süzülerek uçmaya başladıklarını varsayıyorlar. Bu fikir 'paranotal lob hipotezi' olarak bilinir. Ama zemini kaplayan yaprak döküntülerinin altında tamamen güvende ve mutlu olan toprak böcekleri bitkilerin üzerine tırmanmaya niçin zahmet etsinler? Entomologlar genellikle gelişen sporlar, tohumlar ve hassas fotosentetik dokularla besleniyor olabileceklerini öne sürerler. Bu fikir beni birkaç nedenden dolayı rahatsız ediyor. İlk olarak, modern gümüşçün bu şekilde beslenmez. İkinci olarak, sporlar ve tohumlar zaten yere düşecekse ağaca tırmanmaya niçin zahmet etsinr? Böceklerin ağaçların tepesine tırmanmak için daha sağlam gerekçeleri olduğu kanısındayım.

Böcekler soğukkanlıdır. Geceleyin hava soğuksa vücutları da soğur ve ısınana kadar tekrar hareket etmezler. Modern böcekler bu sorunu genellikle ağaçların tepesine tırmanıp güneş görerek ve kanatlarını da güneş paneli gibi kullanarak çözerler. Kanatlarının yapısal açıdan daha sağlam olmasına izin veren damalarının içi de boştur, kanın içinden akmasına ve ısınıp vücuda geri aktarılmasına izin verir. Küçük protokanatlar bile, muhtemelen bu paneller uçuş için kullanılmadan önce, ısıyı vücutlarına aktarma yeteneğine sahipti. Bir böceğin yürümeden, yiyecek toplamadan, eş aramadan veya yırtıcılardan kaçınmadan önce ısınması gerekir ve ilk hamleyi yapan daima daha avantajlıdır. Böcek uçuşunun bu güneş panelleri sayesinde evrildiği hipotezi, Karboniferin hâkim iklimi düşünüldüğünde epey ikna edicidir. Devoniyenin küresel bir soğuma dönemiyle sona erdiğini ve Karbonifer döneminde güney yarıküredeki kıtaların büyük bölümünün buzullarla kaplandığını bugün biliyoruz. Tropik bölgeler ise daha ılımandı ve buralarda buzullar oluşmadı ama sıcaklık ortalaması yine de Devoniyendekinden çok daha düşüktü. Dolayısıyla toprakta yaşayan böceklerin neden toprak tabakasının rahatını ve güvenliğini terk ettiği sorusuna güneş ışığı ve ısı arayışı makul bir yanıt sunuyor.

Belki de eş arıyorlardı. Bazı erkek böcekler beslenme yerlerinde (akşam yemeği ve dans, disko-bar stratejisi) dişileri beklerken, diğerleri ortaya çıkış yerlerinin yakınında hiç çiftleşmemiş genç dişileri bekler (*Lolita* stratejisi). Bu taktikler işe yaramadığında, birçok erkek önemli bir noktaya gider (âşıklar tepesi stratejisi). Birçok modern böcek bölgedeki en yüksek ağaca, kayaya veya tepeye taşınır; bu nedenle Karboniferde yaşamış böceklerin eşleriyle tanışıp çiftleşmek için en uzun bitkilerin tepelerine tırmanmış olmaları mümkündür.

Karbonifer döneminin bitkilerinin tepelerinde küçük protokanatların böceklerin kur yapma ve çiftleşme davranışlarında rol oynamış olması muhtemeldir. Nitekim bazı modern böceklerin kanatlarını titreştirerek ürettikleri sesleri eş adaylarına kur yapmak için, bazılarınınsa karşı cinsi çekmeye yarayan feromon adlı kimyasal kokuları etrafa yaymak için kullandıklarını biliyoruz. Küçücük bir protokanat bile bu amaçlarla kullanılmış olabilir. Ayrıca fosil izleri, Karboniferde yaşamış bazı böceklerin kanatlarında belirgin pigmentasyon desenleri olduğunu da gösteriyor. Bazı durumlarda bu desenler, böceklerin sırtında, yırtıcıları uyarmaya yaramış olabilecek parlak benekler veya bantlar içeriyordu. Bu beneklerin tam olarak ne işe yaradığını kesin olarak söyleyemiyoruz ama modern kanatlı böcekler gibi eski kanatlı böceklerin de bunları olası eşlerini uzaklardan kendilerine çekmek için kullanmış olduklarını varsaymak mantıklıdır.

Nedeni ne olursa olsun, eski böcekler bitkilere tırmanmış olabilirler. Ama yukarı çıktıklarında tekrar aşağı inmeleri de gerekiyordu. Bunun en kolay yolu ise aşağı atlamaktır. Nitekim yağmur ormanlarında yaşayan bazı kurbağalar, geceleyin ormanın tepe bitki örtüsünde beslenmek için ağaçlara tırmanırlar ve şafakta tepeden atlayıp süzülerek zemine inerler. Kurbağalar bile ağaçların tepesinden atlayıp güvenle aşağı süzülebiliyorlarsa, çoğu yüksekten düştüğünde zarar görmeyecek kadar küçük olan böcekler bunu neden yapamasın? Bazı bilim insanları, Karboniferde atmosferdeki oksijen ve karbondioksit oranı çok yüksek olduğu için böceklerin uçmayı kolayca öğrenmiş olabileceğini öne sürmüşlerdir. Diğerleriyse kılkuyrukların küçük göğüs loblarının bile onlara süzülerek basit uçuş yeteneği kazandırmış olabileceğini öne sürmüşlerdir.

Öte yandan bazı entomologlar böceklerin uçmayı öğrenmek için bitkilere tırmanmaya ihtiyaç duymadığını ileri sürmektedirler. Buna göre, kanatlar solungaçlardan evrimleşip solunumda rol oynamış olabilir. Yüz küsür yıl önce bu fikir epey revaçtaydı. Fakat entomologlar bu görüşe meydan okuyan paranotal lob hipotezini geliştirdiler: Modern böcek kanatlarının solunumda herhangi bir rolü olmadığından, kanatların solunum olmaksızın nasıl evrimleşmiş olabileceğini açıkladılar. Yine de geçtiğimiz on yıllar içerisinde kanatların solungaçtan evrildiği hipotezi bazı yeni destekçiler de kazandı. Bu hipotezin artıları ile eksilerini düşünelim: Modern böcek kanatlarının büyük, içi boş damarları trake tüpleri içerir, dolayısıyla bu damarların içinden kanın yanı sıra gaz da akar. Karbonifer dönemine tarihlenen fosilleşmiş böcek kanatlarının yanı sıra mayıs sinekleri de bize en eski uçan böceklerin kanatlarının muazzam sayıda damar barındırdığını gösteriyor, hatta onların kanatlarında muhtemelen modern böceklerinkinden bile fazla trake tüpüne sahiptiler. Ayrıca, bugün varlığını sürdüren iki en ilkel ve yaşlı kanatlı böcek grubunun, mayıs sinekleri ile yusufçukların erişkinleşmemiş evrelerinde sucul olduklarını ve solungaçlarla nefes aldıklarını da biliyoruz. Bu solungaçlar, gazların ince, nemli bir kütikülden geçmesine izin vererek işliyor. Yaykuyruklar gibi bazı toprak eklembacaklıları da çok ince olan kütiküllerinden solunum yapabiliyorlar. Dolayısıyla eski böcekler de belki kanatçıklarının ince kütikülü aracılığıyla solunum yapmış olabilir. Karboniferin kömür bataklıkları çok nemli olduğundan ve o dönemde havadaki oksijen seviyesi son derece yüksek olduğundan, eski böceklerin protokanatlarının tam tekmil kanatlara dönüşmeden önce solungaç görevi görmüş olması gerçekten de mümkün görünüyor.

1994 yılında, Penn Eyalet Üniversitesi'nden Jim Marden ve meslektaşları, bazı erişkin taş sineklerinin (plecoptera) suda yüzmek için kanatlarını kullanabildiği gözleminden hareketle yenilikçi bir fikirle –yüzeyde sekme hipotezi– çıkageldiler. Eski sucul böceklerin protokanatlarını veya solungaçlarını su yüzeyinde sekerek ilerlemek için kullanıp zamanla bu sıçramaları gerçek bir uçuş yeteneğine çevirmiş olabileceklerini öne sürdüler. Öyle olduysa bile solungaç hipotezinin çözmesi gereken daha ciddi başka sorunları vardır: Bunlardan en önemlisi, modern böceklerin kanatlarında trakeleri varsa da bilindiği kadarıyla hiçbiri solumak için kanatlarını kullanmamaktadır. Bunun yerine, böcekler gömlek değiştirip erişkinliğe ulaştıklarında hava trakeye dolarak kanatlara temiz kan pompalanmasına yardımcı olmaktadır. Başka sorunlar da vardır. Yüzeyde sekme hareketi taş sineklerinde gözlenirken, solungaçları göğüslerinde değil de karınlarında olan mayıs sineklerinde ve yusufçuklarda gözlenmemektedir. Üstelik kanatlı böceklerin en muhtemel ataları olan gümüşçünler, yaprak döküntülerinde ve toprakta yaşarlar. Benzer şekilde, Karbonifer döneminin uçan böceklerinin en başarılı gruplarından biri olan –ve artık soyu tükenmiş– paleodictyoptera nimfleri de karada yaşıyordu.[11]

Paranotal lob hipotezi şahsen beni tatmin ediyor ama bu konudaki anlaşmazlığın asla herkesi tatmin edecek şekilde çözülememe ihtimali de var. Geç Devoniyenin kararda yaşayan yaşayan ilk altıbacaklılar ile Geç Karboniferin uçan böcekleri arasında, fosil kayıtlarında bir boşluk vardır ve bu boşluk, kanatların kökenni daha gizemli haline getirmektedir. Bir yandan, Karbonifer döneminin çevre koşulları ilk böcek kanatlarının solunum için kullanılmasını mümkün

[11] Bu açıktır çünkü Mason Creek'teki fosilleşmiş paleodictyopteroid yavruları *macroneuropteris* yapraklarıyla ilişkilidir ve bağırsaklarında bitki sporları vardır (Conrad Labandeira, kişisel görüşme).

kılmiş ama böcekler daha modern kanatlar geliştirdikçe bu özellik kaybolmuş olabilir. Öte yandan böcek kanatlarının pekâlâ birbirinden tamamen bağımsız birçok başka amaç –havada süzülmek, ısı aktarımı veya çiftleşme gösterisi– için evrilmiş olabileceği de açık olsa gerektir.

Kanatlarını kökenleri konusundaki hipotezlerin çeşitliliği bizi büyük resimden uzaklaştırmasın. Kanatlar Karboniferin Misisipiyen alt döneminin bundan yaklaşık 327 milyon yıl önceye tarihlenen sonlarında evimleşip jeolojik zamanlar için 'aniden' denebilecek kadar kısa bir süre içinde yaygınlaştılar. Uçan böcekler sadece birkaç milyon yıl içinde Kambriyen patlamasını da gölgede bırakacak kadar çeşitlendiler. O andan itibaren kara ekosistemlerine hâkim oldular. Kanatlar, böceklerin canlılar dünyasındaki orantısız başarısını kışkırtan en büyük evrimsel yeniliklerinden biriydi. Uçan böceklerin 100 milyon yıldan daha uzun bir süre boyunca gökyüzünün tamamına hâkim olduklarını unutmayın.[12] Kuşlar henüz ortalıkta yoktu. Omurgalı bir yırtıcının tek yapabileceği, onları yerde avlamaktı. Gökyüzünü işgal etmek böceklere çok daha iyi bir yayılma, kaçma, kur yapma ve beslenme alanlarından yararlanma fırsatı sağladı. Başlarda iyi uçucular olmaları da gerekmiyordu. Bir nefeslik kısa bir uçuş, uzun bitkilerin tepelerindeki sporları tırtıklayan, bitkiyle beslenen ilk böceklerin bir bitkiden diğerine kolayca geçmesine yetiyordu. Yere inip tekrar yukarı tırmanmak için başka bir sap bulması gereken sürüngen bir böceğe kıyasla uçan bir böcek, zamandan ve enerjiden epey tasarruf edebilir. Üstelik bu süreçte daha az yırtıcıyla karşılaşır. Hafif bir uçuş bile böceğin havaya hâkim olup güvenli bir çiftleşme dansı yapmasına veya bataklıklar kuruduğunda ya da orman yangınları bölgeyi kasıp kavurduğunda yeni bir habitata taşınmasına izin verebilirdi.

[12] İlk uçan böceğin kesin tarihini bilmiyoruz; ancak kanatlı böceklerin 320 milyon yıl öncesinde, Geç Karboniferde bol ve çeşitli olduğunu biliyoruz. Omurgalılar nihayet havaya uçmadan önce, 100 ila 150 milyon yıl veya daha uzun bir süre boyunca böcekler hava yollarının tek mülkiyetini elinde tutmuş olabilir.

Klasikler Asla Eskimez

En eski kanat tarzı –böceğin göğüs bölgesinin üst kısmında bulunan zar kaplı, iskeletsi, yassı bir panel– çok basit ama epey verimliydi. O kadar ki mayıs sinekleri ile yusufçuklar gibi bazı modern böcekler hâlâ bunu kullanıyor. Kanatın ortası, plörondan oluşan bir dayanak üzerinde dengelenir. Kanadın kendisi, yukarı veya aşağı hareket eden bir kaldıraç görevi görür çünkü yalnızca en yüksek ve en alçak konumlarda sabittir. Yukarı doğru hareket, göğüs bölgesinin üst ve alt duvarlarını birbirine bağlayan ama kanada bağlanmayan kaslar tarafından dolaylı yoldan gerçekleştirilir. Sırttan karına doğru uzanan bu uçuş kasları kasıldığında, göğüs düzleşip yassılaşır bu da kanadın kalkmasına neden olur. Eski kanatlı böceklerde (*paleoptera*), kanadın aşağı doğru hareketi, kanadın hemen önünde ve arkasında bulunan küçük plakalara bağlı kaslar tarafından gerçekleştirilir. Bunlara bazen 'doğrudan uçuş kasları' da denir çünkü doğrudan kanada bağlanırlar. Kanadın aşağıya doğru hareketine güç vermekle kalmazlar, farklı kasılmalarla kanadın farklı açılarda eğilmesine neden olup uçuş sırasında çeşitli manevralara da izin verirler.

Mayıs sinckleri ve yusufçuklar, bu eski uçuş düzeneğine sahip böceklerin varlığını bugün dek sürdürebilmiş tek örnekleridir. Fakat bu düzenek ilk evrimleştiğinde hayvanların hareket becerilerindeki en son ve en büyük yenilikti. Kanatlı ilk böcekler; kuşlar, yarasalar veya uçan dinozorlarla rekabete girmek zorunda kalmadan gökyüzünde özgürce uçtular. Geç Karbonifer döneminde, dünyanın yağmur ormanlarının neredeyse tamamı şaşırtıcı bir dizi uçan böcek türüyle doluydu. Bunların neredeyse hepsinin soyu artık tükenmiştir. En dikkate değer örneklerden biri, eski ağ kanatlı böcekler, yani *paleodictyoptera* takımıdır. Adından da anlaşılacağı üzere, bu böceklerin, sırtlarının üzerine katlayamadıkları için daima açık tutmak zorunda oldukları ve ağ benzeri yoğun damarlı bir yapıya sahip eski tarz kanatları vardı. Yine de bu eski ağ kanatlı böcekler, diğer uçan böceklere kıyasla, gökyüzünün daha büyük bir kısmını fethetmiştir diyebiliriz. Nitekim Geç Karboniferden itibaren ve Permiyen döneminin içlerine kadar paleodictyoptera takımı, yirmi bir ailede, en az yetmiş bir cinse ayrılan bir uçan böcekler hanedanı oluşturmuştu. Bu türlerden bazıları çok büyüktü, hatta en büyüğünün kanat açıklığı yaklaşık 56 santimetreydi. Uçamayan atalarına kıyasla kesinlikle devasaydılar ki bu durum eski ağ kanatlıların orman zeminindeki yırtıcılardan başarıyla kaçıp ağaçlarda yaşamakta uzmanlaştıklarını, bunun da onları ağaçlarda yaşayan ilk böceklerden biri haline getirdiğini göstermektedir. Gelecekte çoğu böcek türü, yağmur ormanlarının ağaç tepelerinde yaşamak üzere evrimleşecekti.

Eski ağ kanatlıların başarısı, kısmen, benzersiz bir ağız şekline sahip olmalarından kaynaklanıyordu. Bilinen ilk gerçek otçullar olan bu hayvanlar, bitkilerin ulaşılması daha zor, daha besleyici kısımlarına ulaşmalarına izin veren delici ve emici ağız kısımları (hortum) geliştirmiş ilk uçan böceklerdi. Daha önce hiçbir hayvan grubu böyle bir özelliğe sahip değildi. Bu böceklerin uzun hortuma sahip türleri ve onların nimfleri, bitkilerin yumuşak dokularını delerek veya doğrudan odun borusu ve soymuk borusuna ulaşarak bitki dokuları ve sıvılarıyla beslenebiliyordu. Paleodictyoptera takımına mensup daha kısa ve daha geniş hortumlu türler ise eski bitkilerin gelişen üreme konilerini delerek sıvıyı, sporları ve yumurtacıkları emerek besleniyordu.

Eski ağ kanatlı böceklerin, pteridospermler, kordaitler, likopodlar ve kozalaklı ağaçlar dâhil çeşitli bitkilerle beslendiklerini biliyoruz çünkü ağızlarında ve bağırsaklarında sporlar ve polenler bulunan paleodictyoptera fosilleri mevcut. Ayrıca delinerek ve emilerek hasar görmüş bitkilerin fosilleşmiş kalıntılarını da bulduk. Bunun bir paleodictyopteranın işi olduğu kesindir çünkü o sıralarda etrafta bu izleri bırakabilecek aletlere sahip tek böcek takımı onlardı.[13] İlk bitki urlarına –yani genellikle eklembacaklıların beslenmesinin bitkilerde neden olduğu şekil bozukluklarına– sahip bitki fosilleri de Geç Karbonifere tarihleniyor. Bu urları hangi böceklerin oluşturduğundan emin değiliz –akarların marifeti olabilir– ama bunlar böceklerin bitkilerin içinde beslenirken kendilerini gizlediklerinin de muhtemelen ilk kanıtıdır. Ayrıca, bitki sporları içeren, kelimenin tam anlamıyla fosilleşmiş böcek kakası olan fosil koprolitlerimiz var.[14]

Paleodictyoptera takımına mensup böceklerin birçoğunun kanatlarında renk pigmentleri barındıran desenler bulunuyordu. Bu türler tortul arası fosillerinde ayrıntılarıyla korunmuştur. Kanatlarının renklerini bilmesek de çoğu zaman kalın ve kanadın dokusuyla zıtlık oluşturan çizgiler veya noktalar taşıdığını biliyoruz. Peki, bu işaretler ne anlama gelebilir? En olası açıklama, tıpkı modern yusufçuklarda, çekirgelerde ve kelebeklerde olduğu gibi, bunların olası eşleri tanımakta kullanılan görsel birtakım ipuçları sağlamalarıdır. Gerçi böcekler birçok nedenden dolayı renklenebilirler. Bazı pigmentlerin kamuflaj amaçlı kullanılmış olması da mümkündür. Karbonifer yağmur ormanının üst bitki örtüsü yapraklarında ne tür yaprak işaretlerinin veya renk tonlarının yaygın olduğunu bilmek zor ama paleodictyoptera kanatları yeşil, taba ve sarı renklerin karışımıysa böcekler ağaçlarda dinlenirken yeterince kamufle olmuş olabilir. Yerdeki amfibilerden tamamen kurtulmuş olabilir-

[13] Kanıtlar, paleodictyoptera'nın Karbonifer döneminde evrimleşen tek bitkiyle beslenen böcekler olmadığını gösteriyor. Fosil bitki hasarı ve koprolit kanıtlarına göre diğer beslenme stilleri arasında şunlar bulunur: bitki dokularına ve gövdelerine delik açma, eğrelti otu tohumlarını avlama ve birden fazla Karbonifer bitki türünün dış yapraklarında beslenme (delikten beslenme, kenardan beslenme ve yüzeyi çizme).

[14] Sporlara ek olarak, koprolitler de belirli bitki konakçı türlerine atanabilen mikroskobik bitki dokuları ve odun parçalarını saklar. Koprolitlerin incelenmesi, eski zamanların otçul tüketim kalıpları ve yiyecek ağı hakkında bilgi sağlar.

ler ama yine de ağaca tırmanan akrepler, örümcekler ve kırkayaklarla mücadele etmek zorunda kaldıklarında bu özellik yardımcı olmuştur. Başka bir olasılık aposematik uyarı renklendirmesidir. Birçok modern böcek, zehirli bitkilerle beslenerek zehirli hâle gelir ve bunu yırtıcılara anlatmak için kanatlarında uyarı renkleri geliştirir. Kuşlar ortalıkta yokken bu özelliğin gelişmesi pek olası değil. Ne var ki paleodictyopteran böcekler alçak bitki örtüsü, ağaç gövdeleri veya yosunlu dallar üzerinde ara sıra bir amfibiyle karşılaşmış olabilirler. Dolayısıyla o zaman bile parlak uyarı renkleri geliştirmek için bir seçilim baskısı olmuş olabilir.[15] Başka bir olasılık da depolama ve boşaltma metabolizmasıdır: Bazı böcekler, azotlu atıklarını kanat pigmentlerinde biriktirmek suretiyle vücut dokularından uzaklaştırır (sarı kelebekler en iyi bilinen örnektir). Bitki zehirleri veya omurgalı yırtıcı hayvanlar ortalıkta olmasa bile Paleodictyopteranın kanatlarında parlak sarı veya turuncu renkler olabilir. Belirtmek istediğim nokta basitçe şu: Karbonifer dünyasının deseni, rengi ve güzelliği vardı. O eski dönemin tutucu tasvirleri bunu genellikle gözden kaçırıyor. Kömür çağından kalma bataklıkları resmeden birkaç müze panoramasını incelediğinizde bunların her zaman genellikle bir örümcek, dev bir yusufçuk ve belki bir hamamböceğini ve bulutlu, sıkıcı, yeşil ve kahverengi bir dünyayı tasvir ettiğini görürsünüz. Asla paleodictyoptera takımına mensup böcekleri göremezsiniz. Bu bataklıkları, birçoğu kesinlikle bize çok güzel görünecek rengârenk böceklerin üzerinde uçtuğu ışıltılı bir peri diyarı olarak düşünmeyi tercih ederim.

[15] Karbonifer bitkilerinin kimyasal savunmaları hakkında sınırlı bilgimiz var. Fenoller, alkaloidler ve tanenler gibi modern bitkilerde yaygın olarak kullanılan kimyasal savunma türleri, fosilleşme sırasında yan ürünlere dönüşür ve kurtarılamaz. Bununla birlikte, bazı Karbonifer tohum eğrelti otlarının fosilleri, Smithsonian Enstitüsü paleontologu Conrad Labandeira'ya göre, muhtemelen böcekleri caydırıcı bileşikler olarak kullanılan benzersiz ikincil kimyasal bileşikleri koruyan reçineler içerir.

Şekil 5.2. Soyu tükenmiş bir Karbonifer paleoptera böceği olan Homoioptera gigantea'nın (Paleodictyoptera takımı) fosilleşmiş paranotal lobları ve desenli ön kanatları. (Fotoğraf: Olivier Bethoux. © MNHN–Olivier Bethoux)

Vay Be, Ne Kadar Büyük Kanatların Var!

Eski ağ kanatlı böcekler, orman tabanındaki kara yırtıcılarının çoğundan kaçarak muhteşem bir başarı sergilemiş olabilirler ama artık soyu tükenmiş olan *protodonata* takımından yusufçuk benzeri dev meganisoptera gibi böcek avcılarıyla mücadele etmek zorunda kaldılar. Geç Karbonifer döneminin en göz alıcı hayvanları arasında yer alan meganisoptera, gerçek yusufçuklardan değildi, onlara benzeyen bir gruptu. Bir meganisoptera ailesinin üyeleri (tropikal meganeuridae ailesi), gelmiş geçmiş en büyük böceklerdir. Permiyen zamanlarında, *meganeuropsis permiana*'nın kanat açıklığı 71 santimetreye ulaşırken, diğer meganeurid türlerinin çoğunun kanat açıklığı yaklaşık 10 ila 33 santimetre arasında oluyordu. Bu ejderhaların keskin, güçlü çeneleri ve avlarını sıkıca kavramalarına izin veren dikenli ön ayakları vardı. Belki çok hızlı veya usta uçucular değillerdi ama paleodictyopterayı, mayıs sineklerini ve diğer uçan böcekleri havada kolayca yakalayabiliyorlardı. Muhtemelen bitki örtüsünün açıkta kalmış kısımlarında beslenmeye çalışan paleodictyoptera nimflerini de, erişkinlerini de kapıp götürüyorlardı. Kuşlar, yarasalar, pterozorlar ve diğer uçan omurgalıların yokluğunda, gökyüzünün baskın yırtıcısı bu Paleozoik dev meganisopteraydı. Dolayısıyla Karbonifer ve Permiyen dönemi böceklerinin kanat desenleri ve renklerinin evrimini yönlendirmiş seçilim baskısının da ana sebebi muhtemelen bu yırtıcılardı.

Bazı araştırmacılar, dev uçan böceklerin, havadaki oksijen seviyesinin artmasıyla birlikte ortaya çıktıklarına dikkat çekmişlerdir. Havadaki oksijen seviyesi Kambriyenden Devoniyene kadar %15 civarında kalmış, Geç Karboniferde ciddi bir artış göstererek %35'e çıkmıştır. Permiyenin sonundaysa %15'lere gerilemiştir. Havadaki oksijen seviyesinin en yüksek olduğu zaman dilimi dev uçan böceklerin çağına denk geldiği için ikisi arasında ilgi kurmak bize cazip gelebilir. Bilim insanları, bu kadar büyük böceklerin devasa uçuş kaslarını çalıştırmak için daha yüksek oksijen seviyelerine ihtiyaç duyduklarını ve trake sistemlerinin genişlediğine dair bazı kanıtların olduğunu öne sürmüşlerdir. Karbondioksit de Karbonifer döneminin başlangıcında yükselmiş ama Permiyen boyunca neredeyse günümüz seviyelerine düşmüştür. Bu nedenle o sıralar havanın daha kesif ve daha akışmaz olduğu, bununsa uçuşu biraz daha kolaylaştırdığı da öne sürülmüştür.

Bu fizyolojik argümanların bazı sorunları olabilir. Oksijen, trake ağlarından difüzyon yoluyla böcek hücrelerine ulaştığından, bunun böceklerin ulaşabilecekleri en büyük boya bir sınır getirdiğini varsayıyorlar. Fakat böceklerin havayı, karın bölgelerini kasarak soluk borusu sistemlerinden zorlayıp vücutlarının derinliklerindeki hücrelere pompalayabildiklerini de burada belirtmek gerekiyor.

Ayrıca, dev meganisopteranın metabolik gereksinimlerinin gerçekte ne olduğunu da bilmiyoruz. Onlar en büyük yırtıcılardı ve başka hiçbir canlı tarafından kovalanmıyorlardı. Mayıs sinekleri gibi avlar ve paleodictyopteranlar muhtemelen yavaş kanat çırpıyorlardı. Bu nedenle dev meganeuridlerin çok hızlı uçtuğunu düşünmek için hiçbir neden yok. Yavaş, tembel bir uçuş düzenleri varsa pekâlâ şahin güveleri gibi bazı büyük modern böceklerden bile daha az oksijene ihtiyaç duymuş olabilirler. Dikkate alınması gereken başka bir nokta da modern yusufçukların ve dev meganeuridlerin de muhtemelen çok hafif olduklarıdır. Bir yusufçuğun vücudunun büyük bölümü çok incedir ve gazla dolu çok sayıda trakeye sahiptir. Bu da bir yusufçuğun hem yumurta bırakırken suda yüzmesine hem de daha kolay uçmasına yardımcı olur. Dahası, kanat açıklığı bu kadar fazla olan modern böcekler yoktur ama çok iri bazı modern böcekler vardır. Afrika'nın en ağır erişkin böceği olan golyat böceğinin ağırlığı 100 grama kadar çıkabilir. Göğüs bölgesi de dev bir yusufçuğunkinden daha kalındır. Bu kınkanatlı böcek muhtemelen bir meganeuridden, yani uçan ejderhadan daha ağırdır, hatta belki misliyle ağırdır. Üstelik golyat böcekleri, günümüzde havadaki oksijen seviyesi %21 civarında olmasına rağmen gayet iyi uçabilmektedirler.

Oksijen, uçan ejderhalarının irileşmesini teşvik etmiş olabilir ama muhtemelen tek etken bu değildi. Böceklerin dış iskeletlerini düzenli olarak değiştirerek geliştiklerini unutmamak gerekiyor. Dolayısıyla herhangi bir böceğin bir meganisoptera kadar büyümesi için bir dizi gömlek değiştirme sürecinden geçmesi gerekir ve bu süreçlerin her biri sırasında yırtıcılara karşı son derece savunmasız olacaktır. Bu nedenle herhangi bir dev böceğin büyümesi, erişkin olmayan bireylerin büyük ölçüde yırtıcılardan uzak bir ortamda yaşamasını gerektirir. O halde erişkin olmayan dev meganisopteralar nerede büyüdü?[16] Erişkin olmayanların, solungaçlarla nefes alan (modern yusufçuklarınki gibi) tatlı su nimfleri olduğunu; mayıs sineği nimfleri veya suya düşen diğer böcekler gibi bol miktarda yiyecek bulabildikleri bataklıklar ve gölcüklerde beslenen yırtıcı hayvanlar olduklarını tahmin ediyoruz. Modern yusufçuk nimfleri gibi, muhtemelen onlar da balık ve amfibi yumurtaları, küçük balıklar ve amfibi iribaşlarıyla da besleniyorlardı. Karbonifer dönemindeki durumu bir düşünün: Çenesiz tatlı su balıkları iç kısımlardaki göllere ve gölcüklere yayılıyordu ama avantaj uçan ejderhalardaydı. Uçabildikleri için, dişileri iç kesimlere balıklardan daha rahat ulaşıyor ve balıkların kolay kolay kolonize edemeyeceği gölcükleri ve bataklıkları geçici olarak işgal edebiliyorlardı. Meganisopteralar balıklardan önce karanın içlerindeki göletlere de uçabiliyorlardı. Balıklar o göletlere vardıklarında yumurtalarını açgözlü meganeurid nimfleriyle dolu havuzlara bırakmak zorunda kalıyorlardı. Birçok büyük modern yusufçuk türünün nimfi, tortullar ve döküntüler içinde saklanabilir. Belki meganeuridler de benzer şekilde kendilerini gizleyebiliyorlardı. Belki de büyüdükçe gömlek değişimlerini tamamlamak için dipteki tortulların içine girdiler. Havuzlarda yaşadılarsa sıvı ortam onların çoklu geçiş evrelerini kolaylaştırmış olabilir. Böyleca sadece kanat gelişimi tamamlanmış erişkinlere dönüşmek için son kez gömlek değiştirdiklerinde ortaya çıkmış olacaklardı. Ardından tek düşmanlarının birbiri olabileceği orman üst bitki örtüsünün görece güvenliğine doğru uçabilirlerdi.

[16] Burada cüretkâr bir varsayımda bulunuyorum. Olgunlaşmamış meganisoptera sineklerinin nerede yaşadığına dair fosil kanıtı çok az. Modern yusufçuklar gibi tamamen sucul olabilirler veya nemli orman çalıları içinde karasal veya yarı sucul olabilirler. Ormanların kırkayaklar, örümcekler, akrepler ve amfibiler gibi çeşitli potansiyel yırtıcı hayvanlarla dolu olduğunu biliyoruz. Bana öyle geliyor ki erişkin bir meganisoptera sineği kadar büyük ölçüde büyümek için, genç birey bir şekilde korunaklı bir habitatta yaşamış olmalı. En azından tatlı su havuzlarında örümceklerden, kırkayaklardan ve akreplerden uzak durabilirdi, bu yüzden orada gelişmesi çok daha olası görünüyor.

Şekil 5.3. ABD'nin Oklahoma eyaletinden bulunan yaklaşık 280 milyon yaşındaki alt Permiyen kayalarından çıkan Meganeuropsis permiana'nın (Protodonata takımı) devasa bir fosil kanadı. Bu kanadın uzunluğu 33 santimdir. (Fotoğraf: Frank Carpenter. Karşılaştırmalı Zooloji Müzesi, Harvard Üniversitesi. © Harvard Koleji Başkanı ve Üyeleri.)

Eski Köye Yeni Âdet

Geç Karbonifer döneminde dev meganisoptera sinekleri, lezzetli ama yakalaması eski ağ kanatlılardan daha zor olan yeni bir böcek türünün peşine düşmeye başladılar. Neoptera ya da yeni kanatlı böcekler, daha hızlı uçuyorlardı ve kanat tabanlarının yakınındaki zarda 'kanat altı kabuğu' denen eklemli iskelet plakaları sayesinde benzersiz bir numara yapabiliyorlardı: Bu plakalar, paleopteranlar arasında asla mümkün olmayan, kanat yönlendirme hareketlerine izin veriyordu. Yani bir neopteran böcek bir bitkiye konduğunda uçmayacaksa kanatlarını köklerinden büküp vücudunun üzerine geri katlayabiliyordu. Bu da neopteraları kanatlarını sürekli olarak uçurtma gibi açık tutan eski böceklerden çok daha küçük hale getiriyordu. Bu etkileyici ve kullanışlı numara, ön ve arka kanatların ayrı ayrı özelleşmesine izin vererek gelecekteki böceklerin evrimi için de sayısız yeni olanakların kapısını aralayacaktı. Kanatları bükme becerisi taş sinekleri, çekirgeler, eşkanatlılar, kınkanatlılar, dantelkanatlılar, kelebekler, arılar, adi sinekler ve diğer birçok modern böceğin gelecekteki evrimini olanaklı kıldı.

Neopteralardan bazıları hızlı da yürüyordu. Bir yere konduktan sonra kanatlarını ustaca katlayıp kaldırıyor, hemen bir yaprağın altına veya çatlaklara ve yarıklara koşarak kendilerini uçan ejderhaları için zorlu hedefler haline getiriyorlardı. Bu o kadar başarılı bir uyarlanmaydı ki siz daha ağzınızı açıp "hamamböceği" bile diyemeden tropik dünyaya musallat olmuşlardı bile. Karbonifer döneminde birkaç yeni kanatlı böcek grubu ortaya çıktı ama bu çağın en başarılı grubu hamamböcekleriydi (*blattaria* takımı). Geç Karbonifere kadar 800'den fazla türü vardı ve bunlar bilinen Karbonifer böceklerinin yaklaşık %60'ını oluşturuyordu. Bunlar modern hamamböceği türlerinden biraz farklıydılar: Uçabiliyorlardı ve dişilerinin kuyruğa benzeyen bir yumurtlama kanalı, yani ovipozitörü vardı. Yine de onları hâlâ hamamböcekleri olarak sınıflandırıyoruz. Ulaştıkları tür çeşitliliğini göz önüne aldığımızda Karboniferi 'hamamböcekleri çağı' olarak adlandırsak belki daha iyi olurdu.[17]

[17] Bazı böcek paleontologları, Karbonifer hamamböceklerinin, modern hamamböceklerinden önemli ölçüde farklı olduğunu düşündüklerinden bu canlılara 'Paleozoik hamamböcekleri' veya 'yumurtlayan hamamböcekleri' adını verirler. Bu terminoloji kullanışsızdır. Bu yüzden daha tanıdık terimler kullanmayı ve tüm eski türlere basitçe 'hamamböceği' adını vermeyi tercih ettim. Bazı önemli yönlerden modern hamamböceklerinden farklı olmalarına (örneğin görünür bir ovipozitörleri vardır) rağmen Karbonifere geri dönebilseydik onları hamamböcekleri olarak kolayca tanır, muhtemelen o yeri de hamamböceklerinin istila ettiği devasa bir bataklık ilan ederdik.

Şekil 5.4. Soyu tükenmiş bir üst Karbonifer neoptera böceği olan Protodiamphipnoa gaudryi'nin göze benzer beneklere sahip katlanmış ön kanatları. (Fotoğraf: Olivier Bethoux. © MNHN–Olivier Bethoux.)

Hamamböcekleri, çoğunlukla aralarındaki birkaç rezil birey nedeniyle kötü bir üne sahiptir: Hani şu evlerimizi ve apartmanlarımızı istila eden birkaç kötü haşere türü yüzünden. Ama lütfen genel izleniminizi sadece bu birkaç türe dayandırmayın. Bugünkü yağmur ormanları çok çeşitli alışkanlıklara sahip binlerce hamamböceği türüne ev sahipliği yapar. Bunların çoğu, yerde, yaprak döküntülerinde veya kütüklerin altında yaşar ama birçoğu da ağaç gövdelerinde veya ormanın üst bitki örtüsünde yaşar. Bazıları kördür ve mağaralarda yaşar, diğerleri yarı suculdur ve akarsuların kenarında veya ağaçların tepesindeki ananasgillerde su tanklarında yaşar.

Çoğu gececidir ama gündüzleri faal olup parlak güneş ışığını tercih edenleri bile vardır. Geceleyin faal olan türler farklı zamanlarda hareket edebilirler: bazıları akşamın erken saatlerinde, bazıları gece yarısı civarında ve diğerleri şafaktan önce. Modern hamamböcekleri orta derecede hepçildir ve yağmur ormanlarının zemininde yaprak döküntülerinin ve organik maddelerin ayrışmasında ve besin döngüsünde önemli bir rol oynarlar. Bugün var olan birkaç hamamböceği türünün tropik bitkileri tozlaştırdığı da bilinmektedir.

İlk hamamböceklerinin birçoğunun küçük ve yumuşak gövdeli böcekleri avladığı ya da ölü böceklerin, muhtemelen dev uçan ejderhaların leşlerini yedikleri düşünülmektedir. Fosilleşmiş dışkılarının bolluğuna dayanılarak, diğer birçok hamamböceği türünün tortucul olduğu bilinmektedir ve modern hamamböcekleri gibi, yaprak döküntülerinin hızlı ayrışmasında değerli bir rol oynadıkları düşünülmektedir. Odun hamamböcekleri, bağırsak mikroorganizmalarıyla simbiyotik bir ilişki geliştirip ölü odunun ilk etkili makro tüketicisi oldular. Dahası akrepler, örümcekler, kırkayaklar, balıklar, amfibiler, sürüngenler ve uçan ejderhalar dâhil bir dizi yırtıcı hayvan için en bol besin kaynağıydılar. Böylece, hamamböceklerinin gelişiyle organik moleküllerin döngüsünde önemli bir dönüşüm gerçekleşti. Jeolojik tortulaşma ve kaya oluşumu döngüsünden, bitki kalıntılarından oluşan daha fazla biyokütle çıktı ve küçük hayvanlar bunları geri dönüştürerek canlılar dünyasına tekrar kazandırdılar. Büyük kömür çağı sona eriyordu.

◆◆◆

Yaklaşık 299 milyon yıl önce, Geç Karboniferde güneş nemli ovalarda dev atkuyruğu, tohumlu eğrelti otları ve eski kozalaklı ağaçlardan oluşan yağmur ormanlarının üzerinde doğdu. Bataklıklardan buhar yükselirken, koşan hamamböcekleri kanatlarını katladılar ve yaprak döküntüsüne yuva yaptılar. Rengârenk eski ağ kanatlılar sabahın erken saatlerinde ormanın üst bitki örtüsünde güneşleniyor, ısıyı emiyor ve havada çırpınıyordu. Parıldayan titrek ve incecik kanatlarıyla uçan ejderhalar avlanmak üzere uçuşa geçtiler. Aşağıda, hâlâ gölgelerin vurduğu kıyılarda, amfibiler iç geçirerek ağaçların tepelerine baktılar ve bir sonraki öğünlerini düşündüler. Kıyı şeridinde sabah güneşinin tadını çıkaran, henüz bahsetmediğim yeni bir hayvan daha vardı: Karbonifer döneminde, kertenkele benzeri omurgalılar evrimleşmişti. Bu dönemin sonunda, çoğunlukla balık ve amfibi eti yiyen büyük sürüngen türleri ortaya çıktı ama küçük olanlarının da buldukça böcek yeme fırsatını kaçırmadığından emin olabilirsiniz. Yine ne zaman büyük bir mayıs sineği bulutu ortaya çıksa tüm amfibilerle sürüngenlerin alçak bitki örtüsünün üstünde vaziyet alıp ziyafet çektiklerinden emin olabilirsiniz.

Aç sürüngenler kömür bataklıklarının kenarlarında devriye gezerken Karboniferin sonuna geliyorduk. Dünya gittikçe kuraklaşıyordu ve kömür bataklıkları azalırken kozalaklı ağaçlar gelişiyor, karanın manzarasını değiştiriyordu. Böcekler en önemli özelliklerinden bazılarını geliştirmişlerdi (kanatlar ve onları karmaşık bir şekilde esnetme yeteneği) ama şimdi Permiyen zamanları yaklaşırken, daha da şaşırtıcı icatlar çıkarıyorlardı. Permiyen döneminde, sırtı yüzgeçli dev sürüngenler kıyılara hâkim oldu, uçan böcekler daha önce hiç olmadığı kadar çeşitlendi, gelmiş geçmiş en büyük böcekleri hava yollarında devriye gezdi ve karmaşık başkalaşım böcekler arasında yaygınlaştı. Fakat Permiyen dönemi yalnızca evrimsel yenilikleri nedeniyle değil, dünyadaki yaşamın tarihi için de çok önemli bir dönemdir. Permiyenin sonu, yaşamın gördüğü en büyük değişikliği işaret ediyor: ne daha önce ne de daha sonra eşi veya benzeri görülmüş, kitlesel soy tükenişleri. Bu felaketi, birçok böceğin bu felakete rağmen nasıl hayatta kaldığını anlamak, neden gezegeni böceklerin yönettiğini açıklamada en önemli anahtar olabilir.

6

PALEOZOİK SOYKIRIM

Permiyenin sonundaki kitlesel soy tükenişi, karmaşık hayvanların ortaya çıkmasından bu yana gerçekleşen olaylar arasında yaşamın tarihi üzerinde en derin izleri bırakmış olanıdır.
DOUGLAS H. ERWIN, "The Mother of Mass Extinctions"

Peki son 600 milyon yıll içindeki, hatta belki de yaşamın tarihindeki en büyük kitlesel soy tükenişine ne sebep oldu? Kısa cevap: Bilmiyoruz ya da en azından ben bilmiyorum... Alvarez-çarpma hipotezinin ardından, çoğumuz bu tür olaylar için bir açıklama olarak çok büyük etkiye sahip tek bir büyük nedeni tercih ediyor gibiyiz. Kayıtlı tarih hakkındaki bilgimiz bize böyle bir görüş için çok az destek sağlıyor. Açıkçası bu zor bilmeceye böylesine temiz ve düzenli bir çözüm bulabileceğimizden emin değilim.
DOUGLAS H. ERWIN , *Extinction*

Bilimin amacı, karmaşık gerçeklerin en yalın açıklamasını aramaktır. Gerçeklerin yalın olduğu yanılgısına düşmeye meyilliyiz çünkü yalınlığı arıyoruz. Her doğa filozofunun şiarı şu olmalıdır: Yalınlığı arayın, yalın olana bel bağlamayın.
ALFRED NORTH WHITEHEAD, *Doğa Kavramı*

Çocukluğumdan iki film janrı bana Permiyen zamanlarını hatırlatıyor. Birincisi dev eklembacaklıların başrolünde olduğu gerilim filmleri. Bu filmler artık eskisi kadar revaçta değil ama siz de muhtemelen birini veya birkaçını izlemişsinizdir. Radyasyon sızıntısı nedeniyle mutasyona uğramış dev karıncaları konu edinen 1955 tarihli gerilim filmi *Yeryüzüne Hücum* bunun klasik örneğidir. Bu film dev eklembacaklıları konu edinen ilk gerilim filmiydi ve bence en iyilerinden biriydi. Yıllar içinde buna benzer sayısız film çekildi. En iyisinin hangisi olduğu elbette size kalmış: Arabalı sinemalarda gençleri dehşete düşüren dev *Tarantula*[1] veya tankları yiyebilecek kadar büyük yırtıcı peygamberdevelerini anlatan *The Deadly Mantis* ve kanat çırpışları Japonya'daki ofis binalarını savuracak kadar güçlü rüzgârlar yaratan güvelerden bahseden *Mosura* [*Mothra*] da vardı. Elbette, icat ettiği ışınlama cihazına sinek girince vücuduna sineğin vücut parçaları karışan, talihsiz mucidin hikâyesini anlatan ve bu alanda en sevilen filmlerden biri olan *Sinek* de sayılmalı. *Sinek*, Hollywood'un yeniden çekerek onurlandırmaya değer gördüğü dev eklembacaklı gerilim filmlerine belki de tek örnek. Son olarak, daha yakın tarihli ama çok ünlü *Yaratık* filmleri de var. İzlerken belki farkına varamayacak kadar korkmuşsunuzdur. Bu uzaylı, bir eklembacaklının tüm temel özelliklerine sahipti: sert dış iskelet, segmentli gövde, eklemli uzantılar, gömlek değiştirme, başkalaşarak gelişme ve ayrıca erişkin olmayan bir yusufçuktakilere benzeyen, uzatılabilir ağız parçaları.

İkinci türse ben çocukken çok revaçta olan cinayet filmleridir. Agatha Christie'nin klasik romanları ve *Şark Ekspresinde Cinayet* ve *On Küçük Zenci* gibi film uyarlamaları bu türe giriyor. Alfred Hitchcock'un *Sapık* ve *Arka Pencere* filmlerini kim unutabilir? Haftalık televizyon programı *Perry Mason*'ın seveni çoktu, şu an *CSI: Miami* ve *Law and*

[1] Film meraklıları, Clint Eastwood'un ilk çıkışını bu filmde dev mutant örümceği yok eden roketi ateşleyen kahraman savaş uçağı pilotu olarak yaptığını hatırlayabilirler.

Order gibi dizilerin gördüğü yoğun ilgiye bakılırsa ABD'nin gizemli cinayetleri çözme isteği azalmamış gibi görünüyor.

Şansımıza dünyada *Yeryüzüne Hücum* veya *Kan İçen Çekirge*'deki kadar büyük böcekler yok ve neyse ki insanlar *Yaratık* kadar büyük iç asalaklara sahip değiller. Ama bundan yaklaşık 299 milyon yıl önce, Permiyen döneminde, böcekler devasa boyutlara ulaştılar. Belki bu filmlerdeki kadar büyük değildiler ama yine de bugün yaşayan herhangi bir canlıdan çok daha büyüktüler. Bu dev böceklerin var olması ilginç soruları gündeme getiriyor: Neden yaşadılar? Neden daha bu böcekler daha fazla büyümedi? Permiyen ayrıca bir dizi çözülememiş gizemli cinayet de barındırıyor. Dev böcekler yine o dönemde öldüler ve sonsuza dek ortadan kayboldular. Dahası Permiyen dönemi sırt yüzgeçli dev sürüngenlerin yükselişini, düşüşünü ve trilobitlerin soyunun tamamen tükenişini de gördü. Fakat bu canlılar ölürken yalnız değillerdi. Permiyen döneminin sonu, o ana kadar yaşayan türlerin çoğunun öldüğü, yaşamın tarihindeki en büyük soy tükenişleriyle bilinir. Bu olay, gelmiş geçmiş en büyük faili meçhul cinayettir.

Olay Yeri İnceleme ve Ölüm Zamanını Belirleme

Permiyenin ilk yıllarına geçiş yumuşak olmuştu. Karbonifer döneminin bitki ve hayvanlarının çoğu gelişmeye devam ettiler ve sırtı yüzgeçli dev sürüngenler Orta Permiyene kadar öne çıktılar ki bunların arasında, çoğunlukla balık ve amfibilerle beslenen dev *dimetrodon* da bulunuyordu. Fakat bu hayvanlar hele de gençken, muhtemelen böcekleri de yediler. Yüz kiloluk büyük bir *Dimetrodon* bile sudan yeni çıkmış, henüz uçamayan körpe bir uçan ejderha nimfini yemek için işini gücünü bırakırdı. Sırtı yüzgeçli büyük sürüngenler, Erken Permiyen döneminin kıyı şeritlerine egemen oldular ama Orta Permiyen yıllarında, ilk sıcakkanlı hayvanlar olan Kazaniyen dönemi protomemelileri ve tekodont sürüngenleri dahil olmak üzere yeni büyük omurgalı türlerinin sahneye çıkıp onları ekolojik açıdan yerleriden ettiler.

Şekil 6.1. ABD'nin Kansas eyaletindeki Permiyen kayalarından, güzel desenli bir Dunbaria fasciipennis (Paleodictyoptera takımı) fosili. Bu paleoptera (eski kanatlı) böcek takımı, Permiyen yok oluş olaylarında nesli tükenen türlerden bir tanesi. (Fotoğraf: Frank Carpenter. Karşılaştırmalı Zooloji Müzesi, Harvard Üniversitesi. © Harvard Koleji Başkanı ve Üyeleri.)

Sadece birkaç milyon yıl içinde, protomemelilerin çeşitliliğinde bir patlama yaşadı. Bunlar gürültülü ve vahşi hayvanlardı. Bambaşka biçimde koşabiliyor, zıplayabiliyor, kapabiliyor ve ısırabiliyorlardı. İlk önce zayıf, hızlı, köpek büyüklüğünde yırtıcılarla tepeleri keşfe çıktılar ama protomemeliler siz daha ağzınızı açıp "Dimetrodon bifteği, kilosu bir lira!" diye çığıramadan çeşitlenip her türlü kara ekosistemine yayılmışlardı bile. Büyük ve baskın yırtıcılar olan kubbe başlı Kazaniyen protomemelileri, kemikli kafataslarına sahiplerdi, kükreyebiliyorlardı ve korkunç görünen kafaları kıvrımlıydı. Ayrıca böceklerle beslenen düzinelerce küçük tür de vardı. Eklembacaklılara yönelik bir sürek avı başlamıştı. Yani yaylalardaki çayırlarda önce eşkanatlılar bitki özsularını emmiş, önce kınkanatlılar kütükleri çiğnemişse de cesur yeni dünyanın kapıları artık omurgalılara açılmıştı. Daha önce hiçbir kara habitatı bu kemikli canlıların bu kadar çeşitlendiğine tanık olmamıştı. Ama o andan yaklaşık 10 milyon yıl sonra Kazaniyen canlıları da kenara itilecek ve yepyeni bir protomemeli dalgası Permiyen ormanlarına dehşet salacaktı: tatar protomemelileri hanedanı. Eski kubbe başların yerini vahşi çift uzun dişliler almıştı. Permiyen çayırları ve ormanlarındaki büyük hayvan nişlerine bir kez daha sıcakkanlılar hâkim oldu ve bir kez daha bu canlıların küçüklerinin çoğu, muhtemelen böceklerle besleniyordu. Bundan yalnızca birkaç milyon yıl sonra, bu kez Permiyen sonundaki kitlesel soy tükenişi günlerinde, tatar protomemelileri de güç kaybetti.[2] Genel olarak, omurgalı ailelerinin yaklaşık %70'i o dönemde ortadan kayboldu.

Permiyen, anatomik formlarla yapılan deneyler konusunda olmasa da böcek türlerinde ünlü Kambriyen patlamasını bile geride bırakan şaşırtıcı bir çeşitliliğin ortaya çıktığı bir dönemdi. Bu, takım düzeyinde en büyük çeşitliliğin görüldüğü jeolojik zaman aralığıdır (en az 22 böcek takımı vardı ki bu şimdikinden bile fazladır). Hatta eski kanatlı böcekler, emsali ne önce ne de sonra görülmüş bir çeşitliliğe ulaş-

2 Bu gelişen sıcakkanlı dramasına ilginç derkenar düşmeli: Bu sıralarda, artık soyu tükenmiş olan Diaphanopterodea takımının bazı küçük böcekleri uzun, ince ağız parçalarıyla evrildi; bunların bazıları sivrisinekleri andırıyordu. Bu, böceklerin kan emebileceğine ilk örnek. Aynı zamanda şunu da söylemeli: Sıcakkanlılığın ortaya çıkması belki de tesadüfen değil. Belki böceklerin saldırmasından. Sadece tahmin yürütüyorum, ama eski kan emici böcekler, ilk memeli sürüleri arasında hastalık mı yaydı acaba? Canlı sivrisineklerin iki yüzden fazla türde kan yoluyla bulaşan hastalık bulaştırdığı bilinmektedir; bu nedenle diafanopteroidler gibi Permiyen kanla beslenen böceklerin tatar protomemeli sürüleri arasında ölümcül hastalıklar bulaştırmış olabileceği kesinlikle akla yatkın.

mışlardı.[3] Permiyen yıllarında ortopteroid böceklerin ilki, ilk-cırcır böcekleri ve ilk-çayır çekirgeleri de görüldü: yani hemipteroit böceklerin ilki, gelişmiş sifon ağızlarına sahip gerçek eşkanatlılarla tam başkalaşım geçirebilen ilk böcekler (kınkanatlılar, dantel kanatlılar, akrep sinekleri ve şayak sinekleri). Bununla birlikte, bu dönemde böcek tarihinin en büyük soy tükenişleri yaşandı. Permiyenin 22 böcek takımından 11'inin nesli artık tükenmişti: Görünüşe göre sekizi dönemin sonunda tamamen yok olurken, diğer üçü ciddi bir düşüşe geçmiş ve Erken Triyasla birlikte ortadan kalkmıştır.

Bitkilerin durumu da daha iyi değildi. Eski Karbonifer ve Permiyen florası kaybolup gitti. Eğrelti otlarının tohumları, dev atkuyrukları, ağaç benzeri likopodlar ortadan kayboldu; uzun eğrelti otları boy ve çeşitlilik açısından büyük ölçüde azaldı. Daha önce nadiren görülen bitkilerse daha kurak Mezozoik yaylalarına hükmetmek üzere çevre değiştirdi. Bunların arasında uzun kozalaklı ağaçlar, bol bulunan sikadlar, ginkgolar ve çalılıklardaki yeni tür kısa eğrelti otları vardı.

Kara topluluklarındaki değişiklikler, günümüzden bakıldığında ciddi değişiklikler olsa da, okyanus topluluklarındaki değişikliklere kıyasla daha kademeli gerçekleşmiş görünüyor. Aslında, nispeten ani gerçekleşen bir Geç Permiyen soy tükenişi olayına en iyi örnek, okyanus resiflerinin sakinlerinin başına gelenlerdir. Buna dair kanıtlarımızsa deniz fosil tortullarında iyi korunmuş Permiyen ve Triyas topluluklarından gelmektedir. Bu fosiller bize trilobitlerin sonuncusu dâhil olmak üzere, okyanusta yaşayan türlerin %90'ından fazlasının neslinin tükendiğini gösteriyor.[4] Denizlerde yaşayan bazı

[3] O zamanlar takım çeşitliliği daha çoktu çünkü Permiyen, zamanla çeşitlenen ve yok oluştan hayatta kalan nesillere sahip sonraki sayısız soylara ek olarak, ağır ağır kaybolan Karbonifer soylarının bileşimiydi. Bu hayatta kalanlar, günümüzde gelişen modern böcek faunasının çekirdeğini oluşturdu.

[4] İkinci Bölümde konuştuğumuz gibi, trilobitler Kambriyen döneminde ortaya çıktı ve o zaman en çeşitli türlerdi. Paleozoik dönem tortullarında diğer deniz gruplarına göre daha az bulunur oldular. Yine de tüm çağın sembolü olarak trilobitleri seçtim çünkü o zaman boyunca varlığını sürdürdüler; ancak

gruplar, özellikle de trilobitler, dönemin sonundan çok önce azalmaya başlamıştı ama Permiyen sonunda yaşanan olaylar onların tabutlarına çakılan son çivi oldu. Okyanus resiflerinin eski tür zenginliğini ve ekolojik karmaşıklık seviyelerini geri kazanmaları milyonlarca yıl alacak, Triyasın ortalarını bulacaktı. Toparladıklarında ise yeni Mezozoik resif toplulukları modern deniz ekosistemlerine daha benzer hâle gelmişlerdi. Trilobitler, Petoskey mercanları ve dev deniz akrepleri sonsuza dek yok olmuşken, dallıbacaklı lamba kabukluların ve deniz zambaklarının çeşitliliği de hızla azaldı.

Permiyende yaşanan soy tükenişleri en büyük faili meçhullerdir: Zaten birileri olağandışı bir şeyler döndüğünü fark edip soruşturma başlatana dek olayın üzerinden 252 milyon yıl geçecekti. Bizim penceremizden bakıldığında, Permiyen ile Triyasın yaşam toplulukları arasındaki farklılıklar çok büyük çaplı ve birden bire ortaya çıkmış gibi görünüyor. Oysa bir zamanlar bunların gerçekleşmesinin milyonlarca yıl aldığı düşünülüyordu. Gerçekten öyle olduysa bile ciddi ve ani değişimler de mevcuttu. Hâlâ bu değişikliklerin ne kadar hızlı meydana geldiğini inceliyoruz. Fakat Permiyenin sonunda yaşanan soy tükenişlerinin tek ve anlık bir olay olmadığı, biraz daha uzun bir zaman aralığına, belki de 50 ila 100 bin yıl arasında bir süreye yayılmış bir süreç olduğu yönünde görüş birliği artıyor. Bu soy tükenişleri ister yavaş ister hızlı gerçekleşmiş olsun, Geç Permiyen döneminde kesinlikle çarpıcı bir kargaşanın ve kitlesel ölümlerin yaşandığı ve hızla yeni bir yaşama geçildiği görülmektedir. Permiyenden Triyas yıllarına kadar bitki ve hayvan topluluklarında yaşanan soy tükenişleri ve değişimler o kadar olağanüstüdür ki dünyanın katmanlarını adlandıran jeologlar, zamanın bu noktasında özel bir çizgi çekmeye ve jeolojik dönemleri ayrı yaşam dönemlerine

Mezozoik veya Senozoik tortullarda hiç görünmüyorlar. Permiyenin sonu için dallı bacaklılar, yosun hayvancıkları ve deniz zambağı fosilleri, o zamanlar daha yaygın oldukları için daha iyi jeolojik belirteçlerdir. Geç Paleozoikte trilobit tür çeşitliliği çok düşüktü, bu yüzden belki de yok olmaları kaçınılmazdı.

ayırmaya karar verdiler. Şimdiye kadar tartıştığımız tüm dönemler (Kambriyen, Ordovisyen, Silüryen, Devoniyen, Karbonifer ve Permiyen) Paleozoik dönem, yani 'eski yaşamın çağı' olarak bilinen tek bir zamanın adı altında birleştirildi. İkinci dönem olan Mezozoik ise dinozorların zamanı olan Triyas, Jura ve Kretase dönemlerini kapsıyor.

Şüpheliler

Permiyen sonundaki soy tükenişlerini açıklamak için ortaya atılan çeşitli hipotezlerin kısa bir listesini sunalım: Kaynaklar için etkili bir şekilde rekabet edemeyen eski hayvanların yerini alan yeni hayvan türleri gelişti. Daha kurak iklimlere daha iyi uyum sağlayan yeni bitki türleri ortaya çıktı. Otçul böceklerin Paleozoik konaklarıyla birlikte soyları tükendi; bu canlılar yeni bitkilerle beslenmeye uyum sağlayamadılar. Dehşet verici bir olay, belki dev yanardağ patlamaları veya dünyaya çarpan bir göktaşı, okyanus planktonlarını öldürdü ve böylece denizdeki besin ağının tabanını tahrip etti.[5] Kimi uzmanlar hem yaygın yanardağ patlamalarının hem de büyük bir göktaşının yeryüzüne çarpmasının aynı anda meydana geldiğini öne sürmüşlerdir. Diğerleri ise kıta hareketlerine dikkat çekmişlerdir. Levha tektoniği kıtaların konumlarını, deniz seviyelerini değiştirdi, kıyı şeridindeki habitatları azalttı ve iç kesimlerde daha kurak bir iklim yarattı. Kıtaların sürüklenmesi, kara alanlarını birleştirerek, bir arada yaşayamayacak canlı topluluklarını bir araya getirdi. Bir de buzullar meselesi var. Kimi uzmanlar, genişleyen buzul tabakalarının okyanus sularının çalkantılı biçimde birbirine karışımasına, bununsa derinliklerde hapsolmuş zehirli

[5] Permiyen döneminde Sibirya'daki volkanik patlamalar, Saint Helen's Dağı'nın 1981'deki patlamasından 15 milyon kat daha fazla toz ve külü havaya püskürttü.

maddelerin okyanus yüzeyine çıkmasına neden olduğunu öne sürmektedir. Bazılarıysa havadaki karbondioksit seviyelerini artıran veya oksijen seviyelerini azaltan yahut her ikisine birden neden olan gaz alışverişlerini suçlu buluyor. Triyasın karakteristik kırmızı kayalarının, oksijenin tükendiği bir atmosferi işaret ettiği öne sürülmüştür. Peter Ward, 2004 tarihli *Gorgon* adlı kitabında, Güney Afrika'daki dev gorgon protomemelilerinin boğularak öldüğünü, dinozorların soyununsa daha verimli akciğerleri sayesinde hayatta kaldığını savunuyor. Azalan oksijen seviyelerinin havayı incelttiği, dev böceklerin uçmasını zorlaştırdığı ve yaşamsal işlevlerini daha yüksek metabolik hızlarda icra etmelerini imkânsız hale getirdiğini ileri sürüyor.

Smithsonian Enstitüsü'nden paleontolog Douglas Erwin, Permiyen sonunda yaşanmış kitlesel soy tükenişi hakkında iki kitap ve birkaç makale yazmıştır. Erwin, bu felakete neyin sebep olduğunu bildiğini düşünenlerin olduğuna fakat önerilen bazı cevapların 'birbiriyle çelişkili' olduğundan hepsinin doğru olamayacağına dikkat çekiyor. Bunu "tek bir mekanizmadan ziyade karışık bir ağ" olarak tanımlayan Erwin, *Şark Ekspresi'nde Cinaye*t tipi bir hipotez öneriyor: Yani tek bir basit cevap yok. En iyi çözüm, önerilen nedenlerin birkaçının bileşimi olabilir. Erwin, Permiyen sonu olaylarının üç aşamada gerçekleşmiş göründüğünü belirtiyor: Birinci aşama, iklim koşullarındaki geniş dalgalanmalarla birlikte sığ okyanus havzalarının kurumasını içeriyordu. İkinci aşama, okyanuslardaki kimyasal değişikliklerin yanı sıra havadaki karbondioksit seviyelerinde hızlı bir artışa katkıda bulunan yaygın yanardağ patlamalarıydı. Bu olay küresel ısınmaya ve okyanus yaşamı için feci sonuçlara yol açan, anoksi olarak bilinen bir durumu, yani okyanustaki oksijen seviyelerinde ani bir düşüşün yaşanmasını hızlandırdı. Üçüncü aşamaysa kıyıda ve kıyıya yakın karasal bölgelerde varlığını süren canlı topluluklarında meydana gelen kitlesel soy tükenişini kapsıyordu.

Şekil 6.2. Ekvador'dan (Tettigoniidae ailesi) bu çok kriptik çekirge, Permiyen'de öne çıkmaya başlayan son derece başarılı böcek takımı Orthoptera'nın modern bir örneğidir. (Fotoğraf: Angela Ochsner.)

Erwin, 2006 tarihli *Extinction* başlıklı kitabında açıkça "Bilmiyorum" diyor. Bu ifade, Permiyen sonu soy tükenişlerini, yaşayan herkesten daha kapsamlı incelemiş bir bilim insanına ait olduğundan hayli şaşırtıcı ve muhtemelen sorunun ne kadar karmaşık olduğunu gösteriyor. Ama neyse ki Erwin olası çözüme ilişkin en iyi tahminini de sunuyor ve önceki düşüncelerini tekrarlıyor: Sibirya'daki 'taşkın bazalt' yanardağları, havaya çok büyük miktarlarda sülfürik aerosol ve karbondioksit salarak kitlesel yok oluşu ve küresel ısınmayı tetiklemiş olabilir. Küresel ısınma da anoksiye ve okyanusta süratle kitlesel soy tükenişlerine yol açmış olabilir. Bu senaryo, tuzlu okyanuslardaki hızlı yaşam kaybı felaketini çok güzel açıklıyor ama karada ve tatlı sularda yaşayan böceklerin başlarına gelenler hâlâ gizemini koruyor.

Hayattakilerle Yapılan Röportaj

Geç Permiyende böcek soylarının tükenişinin öne çıkan özelliklerinden biri, eski kanatlıların, yani paleopteranların bundan ciddi derecede etkilenmiş olmalarıdır. Çoğu hayatta kalamadı. Dört takım tamamen yok oldu: paleodictyoptera, megasecoptera, diaphanopterodea ve dicliptera. Bu böcek takımlarının hepsinin emici bir hortumu ve karada yaşayan nimfleri vardı. Buna karşılık, Permiyende soy tükenişinden kurtulan eski kanatlı gruplarının hepsinin göletler, akarsular ve bataklıklarda gelişen solungaçlı tatlı su nimfleri vardı. Ephemeroptera takımı, yani mayıs sinekleri, Permiyende sayısı en az beş olan aileleriyle epey çeşitliydiler ve varlıklarını bugüne kadar sürdürebildiler. Ayrıca, modern yusufçukların akrabası narin yaratıklar olan Permiyen kızböceklerinin (odonata takımı) en az altı ailesi mevcuttu ve Mezozoiğin dinozorlu günlerinde epey çeşitlendiler. Bir de dev uçan ejderhalar olan protodonata takımı var: Permiyenin ortalarında bu takıma mensup dev türlerin soyu tükendi ama daha küçük türler ilk Mezozoiğin içlerine kadar hayatta kalmayı başarıp dinozorların üzerinden uçma bahtiyarlığına eriştiler.

Permiyenin sonunda yaşanan soy tükenişi okyanuslardaki yaşamı resmen kılıçtan geçirmiş olmasına rağmen, bu ayrıntılar tatlı su havuzları ve akarsularda yaşayan böceklerin kendilerine bir şekilde sığınak bulduklarını gösteriyor. Daha özelleşmiş iki tatlı su böceği takımının hayatta kalmış olması da bu görüşü destekliyor: taş sinekleri (plecoptera takımı) ve şayak sinekleri (trichoptera takımı). Bu nedenle Permiyenin sonunda meydana gelen soy tükenişi modellenecekse tatlı su sistemlerini değil, tuzlu su sistemlerini etkileyen olaylar hesaba katılmalıdır. Deniz seviyelerinin düşmesini, kıyıdaki deniz habitatlarının kaybını, tortulaşmayı, denizin derinliklerine hapsolmuş zehirli maddelerin aniden serbest kalmasını ve okyanuslardaki oksijenin tükenmesini içeren senaryoların hepsi mantıklıdır. Buna karşılık kuyruklu yıldız veya göktaşı çarpmasının etkilerini barındıran senaryolar, bu etkilerin tatlı su habitatlarını da ciddi şekilde vurmuş olmasını gerektireceğinden çok mantıklı görünmüyorlar. Özellikle mayıs sinekleri, taş sinekleri ve şayak sineklerinin suda yaşayan gençleri, çevrede meydana değişikliklere karşı son derece hassas olduğundan, gökcismi çarpması senaryoları geçerli değildir. Nitekim bu canlıların hayatta kalmış olması, bazı tatlı su habitatlarının soy tükenişine neden olan olaylardan fazla etkilenmediğini açıkça gösteriyor.

Permiyen döneminde tatlı suda yaşayan böcekler için hayat biraz daha kolaydı belki ama suyun dışında, orman biyomunda hayatın çok daha zor olduğu söylenebilir. Eski kanatlıların rakipleri yeniydi ve sayıları sürekli artıyordu. En önemlisi, yeni kanatlı böcekler hızlı bir şekilde çoğalmışlardı. Blattaria takımından hamamböceklerini zaten Karbonifer döneminden biliyoruz. Bu böceklerin sayısı Permiyende biraz azaldı ama yine de dönemin en yaygın fosilleri arasındadırlar. Çiğneme ağızlarına ve yeni kanat tasarımına sahip, cırcır böceğine benzer türlerin alacalı bir karışımı olan protorthoptera takımıysa son derece başarılıydı. Protorthoptera en az 40 aileden oluşuyordu ve Orta ila Geç Permiyen boyunca en büyük tür çeşitliliğine ve bolluğuna sahip takımdı. Modern cırcır böceklerinin ve çayır çekirgelerinin atalarını da içeren, güçlü çeneleri olan, çiğneyen böceklerden oluşan bir tugay misali orthoptera takımı, Permiyen yıllarında yeni bir faaliyet boyutuna ulaştı ve en çeşitli böcek takımlarının saflarına katıldı.

Evinizde daha önce bir hamamböceği veya cırcır böceği gördüyseniz, bunların oldukça saldırgan ve hepçil olduklarını bilirsiniz. Her türlü organik maddeyi çiğnerler. Çekirgeleri ve çayır çekirgelerini vejetaryen sanırız ama birçoğu diğer böcekleri yakalayabildiklerinde gayet etçildir, hatta bazıları yamyamdır. Yani çok büyük olasılıkla Permiyen proto cırcır böcekleri, hamamböcekleri ve ilk-çayır çekirgeleri fırsatını bulduğunda eski kanatlı böceklerin nifmlerini yiyordu. Üstelik onları yakalamak epey kolaydı. Göze çarpan bitkilere tırmanan ve besleyici sporları emmek için hortumlarını olgun sporanjiyalara sokup yavaş hareket eden paleodictyoptera nimfleri, yırtıcı ortopteroid böcekler için kolay hedefti. Ortopteroidler aynı yiyecekler için daha etkili bir şekilde rekabet edebilirdi. Eski kanatlıların nimfleri sadece olgunlaşan sporanjiyalardan sporları emebilirken, ortopteroidler yeterince olgunlaşmamış sporanjiyaları bile tüketebiliyorlardı. Bunun sonucunca, olgunlaşıp erişkinliğe ulaşan nimfler, gitgide yeni kanatlıların hâkimyeti altına giren bir dünyada dezavantajlı olacaklardı. Eski kanatlı böcekler kanatlarını katlayıp küçük alanlarda saklanamadıklarından veya yeni kanatlılar kadar hızlı uçamadıklarından, her türden yırtıcı için daha iri, daha yavaş bir hedef olacak, dolayısıyla daha fazla can kaybedeceklerdi.

Bir diğer şaşırtıcı Permiyen başarı öyküsü de buz böceklerine aittir: Kaya tarayıcıları olarak da bilinen bu canlılar, *grylloblattodea* adlı küçük bir takımdan oluşuyor. Bu ad 'cırcırhamamböceği' anlamına gelir ve onların kuzenleri cırcır böcekleri ve hamamböcekleriyle bazı özelliklerinin benzer olduğunu ifade eder. Fakat buz böcekleri, kuzenlerinde farklı olarak, kendilerine özgü, çok benzersiz bir yaşam tarzına sahiptir. Permiyen döneminde bir an geldi ve kaya tarayıcılarının ataları muhtemelen akarsu yatakları boyunca giderek daha yüksek rakımlı bölgelere taşındılar ve sonunda kalıcı buz ve kar tabakalarının yakınında, en yüksek kotlarda yaşamaya uyum sağladılar. Alplerin şartlarında kanatlar böcekler için bir külfet hale gelir çünkü düz olmaları sayesinde ısı toplayabilen bu uzuvlar böyle bir ortamda ısı kaybına yol açarlar. Bu nedenle buz böcekleri, yüksek rakımlarda yaşayan diğer böceklerinki gibi kanatsız bir vücut formu geliştirerek ortama uyum sağladılar.[6] Kanatlarını sonradan kaybetmiş böcekler bugün yaygındır: bitler, pireler, işçi karıncalar. Ama buz

[6] Permiyen grylloblattid fosilleri hala kanat sahibiydi fakat Geç Kretase döneminde kanatsızlardı.

böcekleri kanatlarını ilk bırakan böcekler arasındaydı. Isıyı korumak amacıyla güneş ışığını soğuracak koyu pigmentler ve güneş alan yassı kayaların altında saklanmak gibi faydalı davranışlar geliştirdiler. Bu böceklerin gelişimleri de yavaştır. Bir buz böceğinin erişkinliğe ulaşması birkaç yıl alabilir çünkü soğukta vücut ısısı düştüğünden, hareketsiz olduğu zamanlar, hareketli olduğu zamanlardan daha fazladır. Alplerde hava ılıman hâle geldiğinde buz böcekleri da faaliyete geçip sıcak sığınaklarından çıkarak buzulların ve kar kaplı alanların yüzeyinde yiyecek toplarlar. Buzulların tepesinde yiyecek namına pek bir şeyin bulunmadığını düşünebilirsiniz ama uçan böcekler her zaman istedikleri yere uçamazlar. Birçoğu fırtınalara yakalanır. Fırtınalar bu böcek bulutlarını genellikle çok uzak mesafelere, bazen de yükseklere taşır; böcekler buralarda donup yere düşerler. Daha sonra, hava biraz ısındığında buz böceği onların donmuş kalıntılarını bulup afiyetle yer.

Buz böcekleri ilk ortaya çıktıkları zamanlardan bu zamana fazla çeşitlenmediler ama onların hikâyesi bize küresel felaketlerden sağ çıkabilmek için fazla çeşitlenmenin şart olmadığını gösteriyor. Rusya Permiyen fosillerinden biliyoruz ki grylloblattidlerin kök grubu ilk kez 252 milyon yıldan daha uzun bir süre önce ortaya çıktı. Bu eski buz böcekleri, bir şekilde Permiyenin ve Kretasenin sonundaki soy tükenişlerini sağ salim atlatmayı başardılar. O zamandan beri bizimle beraberler.

Hayat Emiciler: Sıvı Gıda Emen Başarıyı Çeker

Permiyende ortaya çıkan en büyük yeniliklerden biri, homopteraların, yani eşkanatlıların, delici ve emici ağız parçaları geliştirmeleriydi. Bu uyarlanma, *stileler* adı verilen, iğne benzeri içi boş beslenme hortumlarından oluşuyordu ve modern ağustosböceklerinin, bitki pirelerinin, yaprak pirelerinin, tükürükböceklerinin, dikenböceklerinin, yaprak bitlerinin, kabuk bitlerinin ve onların akrabalarının ataları olan eşkanatlıları[7] en başarılı böcek takımlarından biri haline getirdi. Eşkanatlıların son derece incelmiş stileleri, bitki dokularını derinlemesine delmelerine, dokuları ve sıvıları önceden sindirmek için bir dizi tüp aracılığıyla tükürük enzimleri zerk etmelerine ve genellikle doğrudan bitkinin sıvı taşıma sisteminden, yani 'floem' yolundan sıvıları çekmelerine izin verdi. Permiyen iklimi tam kuraklaşmaya başladığında, bu böcekler son derece besleyici sıvı yiyeceklerle beslenmenin bir yolunu buldular. Bu aynı zamanda bitkilerin savunmasını aşmanın da yenilikçi bir yoluydu. Eşkanatlılar, lignin ve selüloz gibi kolayca sindirilemeyen moleküller için artık endişelenmek zorunda değillerdi; onları yemekten tamamen kaçınmaları yeterliydi. Böylece bu böcekler, yapraklı fotosentetik dokularda birikebilecek flavonoidlerden ve bitkilerin sonraki savunma hattı olan çeşitli kimyasallardan da korunmuş oldular.

Eşkanatlı böcekler kusursuz beslenme sistemini icat etmiş gibi görünebilirler ama bir sorunları vardı: Her şeyin fazlası zarardı. Sıvı gıdalar suyla sindirilir. Çözünmüş gıdalar ise suya doymuştur. Dolayısıyla çözünmüş gıde moleküllerini bir şekilde deriştirmeleri ve fazla sudan kurtulmaları gerekiyordu. Bu sorunu daha da büyüleyici bir çözüm buldular: Sindirim sistemlerinde yiyecekleri deriştirip fazla suyu hızla uzaklaştıran bir arıtma odası geliştirdiler. Arıtma odası şöyle çalışıyordu: Bir eşkanatlının sindirim sistemi çok uzundur ve arka kısmı ön kısmının etrafından dolanır. Arka kısmın ön kısımla kesiştiği yeri bir zar sarar ve bu kesişim noktasında iki şey olur: Fazla sıvı hızlı atılım için doğrudan arka bağırsağa aktarılır ve gıda molekülleri vücut tarafından emildikleri yer olan orta bağırsağa gönderilmek üzere deriştirilir. Ama bu

[7] Bazı yazarlar homopteraları hemipteranın bir parçası olarak ele alırlar (bir sonraki bölümde ele alacağız) ve onları üç alt takıma ayırır: *sternorrhyncha*, *auchenorrhyncha* ve *coleorrhyncha*. Bu adlandırma açıkçası biraz kullanışsız, bu yüzden bu böceklere daha basit ve daha tanıdık isimleriyle atıfta bulunmayı tercih ediyorum: homopteralar.

sindirim düzeneği de kusursuz değildir; eşkanatlıların, sürekli olarak, eser miktarda şeker içeren büyük miktarda su salgılamalarına sebep olur. Yaz aylarında, arabanızı yaprak bitlerinin konak yaptığı bir ağacın altına park ettiyseniz bunu zaten deneyimlemiş olabilirsiniz. Arabanızın ön camına düşen şu yapışkan damlacıklar var ya hani, işte onlar yaprak bitinin şekerli kakasıdır. Kuru iklimlerde bu madde, daha sonra yere düşen ağaç dallarında katı parçalar halinde kristalleşmeye meyillidir, 'kudret helvası' teriminin de kökeni budur.

Eşkanatlılar, Permiyen döneminde epey çeşitlendiler, Permiyenin sonunda yaşanan felaketten ciddi bir aksilik yaşamadan sağ kurtulmayı da başardılar ve Mezozoik dönemboyunca hızla geliştiler. Bütün bunlar, nektarlı ve tatlı meyvelere sahip çiçekli bitkiler evrimleşmeden önce meydana geldi. Dolayısıyla ilk dinozorların canı tatlı bir atıştırmalık çektiğinde tek seçenekleri eşkanatlı bir böceğin kudret helvasıydı. Eşkanatlıların çoğalması, bir kez daha Permiyenin sonundaki soy tükenişinin muhtemelen tek bir felaketten ibaret olmadığını bize gösteriyor. Bu türün başarısı, küresel iklim değişikliği hipoteziyle de tutarlıdır. Belki karadaki iklim giderek daha sıcak ve daha kurak hâle geliyordu ama eşkanatlılar sıvı bir diyet geliştirip sıvı emilimini ayarlayarak bu süreçten başarıyla çıktılar. Belki bitki toplulukları eski böceklerin baş edemeyeceği şekilde değişiyordu ama eşkanatlılar, bitkilerin sıvı taşıma tüplerinin derinliklerinde bulunan besleyici, el değmemiş sulardan doğrudan faydalanarak hayatta kalmayı başardılar.

◆◆◆

Kirpikkanatlılar olarak bilinen *thysanoptera* takımı da aşağı yukarı aynı sıralarda sıvıyla besleme stratejisi geliştirdi. Bu böceklerin bilimsel adı 'saçaklı kanatlar' anlamına gelir çünkü kirpikkanatlıların uzun tüylerle çevrili çok dar kanatları vardır. Ama bu onlara özgü değildir. Tüy kanatlı kınkanatlılar ve peri sinekleri olarak bilinen mikroskobik yaban arıları da saçaklı kanatlara sahiptir. Kirpikkanatlıların gerçekten sıra dışı olan yanı, asimetrik ağızlarıdır: ağızlarının sağ tarafında bir mandibula yoktur, sadece solda mevcuttur. Bu da onların bir sol dişleri olduğu ama bunun karşısına koyacak hiçbir şeyleri olmadığı anlamına gelir. Yine de Kirpikkanatlılar bu dişi çok yaratıcı bir şekilde kullanırlar: Beslenirken başlarını yana bükerler ve hassas bitki parçalarının hücre yüzeylerini çizmek için tek dişlerini kullanırlar. Bitki zarar gördüğünden, besleyici sıvılar yüzeyinden sızar. Kirpikkanatlılar daha sonra bu sıvıları içmek için, kısa bir hortuma dönüşen ağız kısımlarını kullanırlar. Böylece, vasküler tüplere hiç dokunmadan lezzetli bitki sularına erişip eşkanatlı böceklerin karşılaştığı yüksek sıvı basıncı sorununu da hiç yaşamadan beslenebilirler. Fakat onların beslenme tarzı, vücutlarının mikroskobik ebatta olmasını gerektirdiğinden, bu böceklerin birçoğunun boyu sadece birkaç milimetre uzunluğunda veya daha küçüktür. Bu sıvıyla besleme stratejisi, vucut boyutlarını küçültme stratejisiyle birleşince, görünüşe göre kirpikkanatlıların gerçekten başarılı olmasına izin vermiştir. Nitekim Permiyenin sonundaki kitlesel soy tükenişini ciddi aksilikler yaşamadan atlatıp son 250 milyon yıl içinde ortalama sayılabilecek bir tür çeşitliliğine ulaştılar. Bugün bu bitlerin yaşayan en az 5.500 türü vardır.

Transformers: Tamamen Başkalaşanların Yükselişi

Ortopteroid ve protocırcırböceği tugaylarının çoğalması ve eşkanatlıların sıvıyla beslenme şeklini iyileştirmeleri Permiyen döneminde böceklerin en büyük başarıları gibi görünebilir. Gelgelelim yine böceklerin getirdiği bir başka yenilik bu başarıları gölgede bırakıyor: larva evresinden geçen böceklerin karmaşık başkalaşım şekillerinin çeşitlenmesi. Modern böcek türlerinin %90'ından fazlasının karmaşık veya holometabolik başkalaşım geçiren takımlara ait olmaları nedeniyle bu yenilik muhtemelen böceklerin uzun vadeli başarısının altında yatan en önemli nedendir.[8]

Temel düzeyde bakıldığında karmaşık başkalaşımın başarısı kanadın anatomisine bağlıdır. Yeni kanatlı böcekler esnek kanatlara sahip oldukları için eski kanatlılara kıyasla büyük bir avantaja sahiplerdi ama bir dezavantajları da vardı: Genç nimfleri göğüslerinin yanlarında, dışarıya uç vermiş tomurcuklardan kanatlar geliştiriyorlardı ve usul usul başkalaşım geçirirken bu durum onların büyüyen kanatlarının zarar görmesine de neden olabiliyordu. Holometabolik böcekler, bu sorunu, birlikte 'hayali diskler' adı verilen hücre kümelerinden kök alan kanat gelişimini (ki diğer erişkin özelliklerinin kökeni de bu hücre kümeleridir) vücutlarının içine alarak çözdüler. Bu durum genç holometaboliklerin daha girişken, hatta saldırgan diyebileceğimiz bir yaşam sürmesine izin verdiği gibi, bir yandan da büyüyen kanat kısımlarının bu süreçte zarar görmesini de engelliyordu. Fakat kanatları vücudun içinde geliştirmenin başka birtakım önemli sonuçları da vardı. Holometabolik larvalar, gelişen kanatlarına zarar vermeden bitki dokularına, mantarlara, ölü hayvanlara veya başka herhangi bir yere girebiliyorlardı. Bu sayede o kadar verimli

[8] En eski böcek larvası fosili ve karmaşık başkalaşıma sahip olduğu bilinen çeşitli gruplardan erişkinlerin en eski fosilleri, Permiyen dönemine aittir. Geç Karboniferden bazı fosil bitki urları vardır ve modern urlara çoğunlukla böcek larvaları neden olduğundan, Smithsonian Enstitüsü paleontologu Conrad Labandiera gibi bazı bilim insanları, karmaşık başkalaşımın ilk olarak Karboniferin sonlarında geliştiğini tahmin etmişlerdir. Geç Karboniferden bazı varsayılan holometabolik böceklerin keşfi, Nel ve meslektaşlarının karmaşık başkalaşımdan "gecikmeli başarı ile önemli bir yenilik" olarak bahsetmelerine yol açmıştır (A. Nel vd., "The Early Holometabolous Insect from the Carboniferous: A 'Crucial' Innovation with Delayed Success [Insecta: Protomeropina: Protomeropidae]," Annales de la Société Entomologique de France, 43:3 [2007]: s. 349). Çoğu entomolog, Permiyen döneminde holometabolik böceklerin çeşitlenmesini teşvik eden şeyin daha kuru iklim (Permiyen kuraklığı) olduğunu düşünür. Sebep ne olursa olsun, Geç Permiyende patlayıcı bir şekilde çeşitlendiklerini ve karmaşık başkalaşımlı grupların Permiyen sonu dönemde sağ salim hayatta kaldıklarını biliyoruz.

besleme makineleri haline geldiler ki erişkinliğe ulaştıklarında birçoğu artık bir daha beslenme ihtiyacı bile duymuyordu (larva aşamasından itibaren vücutlarında depoladıkları besini kullanıyorlardı). Bu tür bir beslenme uzmanlığı, bu böceklerin larvalarının, erişkinlerinden tamamen farklı gıdalarla beslenmesine de izin verdi. Böylece erişkinlerin aynı besinler için kendi yavrularıyla rekabete girmelerini engelleyip tamamen kur yapma, çiftleşme, yumurtlama ve yayılma gibi konularda uzmanlaşmalarına da izin verdi.

Larvadan üreme çağındaki erişkinlere geçişi kolaylaştırmak için bir dönüşüm aşaması gelişti: pupa. Birçok insan pupanın bir dinlenme evresi olduğunu düşünür ama bu gerçeklikten epey uzaktır. Bu evre böceklerin soğuk kış aylarında veya uzun süren kurak mevsimlerde uykuya yatmasına izin verebilir ama gerçek amacı bundan çok daha önemlidir. Pupa süresince dikkate değer hücresel değişiklikler meydana gelir. Kas sistemleri yeniden yapılanır ve uçmak için kullanılan büyük göğüs kasları oluşur; kanatlar, erişkinlere has üreme organları ve duyu organları gelişir. Özellikle larvalar ve erişkinler birbirininkinden farklı besinler tükettiğinde, sindirim sistemi baştan aşağı değişip yeniden düzenlenebilir. Bitkilerin katı kısımlarıyla beslenen bir tırtılın, bitki nektarıyla beslenen erişkin bir kelebeğe dönüşmesi bunun güzel bir örneğidir. Dolayısıyla karmaşık başkalaşımın avantajları çoktur: Hassas kanatların vücut içinde güvenle gelişmesine, yeni beslenme olanaklarının oluşmasına, erişkin olmayan böcekler ile erişkin böceklerin davranışlarının özelleşip birbirinden ayrılmasına ve zorlu çevresel koşullardan kaçınmaya yarayan çeşitli dinlenme aşamalarının ortaya çıkmasına izin verir.

Peki, Permiyenin holometabolikleri hangileriydi ve o dönemin olayları hakkında bize neler söyleyebilirler? Sadece fosilleşmiş kanat parçalarından tanıdığımız, soyu tükenmiş *miomoptera* gibi bazı böcek takımlarının yorumlanması o kadar zordur ki paleontologlar bunların Holometabolik türlere ait oldukları konusunda bile hemfikir değiller. Bununla birlikte, Permiyenin sonundaki yok oluştan sağ kurtuldukları ve bugün gelişmeye devam ettikleri için bu böceklerden türemiş diğer pek çok grup tanıdık gelmelidir. Akrep sinekleri, dantelkanatlılar, kınkanatlılar, sinekler, güveler ve şayak sinekleri buna dâhildir.

Uzun Suratlı, Sinirli Katiller

Mecoptera böcek takımından akrep sineklerinin akreplerle uzaktan yakından ilişkisi yoktur ve sokmazlar. Adlarını bazı türlerinin erkeklerinin akrep iğnesine benzeyen geniş soğanlı cinsel organlara sahip olmasına borçludurlar. Başlarının alt kısmı uzun olduğu için genellikle at başına benzetilir ve bu görüntüleri onları diğer böceklerden ayırır. Akrep sineklerinin çoğu, diğer küçük böcekleri avlar veya ölü böceklerin cesetleriyle beslenir. Dar burunlarının ucunda, iyi gelişmiş bir ağız bölümleri vardır ve onların dar alanlara erişmelerine, küçük avlarını çiğnemelerine olanak tanır. Akrep sinekleri, Erken Permiyende hızla evrimleşen ve tam başkalaşım geçirebilen en yaygın ve çeşitli böceklerdi.[9] O dönemde on bir akrep sineği ailesine evrilerek bugünkü sayılarının neredeyse iki katına ulaşmışlardı. Aslında Permiyen döneminde akrep sineklerinin çeşitliliği, sonraki dönemlerdekine kıyasla daha fazla olmuştur.[10] Bu durum dönemin sonuna dek orman biyomundaki diğer böcek nüfuslarını ve onların yumurtalarını büyük ölçüde etkilemiş olsa gerektir çünkü akrep sinekleri genellikle yavaş hareket eden böcekleri ve haşereleri avlar.

[9] Nel ve meslektaşları akrep sineklerinin Geç Karboniferde ortaya çıkmış olabileceğini; ancak Permiyende fosil olarak yaygınlaştıklarını öne sürdüler (Nel vd., "The Earliest Holometabolous Insect from the Carboniferous").

[10] Orta Mezozoik çağda, bir akrep sineği soyu diğerlerinden ayrıldı ve kuşların, memelilerin ve muhtemelen dinozorların kanla beslenen dışparazitlerine dönüştü. Yaygın olarak pire olarak adlandırılan siphonaptera takımının, artık boreidae ailesi olan kar akrep sinekleriyle en yakından ilişkili olduğu bilinmektedir. Pireler, Senozoik çağda memelilerle birlikte hızla evrimleşmiştir ve şu anda en az 2.500 canlı türü içermektedir; bu nedenle modern mecoptera, pireler yeniden sınıflandırılıp akrep sineklerinin bir parçası olarak kabul edilirse tür açısından önemli ölçüde daha zenginleşir.

Dantelkanatlıları ve akrabalarını içeren neuroptera takımı da Erken Permiyende ortaya çıkmıştır. Geç Permiyende bu açgözlü takım en az altı aileye bölünmüştür. Neuroptera 'sinirli kanatlar' anlamına gelir ve kanatlarda çok ince kan damarlarının bol bulunduğunu ifade eder. Neuropteranlar diğer küçük böcekleri avlar. Erişkinlerinin çiğneyici ağzı vardır ama larvaları da avladıkları böcekleri orak benzeri keskin çeneleriyle delip çenelerindeki dar kanallar sayesinde avlarının kanını emebilirler. Neuropteraların çoğu, karada yaşayan böceklerdir ama sıvıyla beslenmek için geliştirdikleri yenilikçi teknikleri bazı türlerinin tatlı su habitatlarını istila etmesine de izin vermiştir. Dantelkanatlıların larvaları başka bir ilginç ve faydalı numara daha geliştirmiştir: Tüm böceklerin Malpighi tüpleri adı verilen, kandan azotlu atıkları uzaklaştıran ve bunları arka bağırsağa atan bir boşaltım organları vardır. Fakat Neuroptera larvaları, bu atık ürünleri yararlı bir ürüne dönüştürecek biçimde evrilmişlerdir: ipek. Böyece pupa aşamasında korunmak için ipekten kozalar örmeye başlamışlardır. Yalnız, bu ipekleri vücutlarının dışına atabilmeleri için dışkılamaları gerekiyordu. Dolayısıyla Neuroptera larvaları anüslerinden ipek ören tek hayvanlardır.

İpek Dokuyucular, Mimarlar ve Jeologlar

En az bir yeni Permiyen böcek takımı daha ipek dokuyabiliyordu: *trichoptera*. Bu böcek takımı, 'şayak sineği' adını eski İngilizcede 'caddice men' olarak bilinen ve 'şayak' denen kumaş türünün örneklerini ceketlerine iğneleyen satıcılardan almıştır (şayak sineği larvası da 'taşınabilir kasasına' çeşitli malzemeleri yapıştırır). Larvalar ipeği daha bildik bir yoldan, başlarının ucunda, ağız kısımlarının yakınında bulunan değişim geçirmiş tükürük bezleri aracılığıyla dokurlar. Bu böcekler ipeklerini yeni bir habitatı kolonize etmek için kullandılar: Hızlı akan eden sulara sahip tatlı su akıntıları, akıntıya karşı yıkanan yiyecek parçacıklarını veya akıntılarla yerinden edilmiş diğer küçük böcekleri ve suda yaşayan çeşitli küçük hayvanları bulmak için mükemmel bir yerdi. Ayrıca, hızlı akan nehirlerde taşların üzerindeki algleri yiyerek yaşayan çok sayıda küçük, lezzetli mayıs sineği ve taş sineği de vardı.

Şayak sineği larvaları, ipeklerini yalnızca akıntıya karşı hareket ederken avlarını yakalama amacıyla bir çapa veya emniyet halatı olarak kullanmadılar, ayrıca bazıları, organik artıkları toplamak için akıntılarda suyun üstüne ağ örmeyi de öğrendi. Diğerleri küçük taş, kum, tahta ve diğer malzemeleri toplayıp bunları taşların üzerinde örerek barınaklar yapmayı öğrendiler. Hatta sonunda bazıları, bunları ipeklerle bağlayarak taşınabilir barınaklar haline getirmeyi ve eşyalarını barınaklarında saklamayı bile öğrendi. Modern şayak sineklerinin 'taşınabilir kasalarını' gözlemlemek (bunlar doğanın en usta mimarları arasındadır) bize eski türlerinin davranışları hakkında da çok şey söyleyebilir. Modern kasalar gerçekten etkileyicidir, her boyutta ve her şekilde olabilirler. Bazısı uzun, bazısı kısa, bazısı yuvarlak, bazısı kare veya spiral şeklinde olabilir. Her tür kendi benzersiz kasa tarzını oluşturur ve kendi tercih ettiği yapı malzemelerini kullanır: kum, çakıl taşları, büyük taşlar, küçük çubuklar, tahta parçaları, deniz kabuğu parçaları veya yaprak parçaları gibi. Bununla birlikte, bazısının tercihen ağır parçaları, hatta altın tanecikleri toplayıp kasalarını bunlarla dokuduğu da bilinmektedir. Bu da şayak sineklerini ilk mimarların yanı sıra ilk jeologlar da yapmaktadır.

Bariz koruyucu işlevlerinin yanı sıra bu kasalar başka işlere da yarıyor. Bazı şayak sinekleri, kasalarına büyük çakıl taşları bağlayarak hızlı akıntılarda dibe doğru hareket eder. Çoğu, her iki ucunda atıkların dışarı atılıp suyun içinden akmasına izin veren bir delik bulunan bir kasa inşa eder. Birçoğu, taşınabilir kasadan kendi çabasıyla su pompalayarak trakeli solungaçlarını havalandırma becerisi geliştirmiş, böylece solungaçlarıdaki oksijen akışını artırmıştır. Bu durum şayak sineklerinin, oksijen seviyesi düşük, yavaş akan veya durgun sulara başarıyla yayılmasına izin vermiştir.

Suda yaşayan böcekler konusunda uzman olan Rosemary Mackay ve Glenn Wiggins, "Trichopteranın Ekolojik Çeşitliliği" [*Ecological Diversit in Trichoptera*] başlıklı klasikleşmiş makalelerinde, suda yaşayan modern böcek topluluklarında şayak sineği türlerinin ve takımlarının, mayıs sineği, yusufçuk veya taş sineği türlerinin sayısından çok daha fazla olduğunu ortaya koydular. Bunun neden böyle olduğunu merak edince şaşırtıcı derecede basit bir sonuca vardılar. Vardıkları sonuç, suda yaşayan böceklerin 250 milyon yıllık evrimini gayet güzel özetliyordu: "Trichoptera takımının tür çeşitliliğinin çoğunu, ipek salgılayabilmelerinin onlara çevrelerinde tanıdığı fırsatların bir ifadesi olarak görüyoruz."[11] Her işe yarayan bu harikulade madde, şayak sineklerinin sudaki habitatı ipek salgılamayan diğer böceklerin erişemeyeceği yüzlerce mikrohabitata bölmelerine izin verdi. Milyonlarca yıl önce mayıs sineği, kızsinekleri ve taş sineklerinin çoğu, suları kolonileştirmiş olsa da, şayak sinekleri ipek dokuyabildikleri için, daha eski su böcekleri için imkânsız olan yeni bir yaşam tarzı oluşturabildiler

Permiyen döneminde şayak sineklerinin varlığı, bu dönemden yaklaşık 50 milyon yıl sonraki Jura dönemine kadar fosil kayıtlarında karşımıza çıkmayan ilkel güvelerin (lepidoptera takımı) de o sıralarda etrafta olmaları gerektiğini düşündürtmektedir. Pek çok anatomik ve davranışsal kanıt, lepidoptera ve trichopteranın birbiriyle akraba olduğunu gösteriyor. Biz bunlara 'kardeş takımlar' diyoruz; tanımları gereği aynı anda ortaya çıkarlar ve ortak bir ataya sahiptirler.[12] Bu durum böcek fosili kayıtlarında büyük bir boşluk olduğunun sağlam bir kanıtıdır. Güvelerin –hiç değilse protogüvelerin– en azından Permiyenden beri var olmaları gerektiğini biliyoruz ama açık-

[11] R. J. Mackay ve Glenn B. Wiggins, "Ecological Diversity in Trichoptera," *Annual Review of Entomology* 24 (1979): 185.

[12] Nel ve meslektaşları, bu takımları kök grubunun, Karboniferin Pensilvanyan alt dönemi kadar eskiye dayanmış olabileceğini öne sürdüler. Ancak şayak sinekleri Permiyene kadar çeşitlenmedi ve güveler ancak çok daha sonra Geç Mezozoikte bu fırsatı buldular.

çası bir 100 milyon yıl kadar iyice fosilleşememişler. Hayatta kalan en ilkel lepidopterayı bulgu sayarsak bu fosil kaydı boşluğunun bariz birtakım nedenleri var: Bunlar bitki dokularını oyarak beslenen, mikroskobik boyulardaki türlerdir. En ilkel grup olan mandibula güveleri (micropterigidae ailesi) ise aşırı nemli, neredeyse yarı sucul ortamlarda eğreltiotu dokularıyla beslenir. Nemli, ılık ormanlarda yaşayan, yumuşak gövdeli mikroskobik böcekler öldüklerinde hızla ayrıştıkları için, en eski güveler hiç fosilleşmemiştir.

Diptera böcek takımı, yani gerçek sinekler de Geç Permiyen yıllarında ortaya çıktı ve o zamanlar çok yaygın olmasalar da bir şekilde Permiyenin sonunda meydana gelen soy tükenişiden kurtulmayı başarıp modern dünyanın en yaygın ve çeşitli böcek takımlarından biri haline geldi. Şayak sinekleri gibi, eski nematocera sineklerinin de serin, taze ve hızlı akan suda yaşayan sucul larvaları vardı. Bu larvalar, algler ve organik artıklarla beslendikleri hızlı akıntılarda kayalara tutunmalarına yarayan çeşitli vantuz yapıları geliştirdiler. Bugün bile yaşayan daha ilkel su sineği larvalarından bazıları, akıntıda tutunabilmek ve rahat hareket edebilmek için ipek salgılayabilmektedir.

Permiyen döneminin böcekleri arasında akarsular neden bu kadar revaçtaydı? Dönem boyunca, güneydeki süper kıta Gondwana, yoğun buzul dönemleri yaşadı. Kıtalar çarpıştıkça iç bölgelerin rakımı yükseliyordu. Buzulların ılıman ve tropik iklimle karşılaştığı bölgelerde, üst kotlardan eriyen buz ve kar, kuvvetli akıntılara ve girdaplara uyum sağlayabilen böcekler için yeni ve zengin bir akarsu yatağı besini kaynağı sunan, birkaç basamaklı şelaleler oluşturdu. Mayıs sinekleri ve taş sinekleri, akarsuları gitgide daha yüksek rakımlara doğru takip eden ilk kolonicilerdi. Peşlerinden şayak sinekleri, nematocera sinekleri ve suda yaşayan yırtıcı neuroptera türleri geldi. Permiyenin büyük bir felaket mi yoksa bolluk zamanı mı olduğu sadece sizin bakış açınıza bağlıdır. Yeni nişleri bulabilen ve kolonileştirebilen böcekler için büyük bir başarı ve bolluk zamanıydı. Suda yaşayan mayıs sinekleri, taş sinekleri, şayak sinekleri ve nematocera sineklerinin tümü, Permiyenden sağ çıkmayı başarıp o zamandan itibaren yoğun bir şekilde çevreye yayıldılar.

Kınkanatlılar ve Hasımlarıyla Tanışın

İlk basit kınkanatlıdan (coleoptera takımı) bile çok sayıda soy ortaya çıktı. Modern yağmur ormanları muhtemelen on milyonlarca kınkanatlı türüne ev sahipliği yapıyor ve yayımlanan bazı tahminler, bu sayının 30 ila 50 milyon arasında olabileceğini öne sürüyor ki bu, entomolog Mark Moffett'in Dünya'yı 'kınkanatlıların gezegeni' diye nitelemesine yol açmış ezici bir sayıdır.[13] Bu böcekler muazzam başarılarını sizce neye borçlu? Bir tek onlar uçuş dağılımının faydalarını korurken, en üst düzey vücut zırhını geliştirdiler. Bir kınkanatlının ön kanadı, dinlenme halindeyken arka kanadını örten, *elytron* olarak bilinen sert bir kabuğa (kınkanada) dönüşür. Bir kınkanatlı uçtuğunda, arka kanadı öndekinden daha büyük bir kanat haline gelir ve uçuş tamamen bu uzatılmış arka kanatlarla gerçekleştirilir: 'posteromotorizm' adı verilen alışılmadık bir tertibattır bu. Kabuk benzeri ön kanatlar açılmış hâlde tutulur ve yalnızca planör gibi kaldırma kuvveti oluşturabilir.

Geç Permiyen döneminde sadece birkaç kınkanatlı grubu vardı. Bunlar yaklaşık altı aile oluşturuyorlardı ve hepsi kınkanatlıların en ilkel alt takımına aitti. Bunlar ölü bir ağaçtan diğerine vızıldayarak uçtukları orman çalılıklarında yaşayan ilk odun delen böceklerdi. Yumurtlamak için nemli ve çürüyen odunları çiğnedikleri sırada sert zırhlı vücutları onları böcek avcılarından korurdu. Bu ortam, onların larvalarını, yani odun delen kurtçuklarını, kuru havadan ve güneş ışığından da koruyordu. Kınkanatlılar, odunu mantarlarla harmanlayıp lignin ve selülozla beslenebilen ilk canlılar arasındaydı.

[13] Douglas H. Chadwick ve Mark W. Moffatt, "*Planet of the Beetles*," *National Geographic* 193 (no. 3), s. 100.

Şekil 6.3. ABD'nin Kansas eyaletindeki Permiyen kayalarında bulunan bu Liomopterum ornatus (Liomopteridae ailesi) fosilinde ilk torasik segmentteki iyi gelişmiş paranotal loblar güzel korunmuş. Bu neoptera (yeni kanatlı) böcek ailesi, Permiyen dönemi yok oluşlarının bir diğer kurbanıydı. Daha önce Protorthoptera takımında sayılan bulunan bu böcekler, şimdi muhtemelen kök Plecoptera takımında kabul edilmektedir. Onların soyları tükenirken, suda ve nehirde yaşayan taş sineği akrabaları (Plecoptera takımı) hayatta kaldı ve çoğaldı. (Fotoğraf: Frank Carpenter. Karşılaştırmalı Zooloji Müzesi, Harvard Üniversitesi. © Harvard Koleji Başkanı ve Üyeleri.)

Kabuk biti (psocoptera takımı) kuru dallardaki ilk kınkanatlıların arasına katılmıştı. Çiğneyici bir ağız kısmına ve kademeli başkalaşıma sahip küçük, obur böcekler olan kabuk bitleri, ölü ağaçların gevşek kabuklarının altında ezici sayılarda toplanabilirler ve oradaki organik maddeleri kemirirler. Modern kuzenleri olan kitap bitleri kâğıtla beslenir ve fark edilmezlerse bir kütüphanedeki kitapları tamamen yok edebilirler. Geç Permiyen döneminde, kabuk bitleri ve ilk kınkanatlılar, ölü orman ağaçlarından ve yaprak döküntülerinden besin maddelerini hızla ayrıştırmaya ve geri dönüştürmeye yardımcı olmak üzere odun hamamböcekleri ve mantarlarla işbirliği yaptılar.[14]

Baş Şüpheli?

Birçok böcek türü Permiyen dönemi süresince veya sonlarında yok olmuş olabilir ama tam başkalaşım geçirebilen takımların neredeyse tamamı ve kabuk biti, kirpikkanatlılar ve eşkanatlılar gibi aşamalı başkalaşım geçirebilen birçok başka tür hayatta kalmayı başarmıştır. Tam başkalaşım geçirebilen tek bir takım, küçük ve nadir bilinen miomoptera ortadan kayboldu. Diğer iki küçük grup, az bilinen glosselytrodea ve paratrichoptera takımları ise Permiyen-Triyas sınırının ötesine kadar dayandılar ve Orta Mezozoik çağda yok oldular. Belki bu çağın çevresel değişikliklerine uyum sağlayamadılar. Belki de sıcakkanlı dinozorlar tarafından yok edildiler. Belki başarısızlardı ya da zamanla daha modern gruplara dönüştüler. Glosselytrodea ve paratrichopteranın başına daha sonra ne geldiği burada gerçekten önemli değil. Önemli olan asıl nokta onların bile Permiyenden sağ çıkmış olmalarıdır.

Çeşitlenmeye devam eden ve şimdi de yaygın olan diğer takımlar da hayatta kaldılar. Homoptera, neuroptera, coleoptera ve mecoptera gibi bazı böcekler, Geç Permiyende önemli bir tür çeşitliliğine sahiplerdi. Gerçi bazı düşüşler yaşadılar ama Triyas yıllarına doğru yollarına başarıyla devam ettiler. Diğer gruplar, trichoptera, lepidoptera ve diptera dü-

[14] Göze çarpmamasına rağmen, psocoptera büyük ölçüde çeşitlenmiştir ve en az 4.400 tanımlanmış türe sahiptir. Küçük oldukları ve gizli yerlerde yaşadıkları için, muhtemelen hala keşfedilmemiş birçok kabuk biti türü vardır.

şük çeşitliliğe sahipti ama yine de Permiyenin sonundaki soy tükenişinden kurtuldular. Şu anda tür bakımından en zengin takımlar arasındalar. Neden hayatta kaldılar? Trilobitler gibi düşük çeşitlilikteki grupların özellikle yok olmaya meyilli olduğu fikri burada geçerli değil gibi. Bu gruplardan bazıları, etkilenmemiş habitatlarda ekolojik nişlere öncülük etmeleri ve tam başkalaşım gibi bir hayatta kalma becerisine sahip olmaları durumunda mutlu mesut yaşayabilirlerdi. Permiyen cinayetlerinin baş şüphelisi bir çeşit ayıklayıcı fail olsa gerek. Mercan resiflerine zarar verebilecek ve kıyı ovalarını kılıçtan geçirip yüksek kesimlerdeki toplulukların nispeten huzur içinde yaşamalarına karışmamış bir katil arıyoruz.

Belki de tek bir etken bu hikâyenin çok çeşitli unsurlarını birbirine bağlıyordur. Kıtaların kayması olarak da bilinen eski dostumuz levha tektoniğini burada göz önünde bulundurmamız gerekiyor. Kıtaların kayması hakkında zaten bir şeyler okumuş veya öğrenmiş olabilirsiniz ve bugünkü kıtalar şekillenmeden önce, Erken Mezozoikte kuzey kıtaların Laurasia adlı, güney kıtaların Gondwana adlı bir kara kütlesinde birleştiği bir zaman olduğunu da belki bu bilgilerinizden hatırlayabilirsiniz.[15] Ayrıca o zamandan önceki tüm kara alanlarının Pangea adı verilen tek ve uçsuz bucaksız bir süper kıtada birleştiğini de anımsarsınız. O sıralar Kuzey Amerika doğrudan Güney Amerika, Afrika ve Avrupa'ya yapışıktı ve en merkezi konumda bulunan kısım bugünkü Afrika, Kuzey Amerika, Avrupa, Asya, Güney Amerika, Antarktika, Hindistan, Suudi Arabistan ve Avustralya ile doğrudan bağlantılıydı. Birçok insan yanlışlıkla bu devasa arazi kümelenmesinin kıtaların kaymasının başlangıç noktası olduğunu varsay-

[15] Kıtaların kaymasının yaşam tarihi üzerindeki derin etkisini ilk kez ele almıyoruz. İkinci Bölümde, Prekambrien kıtasal kaymasının kıtaları, muhtemelen antik mikrobiyal yaşam arasında büyük yok oluşlara neden olan, küresel Varanger buzul çağlarına yol açacak şekilde nasıl hizaladığını tartışmıştık. Ayrıca devam eden kıta kaymasının, gezegeni Varanger buzul çağlarından nasıl çıkardığını ve muhtemelen Kambriyen yaşam patlamasını tetiklediğini de ele aldık.

sa da durum hiç de öyle değildir. Bu sadece modern kıtaların düzenlenişinin kökenidir. Pangea ilk olarak, daha eski kıtasal konfigürasyonların bir araya gelmesiyle Erken Permiyende oluştu ve parçalar birbirinden ayrıldıktan sonra, Orta Triyasta yeniden oluştu. Bir araya gelmesi milyonlarca yıl aldı ve bu sürecin Permiyenin sonunda yaşanan soy tükenişine yakınlığı durumu iyice kuşkulu hale getiriyor.

Adalar ve kıtalar çarpıştıkça, önceden ayrılmış alanlar birleşti. Bu durum kıyı şeritlerini ve sulak alan topluluklarını ortadan kaldırıp deniz alanlarını azaltacak ve farklı bitki ile hayvan topluluklarını bir araya getirecekti. Bu topluluklar karşı karşıya geldiklerinde ortaya çıkan rekabet nedeniyle bazı türler çevreye hâkim olacak, 'yabani ot gibi' yayılacak, daha önce tecrit olduğu için hayatta kalmış, daha az saldırgan türlerse yok olmaya mahkûm olacaktı. Daha büyük kıta kütleleri çarpışıp kaynaştıkça bu süreçler hızlanacaktı. Bu kaynaşmalar yanardağ patlamalarını tetiklemiş olabilir. İç kısımlarda yeni dağlar yükselecek, böylece böcek kolonizasyonuna uygun yeni nehirler ve akarsular ortaya çıkacaktı. Arazinin alanı büyüdükçe, dünyanın iklimleri de değişti. İç bölgeler daha sıcak ve kurak hale geldi. Bazı bitkiler ve karmaşık başkalaşım yeteneğine sahip böcekler gibi bazı hayvanlar bu değişen ortamlara daha iyi uyum sağlayabildiler.

Pangea tek başına Permiyen döneminin soy tükenişlerini açıklayabilir mi? Bu sav kulağa ikna edici gelse de bu sorunun mevcut yanıtı olumsuzdur. Geçmiş on yıllarda, soy tükenişlerinin milyonlarca yılda gerçekleştiğini düşünüyorduk ama Douglas Erwin ve diğer bilim insanları tarafından Çin'deki Permiyen dönemi tortulları üzerinde yapılan dikkatli çalışmalar, Permiyenin sonundaki soy tükenişi aralığını sadece 100 bin yıllık veya daha dar bir aralığa çekti. Bu süre uzun görünebilir ama tek başına levha tektoniğinin cinayetin faili olabilmesi için lazım olandan çok daha kısa bir süredir. Bununla birlikte, karada yaşayan böceklerin başarıyla çeşitlenmiş olmasında pek çok kilit etkenin rol oynamış olabileceğini de tekrar hatırlatmakta fayda var. Pangea'nın oluşumu, Permiyenin kurak kara ikliminin ortaya çıkmasına yardımcı oldu ve bu durum genellikle holometabolik böceklerin hızlı evriminin nedeni addedildi.

Permiyenin sonundaki soy tükenişleri, tek veya ani bir olayın, örneğin bir asteroid çarpmasının sonucu gibi görünmüyor. Kozmik çarpışmalara meraklı olanlar otuz yıldan fazla bir süredir jeolojik kanıtlar bulmak için gezegenin altını üstüne getiriyorlar ama sağlam bir bulguya rastlayamadılar. Bu zaman dilimine ait bir krater veya çarpma enkazı tespit edemediler. Ayrıca, Permiyen-Triyas sınır tabakası, bir asteroit çarpması hâlinde beklenenin aksine, iridyumdan yoksundur. Permiyen-Triyas sınır tabakasında fullerenlerin (kararlı, top biçimli karbon molekülleri) keşfedildiği iddiaları bir ara çarpışma meraklılarını heyecanlandırdıysa da bu raporlara itiraz edildi ve bir daha benzeri bir rapor sunulmadı. Çarpışma hitoptezini destekleyen kimi bilim insanları, bir asteroit çarpışmasının Sibirya'daki volkanik faaliyetleri tetiklemiş olabileceğini ve bunun da çarpma kraterini yok etmiş olabileceğini öne sürecek kadar ileri gittiler. Bu gerçekten cezbedici bir fikir ama yine de nitelikli bir kanıttan yoksun. Filozof Alfred North Whitehead bize "Yalınlığı arayın, yalın olana bel bağlamayın" diye tavsiyede bulunmuştu. Onun tavsiyesi bu durumda işe yarar görünüyor. Bilimin doğası gereği, Permiyenin sonundaki soy tükenişleri için yalın bir açıklama aramaya devam edeceğiz ama şimdilik bu tükenişler hala karmaşıktır.

◆◆◆

Permiyen yıllarında böcekler gelmiş geçmiş en büyük hezimetlerini de yaşadılar. Eski kanatlıların ve dev uçan ejderhaların düşüşünün trajik hikâyesini anlatırken, bu hikâyenin öbür yüzünü unutmak kolaydır. O sıralar soyu tükenen tüm türlere ve takımlara rağmen, birçok başka tür varlığını sürdürdü. Hayatta kalan böceklerin esnekliği ve uyarlanma yeteneği hakkında ciltler dolusu kitap yazılabilir. Hayatta kalanların çoğu, yeni kanatlılarda gördüğümüz kanat katlama yeteneği ve karmaşık başkalaşım gibi yeni uyarlanmalara sahip türlerdi. Kanat katlama yeteneğine sahip yeni kanatlı böcekler eski kanatlılardan daha hızlı uçabilir, daha iyi saklanabilir ve onları geride bırakabilirdi. Sıvılarla beslenmeyi kolaylaştıran yeni ağız kısımlarının evrilmesi ve böylece beslenme şekillerinin çeşitlenmesi de bu böceklerin yüksek arazilerdeki farklı bitkileri başarıyla kolonileştirmelerine izin verdi. Larva evrelerinin evrimi, onların bitkilerin dokularını istila edip büyük yırtıcılardan daha başarılı şekilde kaçınmalarını sağladı. Böcekler, kıtaların çarpışması, küresel iklim değişikliği, büyük yanardağ patlamaları ve okyanuslarda meydana gelen önemli jeokimyasal değişiklikler karşısında dirençli olduklarını kanıtladılar. Aslında böcekler Silüryen yıllarında toprağı kolonileştirirken karşılaştıkları zorluklara rağmen, Permiyende toprağı fethetmenin bir kazanma stratejisi olduğunu kanıtladılar. Hamamböceklerinin trilobitlere kanıtladığı üzere, okyanuslarda bulunmamak için iyi bir zaman vardıysa o da bu dönemin sonuydu.

Belki de yaşamın tarihini farklı dönemlere ayırmak hataya mahal verecektir ama bir kereye mahsus olmak üzere ayrım yapmak için Paleozoik dönemin sona erdiği tek, benzersiz bir anı seçebiliriz gibi görünüyor: Bana sorsanız dönüm noktası en son trilobitin de ölmesidir. Ben olsam o günü seçerdim. Tüm bir dönemi trilobitten daha iyi simgeleyen başka bir canlı var mı? Trilobitlerin okyanuslardaki hâkimiyeti 300 milyon yıldan fazla sürdüyse de yaklaşık 25 milyon yıl önce, belki de bulutlu ve kasvetli bir günde, sonuncusu sığ bir gelgit havuzunda beslenemez hâle geldi. Ölü vücudu yüzeye vurdu, çekilen sular vücudunu diğer trilobit cesetlerinin yanına süpürdü. Ölümün habercisi kara kuşlar neredeydiler? Kim bu olaya şahit oldu? O ıssız kumsalda kuşlar yoktu ama küçücük ayaklar kımıl kımıl hareket ediyordu. Önce bir hamamböceği, sonra bir diğeri... Kumsala vuran cesedi buldular ve tükettiler. Belki de yakınlardaki bir kütüğün üzerinde antenlerini düzelten yalnız bir kınkanatlı, manzarayı seyretmek ve ziyafete katılmak için şöyle bir aşağı uçtu. Sonra döndü, kanatlarını açtı ve vızıldayarak, yalpalaya yalyapaya ormana doğru uçtu. Şair T. S. Eliot'ın da dediği gibi Paleozoik yıllar "patlamayla değil iniltiyle" sona ermişti ve böcekler kendilerini galip ilan ettiler. Ama yakında Mezozoik ormanlarından yeni hışırtılar gelmeye başlayacaktı. Keskin pençeleri ve gıcırdayan dişleriyle ilk dinozorlar arzıendam edeceklerdi. Peki, böcekler yeni oda arkadaşlarıyla geçinebilecekler miydi?

7

TRİYAS BAHARI

Nisan en zalim aydır, gövertir
Leylakları ölü toprakta, yoğurur
Anılarla istekleri, uyarır
Uyuşuk kökleri bahar yağmuruyla. [1]
T. S. ELIOT, *Çorak Ülke*

Wyoming'de mevsimleri tahmin etmek güçtür. Haziran ayında ara sıra yağan yağmur, kır otlaklarını rüzgârda uçsuz bucaksız bir okyanus gibi dalgalanan, zümrüt yeşili, sonsuz bir manzaraya dönüştürür. Daha yüksek rakımlarda dağ çayırları, bir gecede kar altında kalabilecek kırmızı, sarı ve mavi kır çiçekleriyle doludur. Temmuz ayına gelindiğinde, yazın kuraklığı çayırları ve çiçekli tarlaları hızla kurutur ve çayırlar on ay daha altın renginde kalır. Yine de temmuzun ortasında bile bir dolu fırtınasının zemini yumruk gibi buz taneleriyle kaplaması alışılmadık bir durum değildir.

Ağaçlara bakarak da mevsimi anlayamazsınız. Titrek kavak ve kara kavak gibi yaprak döken ağaçlar, mayıs ayının

[1] T.S. Eliot, *Çorak Ülke, Dört Kuartet ve Başka* Şiirler, çev. Suphi Aytimur, Adam Yayınları, İstanbul 1990, s. 43

sonlarına veya haziran ayının başlarına kadar yapraklarını dökmezler. Sonbahar erken gelir. İlk öldürücü don genellikle eylül ayının ortasında meydana gelir ve ekim ayının başlarında şiddetli Wyoming'in rüzgârları ağaçların ölü yapraklarını hızla soyar. Geniş yapraklı ağaçlar tam sekiz ay boyunca yapraksız kalır. Kışı ağaçların çıplak olduğu zamana göre değerlendiriyorsanız, Wyoming'de kışın uzun sürdüğü söylenebilir.

Yüksek rakımlara kar her ay yağabildiği için, kar yağışına bakarak mevsimi tahmin etmek kolay değil. En şiddetli fırtınalarımız sonbaharın hemen başlarında veya ilkbaharın sonlarında gelir ve ekim veya mayıs aylarında Wyoming'i beyaz kristal pullara gömer. Bu da yetmezmiş gibi, en hoş havalardan bazıları da kışın ortasında görülebilir. Ocak veya şubat aylarında çoğu gün gökyüzü tamamen açık ve masmavi olur. Rüzgârlar karları uçurmaya meyillidir veya kuru hava karları yok eder. Bu nedenle uzun kış dönemleri tamamen kar örtüsüz geçebilir.

Wyoming'de baharın başlangıcını anlamak özellikle zor olduğundan burada yaşayan herkes, T. S. Eliot'ın "nisan en zalim aydır" dizesiyle ne kastettiğini muhtemelen anlayabilir. Güneşli günlerde, laleler ve nergisler hızla bitiverir ve genellikle ya buzda donar veya karın altına gömülürler. İlk çiçeklerden başka, baharın iki göstergesi daha vardır. Bunlar özellikle önemlidir çünkü bize 252 ila 201 milyon yıl öncesinin Triyas dönemini hatırlatırlar. Birinci gösterge burada gelenekseldir: kızılgerdanların ve diğer göçmen kuşların ortaya çıkışı. Memleketim Michigan eyaletinde, kızılgerdan gerçekten de ılıman bahar havasının gelişini az çok müjdeler. Wyoming ise daha da zalimdir: Çoğu zaman, bu kuş, vücudundaki tüylerden tamamen şişmiş görünür. Gecikmiş bir bahar kar fırtınası sırasında, karla kaplı ladin ağaçlarının dallarının arasında saklanarak çaresizce ısınmaya çalışır. Peki ama bir kızılgerdan bize neden Triyas dönemini hatırlatsın?

Şekil 7.1. Wyoming'de baharın kesin emaresi olan xyelidae testere sineği, Pleroneura californica, Triyas döneminde ortaya çıkan eski bir böcek ailesinin kalıntısıdır.

Ben çocukken kuşlar kuştu ve dinozorların büyük sürüngenler olduğu düşünülüyordu. Zaman nasıl da değişti... Lades kemiğinin mesajını şimdi anlıyoruz: Mezozoik dönemde ortaya çıkan tüm hayvan grupların en ünlüsü olan kuşlar, dinozorların doğrudan alt soyudur.[2] Dinozorlar ilk olarak Triyas yıllarında evrimleşmişlerdir, tüylü dinozorlar ve ilk kuşlar ise Jura devrinde ortaya çıkmışlardır. Kretasenin sonunda *tyrannosaurus* ve *triceratops* gibi büyük dinozorların soyları tükenirken, tüylü küçük dinozorlar da tarihe karıştılar ama yok olarak değil, uçarak! Bugün Mezozoik zamanlarda olduğundan bile daha fazla dinozor türü yaşıyor. Sadece onların tüyleri, kanatları ve gagaları var, dişleri yok. Her baharda ilk kızılgerdanı gördüğümüzde dinozorları hatırlamalıyız.

[2] Şükran günü hindimiz ile birlikte tüm modern kuşlar ve tüylü olanlar dâhil olmak üzere belirli dinozor türleri bir lades kemiğine sahiptir. Bu kemik, evrimsel biyologların sinapomorfi dediği şeyin bir örneğidir: ortak ataya dair kanıt sağlayan benzersiz bir şekilde paylaşılan bir özellik. Dilerseniz başka bir zamandan gelen mesaj gibi düşünebilirsiniz.

Şekil 7.2. Almanya'nın Bavyera eyaletindeki Jura dönemi kayalarında bulunmuş, güzel korunmuş bir yusufçuk, Protolindenia wittei fosili. Sucul böcek takımı Odonata (yusufçuklar ve kız böcekleri) Permiyen yok oluşlarında hayatta kalmış ve Mezozoik dönemde çoğalabilmiş yalnızca iki paleoptera (eski kanatlı) böcek takımından birini oluşturur. (Fotoğraf: Frank Carpenter. Karşılaştırmalı Zooloji Müzesi, Harvard Üniversitesi. © Harvard Koleji Başkanı ve Üyeleri.)

Fakat Wyoming'de göçmen kuşlar da bazen tahmin edilemez olabiliyorlar. Bazı yıllarda geç gelirler veya bazı yıllar bölgeyi neredeyse tamamen es geçerler. Bu yüzden baharın başka bir göstergesini, her yıl kesin bir işaret sayabileceğimiz yerleşik bir başka hayvan buldum: kozalaklı ağaçların ve söğüt bataklıklarının yakınında, yüksek rakımlarda yaşayan xyelidae testere sinekleri. İlkbaharın başında söğüt dallarının rengi yerine gelir, yamaçlarda eriyen parlak beyaz kar yığınlarına karşı parlak sarı, turuncu ve kırmızı renkler tezat teşkil ederler. Kısa bir süre sonra söğüt tomurcukları şişer ve her yeri keçi söğütleri basar. Bu bitkiler polen üretmeye başladıklarında, çok küçük bazı böcekler yüksek proteinli bu besinleri toplamak için onlara üşüşür. Wyoming dağlarında baharla birlikte faaliyet gösteren ilk erişkin böcekler arasında, toprakta kışlamaları bitip hücrelerinden çıkan xyelidae testere sinekleri vardır.

Xyelidae testere sinekleri, Triyas yıllarının kalıntılarındandır, yani yaşayan fosillerdir. Bunlar, şu anda tüm böceklerin en başarılılarından bazılarını içeren soy olan hymenoptera takımının en ilkel canlı grubudur: arılar, karıncalar, sosyal yaban arıları ve parazit yaban arıları. Üstelik çok meraklı canlılardır. Antenlerinin tabanı ve maksilla palpus'u (mandibulanın arkasında yer alan segmentli bir besleme eki) bacağa benzer, bu da onların ön uçlarına yakın fazladan bacakları varmış gibi görünmesine neden olur. Uzun bacaklı ağızlarını yemek toplamak için kullanırlar ve sonra tıpkı milyonlarca yıl önce yaptıkları gibi, yakınlardaki kozalaklı ağaçların tepelerine uçarlar. Bu böceklere 'testere sineği' denmesinin sebebi dişilerinde bulunan ve entomologların *ovipozitör* diye adlandırdıkları yumurtlama kanalının tırtıklı olmasıdır. Dişiler bu tırtıklı yapıyı kullanarak polen taşıyan çam kozalaklarını aşınıdırıp onlarda küçük yarıklar açar ve besleyici bitki dokusuna yumurtalarını yerleştirirler. Genç xyelidae larvaları yumurtadan çıkınca bu dokuyla beslenir, toprağa düşer ve burada bir sonraki bahara kadar içinde pupa evrelerini geçirecekleri sığınakları kazarlar. Bu alışkanlık, eski testere sineklerinde işe yarıyordu çünkü larvalarının ağaç tepelerinde yaşamasına izin veriyordu, dinozorların en uzun boylu büyük otçullarından olan brontozorlardan bile bu sayede kaçabildiler.[3]

[3] *Apatosaurus* şu anda *Brontosaurus* için doğru bilimsel ad olsa da daha kolay tanındığı için "brontozor"u ortak isim olarak kullanmaya kendim karar verdim. Bu, kullanılmayan bir bilimsel adın, yaygın ad olarak benimsendiği ilk durum değil: muhtemelen ördek gagalı *platypus*'u (platipus) duymuşsunuzdur ama *platypus*'un artık standart teşkil etmediğini bilmiyor olabilirsiniz; bunun yerine, bu hayvana artık *ornithorhynchus anatinus* (ornitorenk) deniliyor.

Permiyen Soy Tükenişinin Sessizliğini Bozmak: Triyasta Gürültülü Bir Bahar

Bahar mevsimine Triyastan daha fazla benzeyen bir başka yaşam dönemi olabilir mi? Permiyenin sonunda yaşanan kitlesel soy tükenişleriden sonra yeniden doğuş zamanı gelmişti. Manzara Paleozoik zamanlarına kıyasla biraz daha kuraktı ama Triyas ormanlarına yeni bitki türleri hâkim olmuştu. Bunlar çoğunlukla kozalaklı ağaçlardan, ananasgillerden, ginkolardan ve eğrelti otlarından oluşuyorlardı. Triyas döneminin kozalaklı ağaçları şimdilerde meşhurdur çünkü bazıları nehirlere düşüp yanardağların küllerine gömüldükleri kıyı ovalarına sürüklenmiş ve zamanla rengârenk kuvars mineralleri biçiminde fosilleşmiştir. ABD'nin güneybatısında bulunan bu taşlaşmış ağaçlar özellikle Arizona'nın Taşlaşmış Orman Ulusal Parkı'nda görülebilirler.

Triyasta çiçekli bitkiler, meyveler, yemişler veya otlar yoktu. Yine de kozalaklı ağaçların yaygınlığı ve eski böcek takımlarının yokluğuyla Triyas ormanları bize tanıdık gelirdi. Mayıs sinekleri, kızböcekleri, taş sinekleri ve şayak sinekleri dâhil sayısız su böceği dereler boyunca kanat çırpıyordu. Özellikle hamamböcekleri, cırcırböcekleri, bitki pireleri, gerçek eşkanatlılar, dantelkanatlılar, kınkanatlılar, akrep sinekleri ve dipteralar arasında yeni türler ordular halinde ortaya çıktıkça ormanların vızıltısı daha gürültülü hale geliyordu. Triyas ayrıca, bastonböcekleri, ağ örücüler, kulağakaçanlar, dobson sinekleri, yılan sinekleri ve yaban arısı gibi birkaç yeni böcek takımının ortaya çıkışına da tanıklık etti. Bu böceklerden bazıları tanıdık değildi, bazılarıysa çok tanıdıktı. Omurgalılar tüm bu canlıları yakalamakla meşgullerdi: İlk kaplumbağalar, semenderler, kurbağalar ve elbette en önemlisi, ilk dinozorlar sahneye çıkmıştı. Geç Triyasa kadar, *saltoposuchus* ve *procompsognathus* gibi çok küçük kuş boyutundaki türler ve *plateosaurus* gibi daha büyük türler dâhil, birkaç dinozor türü ormanlarda geziyordu.

Dinozorların etkileyici hanedanlığı hakkında pek çok şey duymuşsunuzdur. Onlar kesinlikle Mezozoik dönemin baskın makro otçulları ve makro yırtıcıları haline gelmişlerdi ve 100 milyon yıl veya daha uzun bir süre boyunca memelileri epey gölgede bıraktılar.[4] Ama şimdi hikâyede ufak bir değişiklik yapacağım: Dinozorlar büyük Mezozoik dünyanın etkileyici simalarıydı ama o dünya hâlihazırda böceklerle doluydu. Genellikle bu ikisini bir arada anmayız ama dinozorlar böcekleri etkilemiş olmalılar ve eminim böcekler de dinozorları etkilemiştir.

İnsanlar hâlâ en eski dinozorun neye benzediğini tartışıyorlar. Yaygın kanı, Güney Amerika 'tavşan timsahı' *lagosuchus*'un ilk dinozor olabileceği ya da kesinlikle dinozorların kökenini göstermeye uygun bir model olabileceğidir. *Lagosuchus* elbette bir tavşan ya da timsah değildi. Özbeöz dinozordu. Bu takımın ayırt edici özelliği, iki yöne sallanabilen uzun bir palaya benzeyen başparmak pençesine sahip olmasıydı. Timsahlar gibi bu canlılar da uzun, narin, zariftiler ve geniş, dar bir burunları ve bir sürü keskin dişleri vardı. Tavşanlar gibi, koşmalarına ve zıplamalarına izin veren uzun, güçlü arka bacakları da vardı. Bazı rivayetlere göre ağaçlara tırmanabiliyor ve muhtemelen ağaçtan ağaca da atlayabiliyorlardı.

Geleneksel görüşe göre, ilk dinozorlar etçil avcılardı. Keskin dişleri, kesmeye ve parçalamaya yarayan esnek başparmak pençeleri nedeniyle örneğin lagosuchusların et yediklerini rahatlıkla söyleyebiliriz. Sonra bitkiyle beslenen dinozorların ilki olan *plateosaurus* geldi. Plateosaurus ağaçların alt dallarına uzanabilir, onları başparmak pençeleriyle

[4] Memeli atalarımız Kretasenin sonuna kadar ormandaki yaprak döküntüleri arasında gezinen, kütüklerin altına saklanan ve hiç şüphesiz büyük yırtıcı dinozorlardan sürekli korku içinde yaşayan, küçük ve tüylü kır faresi benzeri böcekçillerden fazlası değildi. Tarihimizde kesinlikle korkunç bir dönemdi; ancak lezzetli ve besleyici böcekler, K-T asteroiti büyük, kötü canavarların sonu olana dek biz memelileri ayakta tuttu. Ama şimdi kuşların da dinozor olduğunun keşfiyle Mezozoiki yöneten dinozor hanedanının son zamanlarda kendisi için de iyi şeyler yaptığını kabul etmek zorundayız.

yakalayıp uzun boynuyla lezzetli yaprakları yiyebileceği kadar alçalabilirdi. Evet dinozorlar kanlı kırmızı et ve yeşillik salatasıyla besleniyorlardı. Bütün iyi kitapların bize söylediği bu. Daha ne isteyebilirlerdi ki?

Dinozorlar da muhtemelen diyetlerinin çeşitli olmasını isterlerdi. Belki de aklıselime uyup ufak, çok çeşitli tatlı atıştırmalıklarla, mesela tamamen sindirebilecekleri ve dinozor koprolitlerinde (dışkı fosillerinde) görünmeyecek yumuşak vücutlu böcekler tüketerek besin yelpazelerini geliştirmişlerdir. Hemen hemen tüm canlı omurgalı hayvan grupları, böceklerle beslenir. Balıklar –en azından tatlı su balıkları– çok sayıda böcek yer. Amfibiler, sürüngenler, kuşlar ve çoğu memeli de öyle. İlk memeliler böcek avcısıydı ve ilk primatlar ve özellikle de lemurlar öyleydi. Hatta birçok insan kültürü, mükemmel bir protein, yağ, kalori, çeşitli eser mineraller ve B vitamini kaynağı oldukları gerekçesiyle böcekleri mutfağına dâhil eder.[5] Tüm büyük omurgalı soyları arasında sadece dinozorların onları görmezden geldiğini mi düşüneceğiz yani? Küçük yırtıcı dinozorlar ve yavrular kesinlikle bir böcek yemeğine burun kıvırmazlardı. Fakat bitkiyle beslenenler bile kazara veya kasıtlı olarak birçok böcek yemiş olmalılar. Bazı dinozorlar, tercihen en yenebilir böceklere sahip bitki kısımlarını bile seçmiş olabilirler çünkü böcekler bir salatadaki domuz pastırması dilimleri gibi, kozalaklı iğnelerden ve palmiye yapraklarından daha fazla besin değeri sağlarlardı.

[5] Bizim kültürümüz, böcekleri o kadar yemekle fazla ilgilenmiyor ama yine de onlardan kaçamıyoruz. Çoğumuz her yıl, un veya tahıllara öğütülmüş veya meyve ve sebzelerle karıştırılmış halde yaklaşık yarım kilodan fazla böcek tüketiyoruz. Bazı araştırmalar, böcek yemeye karşı kültürel isteksizliğimizin B vitamini eksikliği yaratabileceğini söylüyor. Kimileri tüm böcek parçalarını diyetlerimizden çıkarmak istese de ABD Gıda ve İlaç İdaresi'nin (*Food and Drug Administration, FDA*) bunu yapamamasının (veya istememesinin) birkaç iyi nedeni var: İlk olarak, bitki besin kaynaklarında tüm böcekleri taramak neredeyse imkânsız. İkincisi, onları dışarıda tutmak için gerçekten iyi bir neden yok; çünkü çoğu kez bitki materyallerine katılan böcekler gıdalarımızın besin değerini gerçekten iyileştiriyor.

Şekil 7.3. Ekvador'dan çok kriptik bir değnek böceği, Triyas döneminde başarılı yükselişine başlayan böcek takımı Phasmatodea'nın bir örneği. (Fotoğraf: Angela Ochsner.)

Modern omurgalıların yemekten hoşlandıkları böcek türlerini bir anlığına düşünelim. Bu böcekler çoğunlukla iki kategoriden birine girerler: şişman, odun delen kınkanatlı larvaları veya karides büyüklüğünde tırtıllar gibi nispeten büyük böcekler veya sayıları çoğaldıkça yerleri kolayca tespit edilebilen çok daha küçük böcekler. Bunlar, belirli zamanlarda çok sayıda olan kaynaşmış türler veya sürü halinde yaşayan türler olabilir. Triyas döneminde bol miktarda odun delen, besili kınkanatlı kurdu, devrilmiş ağaçları çiğniyordu. Büyük ağustosböcekleri orman bitki örtüsünden beslenirken, diğer böcekler yaprak döküntülerinden, topraktan veya bitkilerde tünel açarken besleniyorlardı. Dinozorların elbette gözleri ve kulakları vardı. Bu yüzden yüzeylerde hareket eden böcekleri görüp çürüyen kütükleri çiğnediklerini duyabiliyorlardı. Çevik başparmak pençeleri, kurçukları çürümüş odundan çıkarıp almak için mükemmel bir araçtı. Elbette ilk küçük dinozorlar, tıpkı ağaçkakanlar ve uzun pençeli böcekçil primatlar gibi kınkanatlıları avladılar. Ayrıca, Triyasta sosyal böcekler var olmasa da çeşitli dönemlerde sürüler halinde uçuşan çok sayıda böcek türü ilk dinozorlara mevsimlik ziyafetler veriyordu. Bu böcekler yaprakların üzerinde dinlenmeye çekildiklerinde dinozorların onları almak için dillerini kullanmaları yeterli olurdu. Öte yandan en eski dinozorların uçan böceklerin üzerine atlayıp onları havadan kapma yeteneğine sahip olduğunu da kesinlikle biliyoruz. Dönemin sonunda, diğer tüm böcek takımlarından daha fazla tür zenginliğine sahip olan ve fazlasıyla bol olan eşkanatlılar da onlara bir yemek tercihi sağladı. Delici ağız parçalarına sahip yaprak pireleri, beslenmek için bitkilere sondaj yaparken sözcüğün tam anlamıyla yerlerine çakılı kalıyorlardı. Dolayısıyla dinozorların onları bulması çok kolaydı.

Böcek çeşitliliği dinozor çeşitliliğini şekillendirmiş olmalı. Sadece çeşitli küçük ve otçul dinozorlar muhtemelen protein için böceklere bağlı olduklarından değil, ayrıca etçil dinozorların tamamı büyük ölçüde böcekçil olan küçük amfibileri, sürüngenleri ve memelileri yedikleri için de böyle olmalı. Dinozorların bu davranışları muhtemelen bazı böceklerin evrimsel modellerini de şekillendirmiştir. Triyas, alkaloit taşıyan çiçekli bitkilerin ortaya çıkmasından çok önce sona ermiş olsa da eski bitki türlerinin çeşitli ikincil kimyasal savunmaları vardı ve bazı bitkiyle beslenen böcekler dinozorları savuşturmak için bunları kullanmış olabilir. Dahası bu böcekler aposematik uyarı renklerini (parlak sarı, turuncu ve kırmızı) geliştirmiş olabilirler çünkü kimyasal savunmaya sahip modern böcekler, yırtıcıları görsel olarak ararken bu tür bir koruma geliştirmeye meyillidir. Diğerleri bitkilere, oduna veya toprağa benzeyen kamuflaj renkleri ve desenleri geliştirmiş olabilirler. Bazıları ise çeşitli kaçınma davranışları geliştirerek tamamen farklı bir yol izlemiş olabilir. Mayıs sineklerinin ve ağustosböceklerinin birlikte ortaya çıkışının, yoğun dinozor yırtıcılığına yanıt olarak uyarlanmış veya onlara göre ince ayarının yapılmış olması mümkündür. Triyasın böcekleri zamanla dinozorları sömürdüler: Dinozor pisliklerini toplayan dışkıyla beslenen kınkanatlılar, kanla ve muhtemelen doğrudan onlarla beslenmiş olabilecek asalak böcekler ortaya çıktı.

Dinozorların Böcekli Dünyası

11 tanesi Triyas yıllarında gelişen ve bugün hâlâ varlığını sürdüren birkaç önemli böcek takımı Permiyenden de sağ çıkmıştı: ephemeroptera (mayıs sinekleri), odonata (kızböcekleri), blattaria (hamamböcekleri), orthoptera (cırcır böcekleri), plecoptera (taş sinekleri), homoptera (bitki pireleri), neuroptera (dantelkanatlılar), coleoptera (kınkanatlılar), mecoptera (akrep sinekleri), trichoptera (şayak sinekleri) ve diptera (gerçek sinekler). Geç Triyas döneminin böcek türlerinin %90'ından fazlası bu 11 takıma aitti. Ayrıca, Triyas döneminde en az sekiz yeni takım ortaya çıktı. Bunlardan yedisi az çok tanıdık geliyor çünkü hâlâ varlar: phasmatodea (değnek çekirgeleri), embiodea (ağ örücüler), dermaptera (kulağakaçanlar), hemiptera (gerçek eşkanatlılar), megaloptera (büyük kanatlar), raphidioptera (deve sinekleri) ve hymenoptera (yaban arıları). Fakat sadece bir yeni böcek takımı gerçekten Triyaslı sayılabilir çünkü onlar yalnızca bu dönemde yaşamışlardır: titanoptera takımının dev böcekleri titanlar.

Titanlar, keskin çiğneme ağızlarına sahip büyük düzkanatlılardı ve battal boy çayır çekirgelerine benziyorlardı. Kurbanlarını kavramaya uygun dikenli ön bacakları vardı. Bunlarla diğer böcekleri avladıkları düşünülüyor. Titanların en büyüğü yaklaşık 36 santimetre kanat açıklığına sahipti ve semender ile kurbağa gibi küçük omurgalıları yakalayıp yiyebilecek kadar büyüktü. Erkeklerin ön kanatlarında geniş, ağımsı ve ses üreten alanlar vardı. Bunlarla çiftleşme mevsimi boyunca, orman bitki örtüsünde eş çağırırken ve bölgeyi savunurken yüksek sesle şarkılar söylemiş olmalılar. Triyas döneminden sonra titanların neden ortadan kaybolduğunu kimse bilmiyor ama soylarının tükenmesi, küçük dinozorların çeşitlenip ilk kuşların ortaya çıkışıyla yakından bağlantılı görünüyor. Belki de titan böcekleri o kadar gürültüyle paçalarını sıyıramayacak kadar büyüktüler. Belki de ortaya çıkan böcek avcısı tüylü dinozor ordusuna ilk yenik düşenler onlar oldu.

Phasmatodea (aynı zamanda phasmida olarak da bilinir) takımının hayalet böcekleri (ya da yaygın bilinen adla değnekçekirgeleri ve sopaböcekleri) aç dinozorlarla dolu bir ormanda hayatta kalmak için oldukça başarılı bir strateji geliştirdiler: *kripsis*, yani kamuflaj sağlayan desen, şekil ve renkler geliştirmek. Bazıları kanatlarını kaybetti ve çubuklara benzeyen uzun, ince vücutlar geliştirdi, bazılarıysa yapraklara benzeyen yeşil kanatlar geliştirdi. Bu böceklerin hepsi, bitki dokularıyla ve çoğunlukla da geceleri beslenerek avcılardan kaçınırlar. Phasmatodealar, kripsisi bitki parçaları gibi görünmek istedikleri için geliştirmediler. Aksine, kripsis, avlarını görsel yoldan arayan yırtıcıların neden olduğu seçilim baskısının bir sonucu olarak ortaya çıktı. En inandırıcı şekillere ve renklere sahip olan phasmatodealar üreyebilecek kadar hayatta kalırken, daha az yanıltıcı şekle ve renklere sahip olanlar daha sık av oldular. Dikkat çekici bir şekilde, değnekçekirgeleri ilk olarak, kuşlar ortaya çıkmadan önce dinozorlarla dolu yağmur ormanlarında evrimleşmişlerdir. Belki de modern dünyadaki phasmatodea vücut biçimlerinin akıl almaz çeşitliliği, kısmen dinozorların beslenme alışkanlıklarının bir mirasıdır.

Dinozorlar zaman zaman çubukböceklerine meraklı bir bakış attıysa, kesinlikle başka bir gizemli yaratığı daha görmüş olmalılar. Geç Triyas boyunca, beyaz ipek katmanları, bazı ağaçların gövdelerini, kayaları ve yaprak döküntülerini örtmeye başladı. Bu dokumalar, ağ örücüler olarak da bilinen, zor bulunan embiodea takımının el işi göz nuruydu. Kıpır kıpır canlılar olan ağ örücüler, dinozorlardan tamamen uzak durmak için kendi stratejilerini geliştirdiler. Vücutlarını küçültüp ipek yapmanın yepyeni bir yolunu keşfettiler ve kendi dünyalarını bu malzemeyle örterek meraklı gözlerden uzak tuttular. 220 milyon yıl boyunca saklanarak, likenleri ve çürüyen bitkileri çiğneyerek, huzur içinde yaşadılar. Bu ağ örücüler ipeği ağızlarından veya anüslerinden salgılamak yerine yürüdükleri sırada ön bacaklarındaki yeni bir ipek bezinden çıkarıyorlardı. Bu sıra dışı alışkanlıklarından ötürü Örümcek Adam'a en fazla benzeyen böceklerin onlar olduğunu belirtmek isterim: Peter Parker gibi 'bileklerini' kullanan tek böcekler onlardır. Örümcekler ağlarını böyle örmezler. Örümcek Adam aslında 'Ağ Örücü' veya 'Embiid Adam' diye adlandırılmalıydı.

Yaprak döküntüleri arasında hızla koşuşturan, kuyruk uçlarındaki uzun kıskaç benzeri yapılarla kulağakaçanlar da ağ örücülerin arasına katıldılar. Bunlar dermaptera takımının 'deri kanatlı' böcekleridir ve bu adlarının nereden geldiği belli değildir: Rivayet o ki Ortaçağda insanlar uyurken kulağakaçanlar onların kulaklarına veya peruklarına giriyordu. Kulağakaçanlar çoğunlukla geceleri çürüyen bitki örtüsüyle beslenen, sabahlarıysa saklanabilecekleri karanlık kuytulara çekilen leşçiller olduklarından, durum pekâlâ böyle olmuş olabilir. Bu çimdik atan küçük böcekler o kadar sinir bozucudur ki dinozorların bile onlardan pek hoşlanmadığını tahmin ediyorum.

Triyasın küçük dinozorlarının hayatındaki bir sabahın şöyle bir şey olduğunu hayal ediyorum: Dinlendirici güzel bir uykunun ardından, güneş ışınları büyük yapraklı bitkiler ve eğrelti otlarından oluşan yoğun bir orman örtüsünün arasından geçerken ayağa kalkıp kulağakaçanlarından kurtuyorlardı. Etrafı hızla kolaçan ettikten sonra muhtemelen güne serinletici bir soğuk su içerek başlamak için yakındaki bir dereye koşturuyorlardı. Sonra belki dere kenarındaki bitki örtüsünden yeni ortaya çıkan birkaç su böceğini seçtikten sonra, nefis kınkanatlı kurtçuklarını aramak için su kenarında çürümüş, düşmüş ağaçları kemirmeye ve parçalamaya başlıyorlardı. Etrafta en doyma bilmezi bile tatmin edebilecek kadar fazla kurtçuk vardı ama Geç Triyas sırasında dinozorlar, etli akarsu yatağı kütüklerinde bir başka yeni böceğin pupalarıyla karşılaşmaya başladılar. Büyük ve lezzetli bu türün üyelerini ısırmak o kadar kolay değildi çünkü ısırarak karşılık veriyorlardı. Dobson sineğinin bu pupaları, kendilerini savunabilecekleri işlevsel çenelere sahip tek pupa türü olmaları itibarıyla dikkate değerdir. Erişkin bir dobson sineği, pupa odasından çıktığında çok büyük kanatlara sahiptir. Bu nedenle bu böceğin bilimsel adı, 'büyük kanatlı böcek' anlamına gelen megalopteradır.

Ne var ki dobson sineğinin kanatları, onun en etkileyici özelliği değildir. Elbette erkeklerin çeneleri, genç bir dinozorun gözünden bile etkileyici görünecektir. Bu çeneler uzun ve orak gibidir ve yünlü bir mamutun dişlerine benzer. Tuhaftır ki erkek dobson sinekleri onları savunma amaçlı olarak fazla kullanmaz, daha ziyade kur yapma ve çiftleşme sırasında dişiyi kavramak ve bölgelerini rakip erkeklere karşı savunmak için kullanırlar. Dişilerinin çeneleri çok daha kısa olsa da şaşırtıcı derecede güçlüdür ve ısırıkları acı vericidir. Çiftleştikten sonra dişi dobson sineği, yumurtalarını devrilmiş bir ağacın gövdesine veya bir akarsunun üzerindeki başka bir nesnenin altına bırakır, böylece yavruları ortaya çıktıklarında doğrudan suya düşebilirler. Bu larvalar çok saldırgandır, diğer sucul böceklerin yanı sıra küçük balıkları ve küçük amfibileri bile acımasızca avlarlar. Hellgrammit adı verilen ve ısırığı çok acı verebilen büyük larvalara dönüşürler. Bazı kâğıt yaban arısı sokmaları ve karınca ısırıkları haricinde bir hellgrammit ısırığı, böceklerin yaşattığı en yoğun acılardan birine neden olur. Biliyorum çünkü biri tarafından ısırıldım. Bence hellgrammitler pupa evresi odacığı aramak üzere sudan dışarı çıkarken, denk geldikleri dinozorlar onlardan yıldı ve kaçmayı öğrendi.

Şekil 7.4. Tayland'daki bu ağ örücü Eosembia auripecta (Oligotomidae ailesi), küçük Triyas döneminde dinozorlarla beraber evrilen başarılı ama kriptik bir böcek takımının örneğidir. Bu minik dişi sadece yaklaşık 1,8 santim uzunluğundadır. (Fotoğraf: Janice Edgerly-Rooks.)

Gerçek Eşkanatlılar Kiş Yemez

Dinozorlar sabah serinlemek için akarsu yataklarını ziyaret ettiklerinde, su kenarına yakın nemli kum boyunca hareket eden bazı küçük böcekleri izlemek için de durmuş olabilirler. Çoğunlukla çok küçük olan bu böcekleri yeme zahmetine muhtemelen girmezlerdi ama Triyasta onları yiyip bitirmediklerine daha sonraları pişman olduklarını tahmin ediyorum. Bu böceklerden ilki olan hemiptera, yani entomologların 'gerçek eşkanatlılar' diye ince bir çizgiyle ayırdığı bu soy, daha sonra tahtakurularını, katil böcekleri ve dev su böceklerini türetti ki bunların hepsi daha Mezozoik bitmeden önce dinozorları ısırabilecek canlılardı. Gerçek eşkanatlılara hoş

(!) kokulu süne böcekleri, bitki böcekleri ve tohum böceklerinden ve birçok başka türünden biz de aşinayız ama ancak bunların hepsi ilk atalarından çok daha sonraki türlerdir.

Hemiptera ilk önce yarı sucul yırtıcıların ve kıyı böceklerinin bir soyu olarak ortaya çıktı. En yakın kuzenleri olan bitkiyle beslenen homoptera bitki pireleri gibi, gerçek eşkanatlıların da sıvıyla beslenmelerine izin veren delici ağız parçaları vardır. Kuzenlerinin hortumlarının aksine, gerçek bir eşkanatlının hortumu yüzünün ön tarafındadır, daha uzundur ve daha esnektir. Bu sayede gerçek eşkanatlılar diğer bahtsız böceklerin kanını emmeye başlamıştır. Gerçek eşkanatlılar çok talihli bir başlangıç yaptılar çünkü böyle sonradan da kolonize edecekleri yeni habitatlarda büyük ölçüde çeşitlenmeyi sadece birkaç böcek grubu başarabilmiştir. Önce akarsu yataklarından su yüzeyine, daha sonra çoğu tamamen suda yaşayan yırtıcı hayvanlar olarak suya geçtiler; birkaçı yeşil alg ve plankton leşi yiyicileri oldu.

Daha sonra Mezozoik çağda, bir grup su patencisi, su üzerinde diğer hayvanlardan daha iyi yürümeyi öğrendi. Akıntıya doğru hareket eden ve açık okyanusları yeniden kolonize eden tek böcekler onlardı. Diğer gerçek eşkanatlılar su kenarından ormanlara taşındılar. Bazıları akrabalarının yanında sadece bitkilerle beslenen böcekler haline gelirken, bitki pireleri, katil böcekler gibi diğerleri, başka orman böceklerinin peşine düşen amansız avcılar haline geldiler. Bu katil böceklerin bazıları, küçük memelilerle ziyafet çeken kan emicilerdi ve fırsatları olsaydı dinozorları bile ısırırlardı

Ormandaysa kozalaklı ağaçlarda yılan sinekleri ortaya çıktı (raphidioptera takımı). Zemindeki dinozorların ağaç tepelerinin bu gizli sakinlerini fark ettiklerini sanmıyorum: Muhtemelen kendi işlerine bakıyorlardı ve dinozorların menziline girmemeye dikkat ediyorlardı. Çoğu insan da yılan sineklerini asla görmez çünkü bugün nadir bulunuyorlar ama garip bir şekilde Wyoming'de yaygın olarak yaşayan başka bir Triyas böceğidir. Onlara yılan sinekleri diyoruz çünkü erişkinlerinin uzun bir boynu var ve diğer böcekleri avlıyorlar; saldırdıklarında bir yılan misali kafalarını öne savuruyorlar. Modern yılan sinekleri neredeyse tamamen yaprak bitleri gibi eşkanatlı böceklerle beslenir. Triyas döneminde yaşamış ataları de muhtemelen aynı şeyi yapıyoardı, ağaç tepelerinde dolaşıp savunmasız bitki pireleri sürülerini gözlerine kestiyorlardı. Dişisinin uzun, kavisli, kuyruğa benzer bir ovipozitörü vardır. Bununla yumurtalarını bitkilerin yüzeylerine yerleştirir, bitkinin yüzeyinde larvalar yumurtadan çıkar ve erişkinler gibi beslenir. Uzun boynundan yumurtlama ovipozitörüne, yılan sineği yandan bakınca bir yılandan çok bir brontozora benzer. Evrildikleri bağlam göz önüne alındığında, belki onlara brontozor eşkanatlıları demeliyiz çünkü Jura yılları boyunca Wyoming hâlâ bir kıyı ovası yağmur ormanıyken, yılan sinekleri, brontozorların yapraklarını kemirdiği ağaçların tepelerinde onlarla birlikte besleniyordu.

Hymenoptera böcek takımının ilki üyesi olan testere sinekleri de Triyas döneminin ağaç tepelerinde evrimleşmiştir. Bu bölümün başlarında onlardan sadece baharın kesin bir işareti oldukları için değil, tüm Triyas böcekleri arasından sadece onların milyonlarca türden oluşan büyük bir hanedana dönüşecekleri için de bahsettim. Hymenoptera 'zar kanatlı' anlamına gelir ama bu isimle ilgili bir efsane de vardır. Yunan mitolojisinde Hymenos evlilik tanrısıydı. Bazıları hymenoptera adının, hymenoptera kanatlarının uçuş sırasında *hamuli* adı verilen bir dizi küçük kanca aracılığıyla birbirine kavuşmasından veya 'evlenmesinden' geldiğini söylüyor. Bu kanatlar testere sineklerinin topraktaki pupa odalarından çıkıp ağaç tepelerine rahatça varmalarına izin verdikleri için zaten faydalıydılar. Fakat testere benzeri ovipozitörlerin, testere sineklerinin gençlerini sadece orman zemininde beslenen yılan sineklerinden korunabilecekleri bitki dokularının derinliklerine yerleştirmelerine izin verdiği için misliyle faydalı olduğu da ortaya çıktı.

Ağaç tepelerinde uçuşan testere sineklerinin bu ilk atalarından çeşitli sosyal böcek soyları ortaya çıkacaktı: arılar, karıncalar, sosyal yaban arıları, hatta yuva yapan iğneli yaban arıları ve sıra dışı bir dizi asalak yaban arısı.[6] Uzun vadede ovipozitör, yaban arısı hanedanının yükselişinde kanatlardan bile daha önemliydi. Birçok modern yaban arısı kanatlarını kaybetmiştir ama ovipozitörleri başka işlerde –yumurtaları bitki dokularına, diğer böceklere veya diğer böceklerin vücutlarının derinliklerine yerleştirmek için– kullanılmak üzere değişim geçirmiştir. Belki de en önemlisi, ovipozitör hem avı felç etmek hem de yırtıcılara karşı savunmak için kullanılan bir iğneye dönüşmüştür. Triyas yıllarında pek böyle görünmediğinden kuşku yoktur ama Kretase döneminde bu küçük testere sineği hançeri, en büyük ve en vahşi dinozorlara bile büyük acı verebilen zehir dolu bir deri altı iğnesine dönüşecekti.

Testere sineklerinin ve yaban arılarının belki de en benzersiz özelliği dışarıdan görünmeyen bir şeydir: Her bireyinin cinsiyeti bir yumurtanın döllenip döllenmediğine göre belirlenir. Döllenmemiş bir yumurta erkeğe dönüşür. Döllenirse dişiye dönüşür. Yaban arıları çiftleştiğinde, erkek, sperm hücrelerini dişinin sperm depolama organı olan spermatecaya aktarır ve spermler burada uzun bir süre canlı kalırlar. Döllenme çiftleşme sırasında gerçekleşmez, bunun yerine dişi tarafından bir yumurta yumurtlandığında yapılır ve bu dişinin, döllerinin her birinin cinsiyetini seçmesine izin verir. Bazı ekolojistler, bunun dişi yaban arılarının mevcut yiyeceklerin kalitesini değerlendirmesini ve dişi yumurtaları seçici olarak en iyi öğelere yerleştirmesini mümkün kıldığını öne sürüyor. Ayrıca, erkekler kıt olduğunda, dişilerin yalnızca erkeklere dönüşen yumurtaları çevreye bırakması-

[6] Sonraki bölümlerde yaban arısı çeşitliliği hakkında söyleyecek daha çok şeyim olacak. Şimdilik yaban arılarının aşırı çeşitlilik gösteren böcek takımlarından biri olduğunu, tür çeşitliliğinin muhtemelen kınkanatlılarla kıyaslanabileceğini ve en çeşitli eşekarısı soylarının asalak davranışlar geliştirdiğini söylemek yeterli olacaktır.

na da izin verir. Bu, böceklerin oldukça dağınık nüfuslarda var olmasına izin veren çok yararlı bir özelliktir. Bu ilginç cinsiyet belirleme yöntemi, yaban arısı, karınca ve arılardaki sosyal davranışların evrimini derinden etkilemiş olabilir. Garip gelebilir ama bu özellik kız kardeşlerin birbiriyle kendi kızlarından daha yakın akraba oldukları bir durum yarattı. Örneğin bir işçi arı veya karınca kendi yavrularından daha fazla kraliçenin (yani annesinin) yavrularının büyümesine yardımcı olursa, aktarabileceğinden daha fazla geni sonraki nesillere aktarabilmektedir.

En büyük iki yaban arısı aile grubu olan, ichneumonidae ve braconidae'den her biri tüm omurgalıların toplamından daha fazla tür içerir ve tropikal bölgelerde sosyal böceklerin toplam biyokütlesi omurgalılarınkinden çok daha büyüktür. Yaban arıları, otçul çoğu böcek nüfusunun temel yırtıcıları ve asalaklarıdır. Dolayısıyla ormandaki bitki türlerinin çeşitliliği ve bolluğu üzerinde büyük bir etkiye sahiptirler. Otçul yaban arısı türleri tohumlaştırıcılar, tozlaştırıcılar ve geri dönüştürücüler olarak da iş görebildiklerinden çevre sağlığı açısında da büyük önem taşırlar. Muhtemelen hak ettikleri iyi üne hiçbir zaman sahip olamadılar ama yaban arıları Triyas yıllarının en büyük başarı öyküsüdür, hatta bu öykü dinozorlarınkinden bile daha büyüktür.

Yaklaşık 201 milyon yıl önceki Geç Triyas döneminin yaprak döküntülerinde dolaşıp yemek arayan memeliler için zor, dinozorlar için harika, eşkanatlılar için ise muhteşem bir zamandı. Modern yağmur ormanlarında büyük omurgalılar tespit etmenin zor olması gibi, Triyasın ormanlarında bir dinozor tespit etmek herhalde zordu ama bu alanlar kımıl kımıl böcek kaynıyordu. Kıyı şeritleri suda yaşayan böcek türleriyle dolup taşarken yaprak döküntülerinin arası ve altı kılkuyruklardan kınkanatlılara kadar uzanan engin bir böcek çeşitliliğine ev sahipliği yapıyordu. Çoğunlukla kozalaklı ağaçlar, ilkel palmiyeler, ginkolar ve eğrelti otlarından oluşan orman bitki örtüsü sayısız ortoptereoid böcek, kirpikkanatlı, bitki piresi ve birkaç ilkel güve ve testere sineği tarafından çiğneniyor veya emiliyordu. Bunların hepsini titanlar, dantelkanatlılar, akrep sinekleri ve yılan sinekleri dâhil olmak üzere bir dizi yırtıcı böcek avlıyordu.

Her akşam güneş batarken, titanların bariton şarkıları ormanda yankılanıyordu. Zemindeyse küçük dinozorlar uzun bir gece uykusuna hazırlanırken kuru yaprak döküntüleri hışırdıyordu. Bu dinozorlardan bazıları, uzun ve serin gecelerde ısınmak için geliştirdikleri tüylerini karıştırmaya başlamışlardı. Yaklaşık 150 milyon yıldır ilk kez omurgalılar böcekleri gökyüzüne doğru kovalayacaklardı. Jura dönemi yaklaşıyordu ve titanların boğuk şarkılarının yerini kuş cıvıltıları almak üzereydi.

8

JURASSIC PARK'TA PİKNİK

Wyoming'de güneş doğarken hayal kurmak normaldir.
ROBERT T. BAKKER, *The Dinosaur Heresies*

Bu güneşli kış sabahının erken saatlerinde bu sözleri yazarken aklımda iki şey var: bir bilmece ve penceremden gördüğüm manzara. İlk bakışta bu ikisi tamamen ilgisiz görünüyor olabilir ama bu doğru değil. Aslına bakarsanız aklıma bilmeceyi getiren de bu manzara oldu. Birazdan göreceğiniz gibi, her ikisi de böcekler ve dinozorların daha önce hiç olmadığı kadar çeşitlendiği, ilk kuşların ortaya çıktığı ve omurgalıların nihayet böcekleri havada kovalamaya başladığı 201 ila 145 milyon yıl öncesinin Jura döneminin hikâyesinin ayrılmaz bir parçasını teşkil ediyor.

İlk olarak, bilmeceyi vereyim: Bir entomologun tanımlayıp adlandırdığı en büyük canlı nedir dersiniz? Hatırlarsanız, entomolog böcekleri inceleyen bir biyologdu (benim gibi). Daha doğrusu böceklerin evrimi ve sınıflandırılması üzerine çalışıyorum ve yeni böcek türlerinin keşfedilmesi, betimlenmesi ve adlandırılması için uğraşıyorum: Buna 'sistematik entomoloji' bilim dalı diyoruz. Bugüne kadar ad verdiğim en büyük tür Papua Yeni Gine'den bir megalyrid yaban arısıydı. Vücuduyla birlikte ovipozitörünü de sayarsak 60 milimetreden biraz daha kısa bir böcek bu. Yeni keşfettiğim türlerin çoğu sadece birkaç milimetre boyunda oluyor. Siz bilmecemi düşünürken benim gibi böcek avcılarının genellikle çok küçük böcekler keşfettiğini de aklınızdan çıkarmayın. Ben de bu arada size penceremden görünen manzarayı tarif etmeye devam edeceğim.

Wyoming Üniversitesi Böcek Müzesi dördüncü katta yer alır ve doğrudan kuzeye bakan geniş pencerelere sahiptir. Bu pencereler herhangi bir günde, Laramie'nin kuzey sınırlarının üzerinde ve ötesinde etkileyici bir panoramik manzara sunar. Şehrin ötesinde ne olduğu burada daha ilgi çekicidir. Elbette ilk bakışta hiçbir şey görünmüyor. Laramie Vadisi, ağaçsız, kısa otlarla dolu bir bozkırdır. Arazi açık, rüzgârlı, çorak ve tehlikeli görünür. Ufuk kilometrelerce uzakta olmasına rağmen gayet berrak; görüş alanını engelleyen hiçbir şey yok. Hava soğuk. Güneş tarafından aydınlatılan kahverengimsi taba rengi çayırlar Wyoming'in masmavi gökyüzüyle keskin bir tezat oluşturuyor. Kuzeybatı ufkuna kadar her yer görülebiliyor. Como Bluff, Sheep Creek ve Medicine Bow kasabalarının ötesini de berrak şekilde görebildiğinizi hayal edin. Çünkü hikâyemiz buradan devam ediyor. 100 yıldan daha uzun bir süre önce Sheep Creek yakınlarında sıra dışı büyüklükte bir canlı keşfedildi. Size az önce sorduğum bilmecenin de yanıtı aslında bu canlı. Peki, bu istisnai canlı, Laramie'nin kuzeyinde yer alan rüzgârlı havzada nasıl ortaya çıktı?

Bu bulmacaya nasıl cevap vereceğiniz, öncelikle 'büyük' sıfatını nasıl tanımladığınıza bağlı olabilir. Ağır veya iriyi kastediyorsanız, o zaman Orta Afrika'nın erişkin golyat kınkanatlıları ve kınkanatlı Güney Amerika herkülböceği larvaları en büyükler arasında yer alırlar.[1] Bunun yerine

[1] Golyat kınkanatlısının erişkinleri bugüne kadar yaşamış en ağır böcekler arasında olabilir ama son zamanlarda bazı Güney Amerika gergedan böceklerinin genç hâllerinin onlardan daha ağır olduğunu keşfettik. Bunlardan biri olan herkülböceğinin larvasının ağırlığının 120 grama ulaşabildiği bilinmektedir.

vücut uzunluğunu ölçüt alırsanız, Avustralya titan değnekböceğini (*arophylla titan*) seçebilirsiniz; bu arkadaş 25 santimetre uzunluğa ve bir o kadar kanat açıklığına sahiptir. Fakat titan değnekböceği golyat ve herkül kınkanatlıları dâhil olmak üzere diğer tüm canlı böceklerden daha uzun olmasına rağmen bu tosuncuklar kadar ağır değildir. Konuyu daha karmaşık hale getirmek istersek ölçüyü genişlik üzerinden de alabiliriz. Hindistan'da yaşayan dev atlas güvesi (*attacus atlas*), bir uçtan diğerine yaklaşık 30 santimetrelik kanat açıklığına sahip olabilir. Orta ve Güney Amerika'da yaşayan büyük baykuş güvesi (*thysania zenobia*) ise bazen atlas güvesininkini bile aşan bir kanat açıklığına sahiptir ama kanatlarının yüzey alanı daha küçüktür. Bu böceklerin hepsi kendi meşreplerince büyüktür ama Wyoming civarında rastlanmayan tropik hayvanlardır.

Önceki bölümlerde Karbonifer ve Permiyenin dev böcekleri hakkında yaptığımız tartışmayı muhtemelen hatırlamışsınızdır. Bilmecemin cevabını ararken bugün yaşayan canlıların yanı sıra fosillerde karşımıza çıkan canlıları da dikkate almanız gerektiğini de fark etmişsinizdir. Mesela tüm Permiyen böceklerin en görkemlisine, yaklaşık bir metre boya sahip meganeurid uçan ejderhalarına ne dersiniz? Gerçekten de Kansas ve Oklahoma'da yani buraya daha yakın bir yerde bulunan Permiyen kayalarında bu canlının çok daha büyük bir türü keşfedildi. Ama ne yazık ki aklımdaki organizma ondan da büyük, hatta meganeurid uçan ejderhalarından katbekat büyük. Sanırım şu an işinize yarayacak çok önemli bir ipucunu vermemin zamanı geldi: Ben bu canlının bir böcek olduğunu asla söylemedim, sadece bu canlının bir entomolog tarafından adlandırıldığını belirttim. Uluslararası Zoolojik Adlandırma Yasası'nın hiçbir kuralı, bir böceğe ad vermek için bir entomolog olmanızın gerektiğini veya bir

Birçok böcek en fazla vücut ağırlığına erişkinliğinde değil, son larva evresinde, pupa evresine girmeden hemen önce ulaşır. Büyük tropik kınkanatlıların olgunlaşmamış formları ormanın derinliklerinde beslendiği için, yaşayan en ağır böceği henüz belirlememiş olmamız muhtemeledir.

entomologun başka herhangi bir hayvan grubundan organizmaları tanımlayamayacağını söylemez. Bu günlerde bir entomolog nadiren böcekleri keşfetmekten başka işler yapar ama geçmişte biyologlar daha geniş kapsamlı çalışırlardı ve çeşitli organizma grupları arasındaki ilişkileri ele alırlardı. Bir zamanlar Pittsburgh'da (o kadar yerin arasında), ünlü bir böcekbilimci olan William Jacob Holland, Wyoming'de keşfettiği bir dinozor türüne *diplodocus hayi* adını verdi. Bu dinozor, yalnızca bir entomologun tanımladığı en büyük organizma değildi, aynı zamanda şimdiye kadar yaşamış en büyük kara canlılarından da biriydi.[2]

Uzun Boyunlu Kemirgenler ve Uzun Boyunları Isıranlar

Çoğu insan için *diplodocus* ve onun daha iyi bilinen kuzenleri olan brontozorlar, en temelde Jura dinozorlarıdır: Küçük başlı, uzun boyunlu, dev gövdeli, uzun kırbaç kuyrukludurlar. Ben küçük bir çocukken, yaygın inanış bunların her ikisinin de bataklıklarda yaşadığı yönündeydi ama şimdi onların ne olduklarını biliyoruz: Onlar şimdiye kadar karada yaşamış en ağır canlılardı. Sanılanın aksine, sulak alanlardan kaçındılar. Jura döneminin yağmur ormanlarında cirit attılar, arka ayaklarının üzerinde yükseldiler ve günlük yemeklerini yemek için yılan gibi boyunlarını uzun ağaçlara doğru kaldırdılar. Tamamen erişkin bir brontozorun (artık doğru bir şekilde *apatosaurus* diye adlandırılıyor) boyu ağzından kuyruk ucuna kadar neredeyse 23 metre uzunluğa

2 Holland'ın yeni dinozorla ilgili açıklaması, kafa özellikleri hakkında daha uzun bir makaleye dâhil edilmiştir: W. J. Holland, "The Skull of *Diplodocus*," *Memoirs of the Carnegie Museum* 9 (1927): 379-403. 1900'den 1931'e kadar Holland, dinozorlar hakkında elli beş makale yayınlamış, iki yeni türü adlandırmış ve tanımlamışsa da daha çok entomolojik çalışmalarıyla tanınmaktadır. Mesleki kariyeri boyunca, çoğu böcekler hakkında olmak üzere yaklaşık beş yüz bilimsel makale yayınladı. En iyi bilinen eserleri kesinlikle 1898'de yayınlanan *The Butterfly Book* ve 1903'te yayınlanan *The Moth Book*'tur. Zamanın başka hiçbir kitabı bu kadar çok sayıda insanı kelebekler ve güvelerle tanıştırmada bunlar kadar etkili olmamıştır.

erişebiliyor, ağırlığı da 25 tona ulaşabiliyordu. Brontozorlar zayıf düşmemek için muazzam miktarda bitki örtüsü yemek zorunda kaldılar. Bazı tahminlere göre, her gün bir tona yakın bitki tüketiyorlardı. Bu tahminler, böcekler gibi eser öğelere asla değinmez. Gezici herhangi bir büyük hayvan gibi, brontozorlar da en hassas bitki örtüsünü (en besleyici olan ve en düşük oranda zehirli kimyasal içeren taze yaprakları) seçerlerdi ve bu bitki örtüsü elbette bitkiyle beslenen böcekleri de kendine çekiyordu. Brontozorlar günlük salatalarıyla birlikte muhtemelen birkaç kilo böcek de tükettiler, tabii burada böcekleri tesadüfen mideye indirdiklerini varsayıyoruz. Bildiğimiz kadarıyla, böceklerin konakladığı yaprakları daha *lezzetli* bulmuş ve buldukları her şeyi yemiş olabilirler. Yine de birkaç böcek vitamini hapı içeren bir ton salata, sindirilmesi gereken çok büyük bir yemektir. Brontozorlar, orman bitkilerini tüketmenin yanı sıra zaman zaman durup birkaç büyük, pürüzsüz taşı da yuttular. Bu katı taşlar, güçlü sindirim enzimleriyle birlikte büyük midelerinde yuvarlandı ve fazla yemeklerini daha hızlı sindirmelerine yardımcı oldu. Günde sadece birkaç taşın müthiş bir faydası vardı: Brontozorların besinlerini çiğnemeye az zaman ayırmalarına izin veriyordu. Böylece ağaçların yumuşak yapraklarını soyup yutmaya daha fazla zaman ayırabilirlerdi. Bu cilalı taşlar, Como Bluff ve Sheep Creek yakınlarındaki rüzgârlı ovalarda hâlâ çöp gibi duruyorlar. Bu, dünyanın ormanlarında dolaşan en devasa yemek yeme makinelerinin beslenme becerilerinin sessiz bir kanıtı.

Müsaadenizle bu son noktayı yeniden ifade edeyim. Brontozorlar ve *diplodicinler*, ormanlık alanlarda dolaşan en ağır hayvanlar olabilirdi ama Jura yılları onlardan daha da etkileyici canlılar da çıkardı. Belki de şimdi Jura hakkındaki birkaç efsanemizi çürütmek için iyi bir zaman olabilir. Muhtemelen *Jurassic Park*'ı okudunuz, filmi gördünüz veya devam filmlerinden birini izlediniz. Filmler, halkın dinozorları sıcakkanlı, hızlı ve muhtemelen zeki olduklarını anlamasını sağlamak için çok şey yapmış olsa da ne yazık ki Jura döneminde yaşamın nasıl olduğu hakkında, en dikkate değer olanı da büyük yırtıcı dinozorlarla ilgili olan birkaç büyük yanlış algıya katkıda bulundu. Filmlerin gösterdiğine rağmen, Jurada tiranozorlar veya velosiraptorlar yoktu. Elbette, bu hayvanlar yaşadı; ancak on milyonlarca yıl sonra, Geç Kretasede yaşadılar. Aynı zamanlarda var olmuş olsalar da *tyrannaosaurus* ve *velociraptor* muhtemelen dünyanın farklı yerlerinde yaşadıkları için asla birbirleriyle karşılaşmadı: Batı Kuzey Amerika'da *tyrannaosaurus* ve Moğolistan'da *velociraptor*. Velosiraptorlar büyük beyinlere sahip olup sürüler halinde avlanmış olsalar da gerçekte pek de heybetli değillerdi: Fosiller, bu canlıların filmde tasvir edildiği hâllerinin sadece %25'i boyutlarında olduklarını gösteriyor. Tam erişkin bir tiranozor, pervasızca bir velosiraptorun üstüne basabilirdi ve eğer karşılaştıysalar, muhtemelen velosiraptorlar hızla diğer yöne kaçmışlardır.[3]

Jura dönemi hakkındaki bu kafa karışıklığı tamamen gereksizdir. Bir tane Jura avcısı var ki aslında o da herhangi bir tiranozor veya velosiraptor kadar vahşi ve etkileyiciydi: *allosaurus*. Bazı paleontologlar, allozorların leş yiyiciler olabileceğine dair yorumlar yaptı, haklarını teslim edelim. Erişkinler sekiz ila on iki metre uzunluğundaydı ve bir ila iki ton ağırlığında olabilirlerdi. Jilet gibi keskin dişleri, pençeleri ve bir seferde 200 kiloya kadar büyük et ısırıkları almak için adeta bir yılanınki gibi ayrılabilen kocaman çeneleri vardı. Ölü leşleri kemirmek için böyle dişlere ve pençelere ihtiyacınız yoktur. Allozorlar, tiranozorlar kadar büyük olmasalar da şimdiye kadar karşılaştığı herhangi bir tiranozor veya velosiraptordan daha büyük olan yemekleri avladı. Kendileri Kuzey Amerika'nın Geç Jura döneminde en bol bulunan büyük yırtıcı dinozorlardı ve aynı fosil yataklarındaki allozor kemiklerinin zenginliği, *velociraptor* gibi sosyal olduklarını ve sürüler halinde avlandıklarını gösteriyor.

[3] Ancak kitap ve ilk film çıktıktan sonra Utah'ta bulunan *utahraptor*, filmlerde tasvir edilen *velociraptor* büyüklüğündeydi.

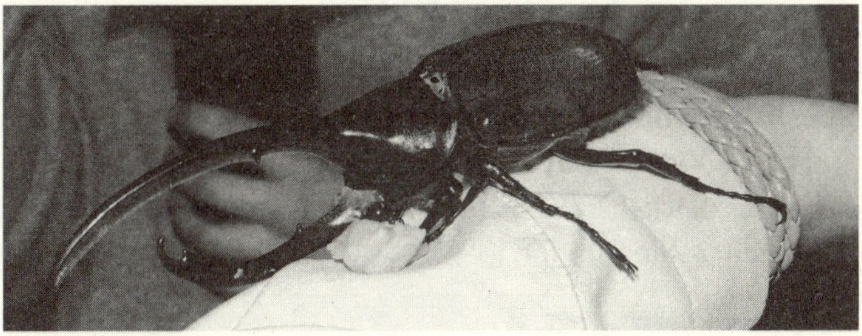

Şekil 8.1. Güney Amerika Herkül kınkanatlısı (Dynastes hercules), boynuzlu gergedan böceklerinin en büyüğüdür. Ekvador'da bulunan bu örnekteki gibi iri erkekler neredeyse 18 santim uzunluğa ulaşabilir, larvalarıysa bilinen en ağır böcekler arasındadır. (Fotoğraf: Angela Ochsner.)

Gerçek Jura parkını bir hayal edin: eğrelti otları ve sikadlarla dolu bir nehir havzasının yakınında, bir brontozor sürüsü, sınırdaki iğne yapraklı ormanın yüksek ağaç dalları arasında sakince geziniyor. Aniden, kalın, gölgeli çalılardan bir sürü hırlayan allozor fırlıyor ve ortalık bir anda karışıyor. Baskın brontozor, sürüsünü savunmak için atılıyor, büyük kuyruğunu ustaca kırbaçlıyor; genç bir allozoru otuz metrelik bir eğrelti çalılığına fırlatıyor. Bir uyarı çağrısı yapan dev brontozor sağa dönüyor, geriye çekiliyor, sonra yeri döve döve acı içinde feryat ederek ona hücum eden bir allozorun koşu yoluna fırlıyor. Allozorun feryadı boşuna değil, Brontozor allozorun sağ ayağının en büyük parmağını ezip kırmış. Brontozor tekrar tekme atıyor ama bu kez ıskalıyor ve yaralı allozor sol bacağını koruyarak aceleyle geri çekilmeye çalışıyor. Ama yine de o anın karmaşasında olan olmuş: Sürüden ayrı düşmüş genç bir brontozor tiz bir haykırış koparıyor; av işinde deneyimli sürünün reisi olan dişi allozor arkadan gencin üstüne atılıyor ve sağ böğründen 25 kiloluk bir et parçasını koparıyor. Allozorlar yaralarını yalamak için ormana çekiliyor. Sürünün boğası sayılabilecek brontozorsa sürüden hayatta kalanları nehrin yaklaşık bir kilometre yukarısındaki görece güvenli, eğrelti otu dolu bir vadiye götürüyor. Ölümcül şekilde yaralanmış genç brontozor, kan kaybından sendeleyerek yere yığılıyor. Allozorların kaybı, üç kırık kaburga ve bir ayak parmağı. Savaş yaralarını iyileştirirken sürüyü bir ay boyunca beslemeye yetecek kadar ete sahip oldular.[4]

Jurassic Park'ın Minicik ama Etkili Katilleri

İnsan dinozorlara hayranlık duymadan Jura yıllarına bakamasa da konuyu onlara getirmemin bir sebebi var: bu büyük öğünleri, odun yaban arıları tarafından yenen ölü ağaçlardaki bazı küçük öğünlerle yani çürüyen odundaki kınkanatlı larvalarıyla kıyaslamak. Dikkat çekici bir şekilde, 180 milyon yıl önce, bu küçük oyucu böceklerin yemekleri, gezegenin tarihindeki en büyük avcı-av ilişkisinin tadını çıkaran allozorların dev yemeklerinden bile daha önemli hale geldi. Bunu anlamak için allozorların ve odun yaban arılarının alt soylarını ve kaderlerini karşılaştırmamız gerekiyor.

Tüm ihtişamına rağmen, allozorlar bir süre sonra yok olup gittiler. Kretase dönemi tiranozorlarının ve velosiraptorların ataları olabilirler ama bu dinozorların nüfusu bile azalmaya başladı ve yaklaşık 65 milyon yıl önce etçil teropodların soyları tamamen tükendi. Böyle olağanüstü büyüklükteki yırtıcıların sonsuza kadar dayanma gücü yoktu. Fakat daha da önemlisi, ekolojik niş gereksinimleri çok bü-

[4] Sonunda, allozorların sürüler halinde avlanıp avlanmadıklarından emin değiliz ama etle beslendiklerini ve bunun da tehlikeli bir meşgale olduğunu biliyoruz. Wyoming Üniversitesi Jeoloji Müzesi'nde sergilenen, şimdiye kadar ortaya çıkarılan en eksiksiz genç *allosaurus* iskeletlerinden birinin numunesi, ona muhabbetle Büyük Al olarak adlandırılır. Bu iskelet bütünlüğü ile değil, bazı kemiklerin kusurları yönünden daha fazla dikkate değerdir. Birkaç kaburgadaki ve bir ayaktaki budaklı çıkıntılar, geçmişteki yaraların kısmen iyileştiğine dair sağlam kanıtlar sağlıyor. Allozolar yemek için çok savaştı ve bu süreçte ciddi yaralanmalara maruz kaldılar.

yüktü. Kara ekosistemleri aynı anda bu muazzam yırtıcılardan sadece birkaçını destekleyebilir. Yüzlerce veya binlerce türe ayrılabilmelerinin hiçbir yolu yoktu.

Jura dönemine ait odun yaban arısının tarihini bununla kıyaslayalım: Erken Jura döneminde bir an geldi ve bir grup asi genç odun yaban arısı, atalarının vejeteryan diyetlerini reddedip kınkanatlı larvalarını yemeye başladı. Böylece asalak hymenoptera hanedanı doğdu. Geçen yıllar boyunca bu et yiyen yaban arıları çeşitlendi ve ormanlarda evrimleşmiş çeşitli böcek türleriyle beslenmekte uzmanlaştı. Juranın sonunda bu asalak yaban arısı türlerinden yüzlerce vardı. Geç Kretasedeyse bu türlerin sayısı binleri bulmuştu. Şu anda ise yüzbinlerce, belki de milyonlarca türü var.[5]

Hepimiz avcı hayvanlar hakkında içgüdüsel bir kavrayışa sahibiz: *anomalocaris*, akrepler, meganeura uçan ejderhaları, sırtı yüzgeçli sürüngenler, tiranozorlar ve diğer (av) hayvanlarını takip eden ve yiyen peygamberdeveleri gibi saldırgan hayvanlar. Bunu kavraması gayet kolay ama burada gözden kaçabilecek ince bir ayrıntı var: Yırtıcılar birden fazla ava ihtiyaç duyarlar ve hayatta kalmak için avlanmaya devam etmek zorundadırlar. Bu yaklaşım yüz milyonlarca yıl boyunca binlerce tür için işe yaradı ama Erken Jura döneminde odun yaban arısı çıkageldi ve kalıpları kırıp tamemen yeni bir yırtıcı davranışı icat etti: Onları erişkinliğe kadar besleyecek kadar büyük tek bir hayvanı (bu canlıya konak denir) öldürüp yediler.

'Parazit' terimi, hepsi bir başka hayvanı sömüren bitler, pireler, belirli sinekler ve asalak yaban arıları gibi aslında

[5] Yaşayan yaban arısı türlerinin gerçek sayısını bilmiyoruz; ancak çok muhtemelen bu sayı çok büyük. Bunun nedeni, birçoğunun mikroskobik, keşfedilmemiş ve adlandırılmamış olmasıdır. Yaban arısını araştıran entomologlar olan hymenopteristler, şimdiden yüz bin civarında türü adlandırdılar ve çoğu, geride daha milyonlarcası olduğuna inanıyor. Birçoğu, mikroskobik parazit yaban arılarının tür çeşitliliğinin, aşırı çeşitlilik gösteren kınkanatlılarla karşılaştırılabilir olduğunu düşünüyor. Kimileri (ben de) yaban arısı çeşitliliğinin aslında kınkanatlılarınkini de aşabileceğini düşünüyor.

birbiriyle ilgisiz çeşitli böcekleri nitelemek için gelişigüzel bir şekilde kullanılıyorsa da asalak yaban arıları bit ve farklıdırlar çünkü konak hayvanla beslenip sonunda onu öldürürler. Bu öldürme davranış ekolojik olarak o kadar önemlidir ki bunu yapan organizmaları tanımlamak için başka bir terim kullanıyoruz: parazitoit. Parazitoit, çoğu zaman bir yaban arısı veya sinek değil, konakçısının ölmesine neden olan herhangi bir asalak organizmadır. Jura parazitoitleri sadece protein açısından zengin yeni besinler bulmakla kalmadılar, ayrıca ekolojik nişlerini önceki yırtıcı hayvanlarınkinden daha küçük boyutlara ulaşacak biçimde daralttılar. Böylece soylarının daha önce kullanılmayan çok sayıda mikroskobik nişte yaşamasını sağladılar. O zamandan itibaren parazitoidler karada yaşayan canlı topluluklarının çeşitliliğine hükmettiler. Seçici öldürme davranışlarıyla hem böcek hem de bitki topluluklarının zenginliğini ve yaygınlığını şekillendirdiler. Parazitoit hayvanların en başarılı soyunun, odun çiğneyen Jura odun yaban arısı takımından geldiği bilimsel bir olgudur ve buna dair bilgi artık yerleşik hale gelmiştir. Bu bilgi, bugün yaşayan yaban arılarının anatomisiden, beslenme davranışlarının ekolojisinden, Mezozoik yaban arısı fosillerinden ve modern yaban arısına ait DNA örneklerinden gelen bağımsız kanıtlarla da desteklenmektedir. Peki, neden özellikle odun yaban arısı bu asaklık davranışını kazanacak şekilde evrimleşti?

Şu an, testere sineklerini tanıttığımız son bölümdeki tartışmayı sürdürebileceğimiz bir yerdeyiz. Geç Triyas ve Erken Jura yıllarında, testere sinekleri, vejetaryen testere sineği klanına dönüşerek en başarılı orman böcekleri arasına girdiler. Yeni bitki türleri geliştikçe testere sinekleri onları başarıyla kolonileştirdi ve yeni türler orman bitki topluluğuyla birlikte geliştiler. Testere sinekleri ayrıca bitkileri birden fazla besin nişine böldü. Bazıları dışarıdan yapraklarla beslenirken, diğerleri yaprak dokularında tüneller açarak ve madencilik yaparak ya da yaprakları ipek ipliklerle birbirine bağlayarak yapılan yaprak barınaklarında saklanıp beslenerek kendilerini gizlemeyi öğrendiler. Testere sinekleri farklı bitki kısımlarıyla beslenmeye uyum sağlarken, diğer böcek türleri de öyle yapıyordu. Sonuç olarak, tüm yenebilir bitki parçaları için girilen rekabet arttı ve testere sinekleri bu rekabete diyetlerini daha da çeşitlendirerek yanıt verdiler. Bazısı bitki gövdelerine tünel açarak uzmanlaştı ve diğerleri daha kalın odunsu dokulara girerek odun yaban arılarına dönüştü. Bu çabadaki başarıları, ilk testere sineklerini teşvik eden aynı yararlı araç tarafından harekete geçirildi: dişi ovipozitörü.

İğnenin Hikâyesi

Yaban arılarının iğnelerinin evrimleştiği ovipozitörlerini yumurta zerk etmek için uyarlanmış bir deri altı iğnesi gibi basit bir yapı olarak değerlendirmeye meyilliyiz. Fakat bu uzuv aslında çok daha karmaşıktır. Bir yaban arısının ovipozitörünü enine kesip mikroskop altında incelerseniz, bunun sadece içi boş bir tüp olmadığını, birbirine kenetlenen ve her biri birbirinden bağımsız olarak hareket ettirilebilen üç ya da dört şaftan oluştuğunu görürsünüz.[6] Bu, ovipozitörün ucunun bitki gövdeleri ve ağaç gibi sert maddeleri delmesine ve hedefini ıskalamamasına yarar. Bunu daha iyi anlamak için aşağıdaki alıştırmayı deneyin. Parmaklarınızı ve parmak boğumlarınızı birbirinin etrafına sıkıca sararak ellerinizi birbirine kenetleyin. Şimdi her elin ilk iki parmağını uzatın, böylece tam olarak dört parmak düz olarak uzatılır. Bu, bir yaban arısı ovipozitörünün formunu temsil eder.

[6] İlkel hymenopteraların ovipozitörü dört şafttan oluşuyordu; ama yaşayan yaban arılarının çoğunda üst iki şaft, ters çevrilmiş U şekilli tek bir üst kapakta kaynaşmıştır. Buna istisna bazı testere sineklerinde görülür; onların yumurtlama ucunun dört şafta bölünmüştür ve muhtemelen ilkel halin bir kalıntısıdır. Birkaç ophioniform (yılan biçimli) ichneumonidae da istisna teşkil eder; üst şaftların uç kısmı haricinde bölünmüştür (bunun ikincil evrimleşmiş bir durum olduğu düşünülür). Modern yaban arılarının çoğunda üç esnek şaft vardır: geniş bir üst şaft ve iki daha dar alt şaft.

Parmaklarınızın ucuna bakın; ortada küçük bir boşluk olduğunu göreceksiniz. Bu, yaban arısı yumurtasının içinden geçtiği tüp gibidir. Şimdi diğerlerini yerinde tutarken, uzattığınız parmaklarınızdan bazılarını hareket ettirmeyi deneyin. Örneğin sol parmaklarınızı sabit tutarken sağ parmaklarınızı aşağı doğru kaydırmayı deneyin. Sol parmakların oluşturduğu ucun bükülmemesine rağmen sağa döndüğünü fark edeceksiniz. Bir dişi yaban arısı, ovipozitör ucunu işte bu şekilde yönlendirebilir ve dört şaftı bağımsız veya birlikte geri çekerek, ucu farklı yönlerde hassasiyetle hareket ettirebilir.

Yumurtaların mikroskobik incelikte boru şeklindeki bir yoldan deri altına zerke edilebilmesi için esnek kabuklara sahip mikroskobik yumurtaların evrilmesi gerekti. Yumurtalar bu küçük kanaldan zorlanarak geçerken zamanla sosis şeklinde, uzun ince yumurtalara dönüştüler. Ama daha da önemlisi, yaban arısı yumurtaları, ovipozitörden geçmelerine yardımcı olacak bir çeşit düzeneğe ihtiyaç duyuyordu. İşte o düzenek sıvı basıncıydı: Ovipozitor, yaban arısı yumurtalarını kelimenin tam anlamıyla fışkırtan bir çeşit deri altı iğnesidir. Bu nedenle ovipozitörler en başından itibaren çeşitli sıvılarla birlikte gelişim göstermişlerdir. Bu sıvılar başlangıçta dişinin üreme bezlerinden geliyordu ve yumurtlama şaftının kaygan olmasını sağlamanın yanı sıra yumurtaların fiziksel olarak taşınmaları için gereken sıvı basıncını da sağlıyordu. Ayrıca yaban arısı zehirlerinin erken evrimini de sağladılar.

◆◆◆

Testere sineklerinden odun yaban arılarına ve asalak yaban arılarına varasıya bu zehirler, bugün hala gördüğümüz bir dizi faydalı işlevi yerine getirmek için çeşitlendiler. Bazı testere sinekleri, yumurtalarıyla birlikte bitki dokularına zehir zerk eder. Bu zehirler, bitki hücresinin yapısını bozup ur gibi oluşumların büyümesine neden olur. Bu urlar yumurtanın gelişimi sırasında koruyucu bölgelerin yanı sıra larvanın beslenmesi için güvenli alanlar ve besleyici etli dokular oluşturur. Zerk edilen zehirler, yumurtaları mikrobiyal büyümenin tahribatından koruyan antibiyotik özelliklere de sahip olabilir. Odun yaban arıları özelinde bu sıvı, mantarın büyümesini teşvik eden kaygan zehirler olarak evrimleşti. Daha önceki bölümlerde bahsettiğim gibi, besleyici olmayan lignin ve selüloz moleküllerini yüksek miktarda içeren odun, bir böcek için bitkinin en az sindirilebilir kısmıdır. Bu yüzden odun yaban arıları da, onlardan önce odun delen kınkanatlıların yaptığı gibi, çürüyen odunun içinde büyüyen mantarı yemeye uyum sağlamışlardır.

◆◆◆

Olgunlaşmamış odun yaban arısı, zaman zaman, çürüyen odun veya mantarlardan daha lezzetli ve besleyici olan çeşitli odun delen kınkanatlıların sulu larvalarına denk gelecekti. Mantarları yemekten diğer böceklerin etlerini yemeye geçiş o kadar büyük bir olay gibi görünmüyor, ne de olsa yeryüzünün yaşam ağacında hayvanlar bitkilerden ziyade mantalara daha yakındırlar. Başka bir deyişle, hayvanların dokusu, yapraklı yeşil bitkilerinkinden ziyade mantarların dokusuna benzer. Beslenme alışkanlıkları ve fizyolojinin benzerliği itibarıyla ihtiyaç duyulan değişim o kadar büyük değildi.

◆◆◆

Daha kapsamlı davranış değişiklikleri gerektiren, otçul beslenmeden etçil beslenmeye geçişti. Çürüyen bir kütükteki mantarları yiyen bir odun yaban arısı, mantar saldırısıyla uğraşmak zorunda kalmıyordu. Oysa kınkanatlı kurtçukları tamamen savunmasız değillerdi. Hâlâ tünellerinde hareket edebiliyorlar ve saldırıya uğradıklarında onlar da yaban arısı kadar iyi ısırabiliyorlardı. Ayrıca, bir odun yaban arısının gelişen yumurtaları, bir kınkanatlı larvasının ağzı karşısında savunmasız olacaktı. Odun yaban arılarının dengeyi onların lehlerine bozacak gizli bir silaha ihtiyaç duydukları ortadaydı.

Şekil 8.2. Megalyrid yaban arıları (Hymenoptera takımı, Megalyridae ailesi) parazitoit yaban arılarının yaşayan en eski örnekleri arasındadır; bu ailenin Jura döneminde evrimleştiği düşünülmektedir. Üstte: Myanmar'dan orta Kretase döneminden bir kehribarın içinde bulunan uzun ovipozitörlü, soyu tükenmiş, tanımsız bir Megalyrid türünden bir dişi; yaklaşık doksan dokuz milyon yaşında olduğu tahmin ediliyor. (Fotoğraf: Vincent Perrichot) Altta: Bu eski yaban arısı grubunun hayatta kalan nadir bir örneği; Madagaskar'da bulunan modern, tanımsız bir Dinapsis türünden canlıya ait ovipozitör (solda) ve baş kısmı (sağda).

Erişkin yaban arıları, bakın larvaları demiyorum, onlara kesin avantaj sağlayan bir numara geliştirdiler ve bir kez daha dengeleri dişi ovipozitörü değiştirdi. Bazı odun yaban arısı larvaları etin tadına düşkünlük geliştirirken, bazı anneler yumurtlama becerilerini geliştirip yeni zehir çeşitleri deniyorlardı. Bu anne yaban arısı, büyük kınkanatlı larvalarının beslendiği tünelleri ustaca deliyor, sonra ovipozitörlerini doğrudan larvaların vücutlarına batırıyor ve kalıcı felce neden olan yeni bir tür zehir zerk ediyordu. Sonra ovipozitörlerini biraz çıkarıp yumurtalarını felçli kınkanatlının üzerine dikkatlice yerleştiriyordu. Böceği öldürmeyip felç eden zehrin avantajını bir düşünün. Bir kınkanatlı larvası erişkin bir yaban arısı tarafından öldürüldüğünde bozulmaya ve çürümeye başlar. Bu ayrışma süreci gelişmekte olan yaban arısı yumurtasını tehlikeye atar. Bunun yerine konak böceği zehirle felç etmek, yavru yumurtadan çıkana ve güvenli bir şekilde beslenmeye başlayana kadar eti korumanın ucuz ve etkili bir yoludur. Tembel bir köpeğin yanına mama dolu bir tabağı koymak gibi bir şeydir bu: Yaban arısı larvasının orada oturup büyük bir parça taze et çiğnemekten başka yapacak işi olmaz.

Kremalı Bisküvinizi Nasıl Yersiniz? Asalaklığın İki Türü

Tarif ettiğim dış asalaklık türü yaklaşık 150 milyon yıldır var. Kelimenin tam anlamıyla dışarıdan asalaklık etmek anlamına gelen ve 'ektoparazitizm' olarak adlandırılan bu yol, aradan geçen yıllarda, özellikle yaban arılarının evriminde ve başarısında önemli bir etken haline geldi. Bununla birlikte asalaklığın kökeni gerçekten çok daha büyük bir hikâyenin başlangıcıdır. İlk parazitoit türler, milyonlarca yıl boyunca çürüyen odunda bulabildikleri genç kınkanatlıları çeşitlendirerek ve çiğneyerek çok başarılı olmalarına rağmen, girişken bir yaban arısı yeni yaklaşımla çıkagelene kadar bu özel yaşam alanıyla sınırlı kaldılar. Geç Jura veya Erken Kretasede bir gün, parazitoit yaban arısı diğer hayvanların içinde bir iç asalak olarak nasıl besleneceğini buldu. 'Endoparazitizm' dediğimiz bu daha incelikli asalaklık yöntemi ise kelimenin tam anlamıyla içerden asalaklık etmek anlamına gelir ve modern böcek dünyasına bakıldığında asalak türlerinin büyük çoğunluğu bu ikinci türün altında sınıflandırılırlar.

Ektoparazitoitlerin Orta Juradaki ilk başarıları, esas olarak sadece bir küçük organizma üzerinde dışarıdan beslenme stratejilerinden kaynaklansa da bu yaklaşımın büyük bir dezavantajı vardı: Konak böcek kalıcı felç geçiriyordu, olgunlaşmamış yaban arısının yumurtadan çıkıp kınkanatlı kurtçuğunu tamamen yemesi için bol zamana ihtiyacı vardı. Bu süreç en azından haftalar alıyor ve ancak gizli saklı yapıldığında işe yarıyordu. İfşa olursa çevredeki yırtıcıların hedefi olabiliyor veya daha sert çevresel etkenlere maruz kalıyordu: kurutucu güneş ışığı, aşırı sıcaklıklar, rüzgâr ve fırtınalar. Bu nedenle dış asalaklık çoğunlukla bitki dokusundaki korunmuş mikro habitatlarla sınırlıydı ve bu durum son kertede dış asalakların daha başarılarını olmalarını engelledi. Tıpkı o zamanlar olduğu gibi bugün de dış asalaklık daha ziyade bitki dokularında beslenen olgunlaşmamış böceklerin işidir. Oysa iç asalaklar bu habitat kısıtlamalarından bağımsızlardı. İç asalak bir yaban arasının konağı larvanın gençliği boyunca içinde yaşadığı nişi ve tüm yaşamı hâline geliyordu (endoparazitizmin icadı tam anlamıyla başka böceklerin içindeki nişlerin keşfedilmesiydi). Yaban arısının iç asalak larvası, konağının içine girdiği andan itibaren tamamen seyyar bir habitatta yaşıyordu. Sonuç olarak iç asalak yaban arıları, neredeyse her tür Mezozoik böceğin içinde çeşitlenip beslenebildiler. Yaban arısı için Pandora'nın beslenme alışkanlıkları kutusu açılmıştı.

Yaban arısı tarihinde önemli olay bir kez daha yumurtlama davranışının ve ovipozitörün iyileştirilmesiydi. Bazı dişiler yumurtalarını konağın dışına bırakmaktan vazgeçip doğrudan içine zerk etmeye başladılar. Kısaca böyle ifade edildiğinde, iç asalaklığa geçiş kulağa basit geliyor ama öyle değildi. Dişi yaban arılarının milyonlarca yıldır zaten konak böcekleri deldiğini, soktuğunu, ovipozitörleriyle onlara felç edici zehirler zerk ettiğini unutmayın. Asalaklık davranış geliştirdikleri anda yumurtalarını zehirle birlikte diğer böceklerin içine kolayca yerleştirebilirlerdi. Ama yapmadılar. Bunun yerine ovipozitörlerini konakların içinden çıkardılar ve yumurtalarını dışarıya bırakarak genç yaban arısı larvalarının dışarıdan beslenmesine izin verdiler. Yumurtalarını başlangıçta zerk etmemelerinin nedeni, içerde olmanın dışarıda olmaktan çok daha zor olmasıydı. Böceklerin açık bir dolaşım sistemi vardır. Bu nedenle bir böceğin içi bir kan havuzunda yıkanan organlarla dolu bir çuval gibidir. Bu kan da tıpkı bizimki gibi, böcekleri mikroskobik canlıların istilalarına karşı koruyan savunma hücreleri içerir. İlk asalak yaban arısı zehirleri, bir konağın kas sistemini felç etmiş olabilir ama kan hücrelerinin bağışıklık tepkisini etkisiz hale getiremedi. Bir böceğin vücut boşluğuna yerleştirilen küçük bir yumurta bu hücreler tarafından derhal kuşatılır, kapsüllenir ve öldürülür. Başarılı iç asalaklık, yaban arılarının bu iç çevreye özel bir dizi uyarlanma geliştirmesini gerektiriyordu.

Başarılı iç asalaklığın ilk adımı, yumurtlamada yeni bir iyileştirmeydi: Bazı yaban arıları doğrudan konağın sinir veya kas dokusuna yumurta bırakıyordu, böylece kanından ve bağışıklık sisteminden tamamen kaçınmış oluyordu. Bu güzel bir uyarlanmaydı ama larva er ya da geç yumurtadan çıkıp hareket ederek bir şeyler yemeliydi. Kandan tamamen kaçınmak zordur, bilakis aslında orada kalmak istemek için çok iyi bir nedeni vardır: Böcek kanı, besin açısından zengin sıvılardan oluşan bir havuzdur. Sonuçta en başarılı iç parazitoitler konağın bağışıklık sistemini atlatmanın yollarını bulanlardı. Anne yaban arıları bu konuda bir kez daha yavrularına yardım ettiler. Yumurtaların yanı sıra bazıları bağışıklık sistemini devre dışı bırakmaya yardımcı olacak şekilde değişim geçirmiş zehirler zerk ettiler. Fakat bu hat boyunca bir yerlerde daha da beklenmedik bir olay meydana geldi: Belirli virüsler ve yaban arıları arasında simbiyotik bir ilişki kuruldu.

Kirli deri altı iğnelerinin virüsleri nasıl bulaştırabildiğini hepimiz duymuşuzdur. İç asalaklığın ilk zamanlarında yaban arılarından biri, kendi deri altı ovipozitörünü bazı virüs parçacıklarıyla kirletmeyi başardı. Bu tesadüfen oldu. Daha sonra bu parçacıklar, bir yaban arısı yumurtasıyla birlikte talihsiz bir konağa zerk edildi. Virüs, konak içinde kendini çoğalttı, bağışıklık sistemini devre dışı bıraktı ama yaban arısı larvasına zarar vermedi. Keza bu virüs gelişmekte olan yaban arısı larvasının vücuduna da gömüldü. Böylece onunla birlikte oradan kaçabildi. İlerde başka bir potansiyel konağa ulaşmayı başardı. Hem virüs hem de yaban arısı için bu bir kazan-kazan durumuydu.[7]

Konağın bağışıklık sistemi etkisiz hale getirilir getirilmez yaban arısı yumurtaları ve larvaları böcek kanında güvenle debelenebilirdi. Bir dış asalağın yumurtası, onu çevresel etkenlerden koruyan sert bir dış kabuğa ve gelişmekte olan embriyoyu bir larva haline gelene kadar besleyen, protein açısından zengin ve büyük bir yumurta sarısına sahiptir. Kanın içine bırakılan bir yumurta ise bu kadar kalın bir dış kabuğa sahip değildir; protein açısından zengin bir sıvıda yüzer ve ince bir kabuk aracılığıyla besinleri doğrudan konakçının kanından emer. Artık iç asalak yaban arısı sadece besinleri kandan çıkarmak için bir düzeneğe ihtiyaç duyuyordu; böylece yumurtaları çok az yumura sarısıyla –varsa eğer– hayatta kalabilirdi. Daha az yumurta sarısına ihtiyaç duyulursa dişiler daha kolay yumurta üretebilir ve daha fazlasını bırakabilirdi. Böylece iç asalak yaban arıları, parazitik bir plasenta gibi çalışan, trofamniyon adı verilen bir yapı geliştirdiler. Trofamniyon, besinleri doğrudan konakçının kanından emip aktaran, embriyoya bağlı bir hücre kümesinden oluşur. Bu hücreler embriyoyu, yumurtasından çıkan bir larvaya dönüşene kadar beslerler. Trofamniyonun faydaları bununla da bitmiyor. Larva yumurtadan çıkınca bu hücreleri ayrışır ve konağın kan havuzuna karışırlar. Bu eski

[7] Bu yaban arısı ile ilişkili mikroorganizmalar, poliDNA virüsleri olarak adlandırdığımız şeydir ve endoparazit böceklerin büyük başarısının temel nedenlerinden biri gibi görünmektedirler.

trofamniyon hücreleri, böceğin kanından besinleri çıkarmaya devam ederler ve bağışıklık sistemini daha çok devre dışı bırakmak için çalışırlar. Beslendikçe büyüyüp en sonunda teratosit adı verilen dev hücrelere dönüşürler; genç yaban arısı larvası konağının içinde yüzüp onun kanı ve dokularıyla beslenirken bir yandan teratositi de tüketir.

Yaban arısı larvaları, ileri geri savurdukları uzun kuyruksu uzantılarla yüzebilme ve açık ağızları olmadığı için kapalı, gazla dolu trake sistemleriyle nefes alabilme yeteneği geliştirerek, içinde bulundukları minyatür su ortamında yaşamaya uyum sağlamışlardır. Ayrıca larvaların vücut duvarları boyunca çok fazla sert iskeletsi malzeme içermeyen ince bir kütikül de gelişmiştir. Su birikintilerinde ve akarsularda yaşayan diğer birçok su böceği gibi, kütikül solunumu olarak bilinen yöntemle doğrudan vücutlarıyla solunum yapmışlardır. Dolayısıyla yaban arıları suda yaşayan böceklerin en küçüğü ve aynı zamanda en çeşitli su canlıları grubudur.

Bir havuzda yaşayan daha büyük bir sucul böceğin hareket edecek çok yeri olmasına rağmen, böcek kanında yüzen asalak yaban arısı larvası küçük bir kapalı alanla sınırlıdır. Kelimenin tam anlamıyla bir kâse çorbanın içinde yaşar ve bu onun tek yiyeceğidir. Bu özel bir sorun yaratır: Yiyen ve büyüyen her şey atık da üretmelidir. O hâlde larva, yiyeceğini ve yaşam ortamını kirletmeden gelişmeye nasıl devam edebiliyor? Çocuklara yüzme havuzuna ve küvete çiş ve kaka yapmamalarını öğretmenin neden önemli olduğunu anlayabiliriz. Bu havuz bir besin kaynağı olduğunda bu olay daha da önemlidir. Genç yaban arıları bu sorunu vücutlarında atık biriktirerek ve asla dışkılamayarak çözerler. Besinleri sindirim sisteminin orta kısmıyla çok verimli bir şekilde özümserler ama arka kısım kapalıdır ve bu atıkları arka uçta toplanmaya zorlarlar. Bir yaban arısı larvası beslenmesi, büyümesi ve çeşitli aşamalardan geçerek gömlek değiştirmesi bittiğinde, kendi ipek kozasını örmek, pupa evresine geçmek ve sonunda bir erişkine dönüşmek üzere konağını terk eder.

Kozasından çıktıktan heme sonra erişkin yaban arısı olarak ilk ve son kez larvayken biriktirdiği atıkları boşaltır.

İç asalak yaban arısı larvaları hakkında belki de en merak edilen şey, şaşırtıcı vücut formları dizilimleridir.[8] Larva büyüdükçe başka bir böceğin içindeki yaşamın gerektirdikleri farklı hale gelir. Bu nedenle, her gömlek değiştirdiğinde yaşamının o aşamasındaki ihtiyaçlarına ve koşullarına mükemmel biçimde uyarlanmış yeni bir form edinme fırsatına sahip olur. Yumurtadan çıktıktan sonra başlıca kaygılarının beslenmek olacağı tahmin edilebilir. Ama onlar için yiyecek bulmak zaten yeterince kolaydır; larva, içinde geliştiği sıvı yemeğini zahmetsizce emer. Onun daha büyük bir endişesi vardır: düpedüz hayatta kalmak. Konağın bağışıklık sistemi devre dışı bırakılabilir ama başka ve beklenmedik bir tehlike kaynağı da mevcut olabilir: aynı konak böceğin içinde yaşayan, başka veya aynı türden diğer asalak larvalarla rekabet. Bu rakipler ölümcül bir tehdit oluşturabileceğinden, genç yaban arısı larvaları savunma konusunda aşırı uzmanlaşmışlardır. Birçoğu büyük bir baş, orağa benzeyen güçlü çeneler ve daha önce de belirttiğim gibi, hızlı hareket etmelerini sağlayan uzun, kuyruk benzeri bir uzantıyla doğar. Yumurtadan çıktıktan sonra ilk işleri, yüzerek rakiplerini amansızca bertaraf etmek olur.

◆◆◆

Yaban arısı larvası, yaşamının orta evresinde özelliksiz beyaz bir kurtçuk olarak yaşar. Rakiplerini ortadan kaldırmıştır, bu yüzden savunmaya yarayan büyük çeneleri de yoktur. Gıdası sıvı, küçük parçacıklar ve hücrelerden müteşekkildir, haliyle çiğnemeye bile ihtiyaç duymaz, bu yüzden başı epey küçülür. Larva artık yüzmek zorunda da değildir,

[8] Larva ömrü boyunca vücut formunun bu aşırı özelleşmesi, hipermetamorfik uyarlanmalarının veya aşırı başkalaşımın bir örneğidir.

bu nedenle yüzme uzantısını da kaybeder ancak bacak da geliştirmez. Kütikülü ince olduğu için vücut yüzeyi boyunca gaz alışverişi yapabilir ve larva esneyebilir, bu da hızlı beslenmesini ve kolay büyümesini sağlar. Yaban arısı larvası, bu basit vücut biçimini yaşamının orta evresi boyunca, bir veya daha fazla gömlek değişimi boyunca korur ki bu dönemde yüzmekten, besinleri emmekten ve büyümekten başka yapacak pek bir şeyi yoktur. Arka sindirim sistemi kapalı kalmaya devam eder

◆◆◆

Yaban arısı larvası bir erişkine dönüşmek için gereken büyük vücut kütlesini kazandıkça pupa evresine girmeye ve konağından çıkmaya hazırlanır ki konağın içi artık büyük ölçüde yenip yutulmuş, yok edilmiştir ve yakında çürümeye başlayacaktır. Çoğu larva için bu, dışarı çıkmak için iyi bir zamandır. Son gömlek değişimi sırasında birkaç büyük değişiklik meydana gelir. Olgun larva, açık solunum delikleri edinip trake solunumu yoluyla gazlı havayı da soluyabilir hale gelir. Konağının içinden çıkmasına izin verecek çeneleri ve ipek bir koza oluşturabilen iplik borularıyla daha eksiksiz bir kafa geliştirir. İpek bezleriyse aniden ve hızla gelişir.[9] Son ama muhtemelen önceki aşamalar kadar önemli bir başka şeyse, olgun larvanın tam bir sindirim sistemi geliştirmesi ve sonunda depolanmış vücut atıklarını ortadan kaldırabilmesidir.

[9] Ortaya çıkan parazit yaban arısı larvalarında ipek bezlerinin ani gelişimi, tırtıllar gibi diğer genç ipek eğiren böceklerin büyük çoğunluğunun bu bezleri tüm larva yaşamları boyunca geliştirdiğini düşündüğünüzde, oldukça etkileyicidir. Yaban arısı larvaları, konak böceğin içinde beslenirken ipeğe hiç ihtiyaç duymaz; bu nedenle bezlerinin gelişimini son gömlek değişimine dek baskılar.

Şekil 8.3. Kosta Rika'daki bir papilionid kelebeğin tırtılı, içparazit brakonid yaban arısı, Meteorus papiliovorus tarafından parazitlenmiş. Parazit yaban arısının larvası yakın zaman önce bu tırtılın çoğunu içeriden tüketmiş, çiğneye çiğneye bir çıkış deliği açmış (sağda görünüyor) ve kısa bir iplikten asılı ipek kozasını örmüştür. (Fotoğraf: Kenji Nishida.)

Çift Görme: Asalaklığa Bakmanın İki Başka Yolu

İç asalaklığın evrimi, çeşitli yaban arıları birbirinden ayrılıp diğer böceklerin içinde yaşamaya uyum sağladıkça, türlerin ortaya çıkmasında olağanüstü bir patlamaya yol açtı. Fakat yaban arılarının önemli bir hilesi daha vardı ve bu da bir başka tür patlamasının fitilini ateşledi. Asalaklığın, yaban arılarının ağaçlardaki büyük konak böceklere saldırmasıyla başladığını hatırlayacaksınız, dişiler bu böcekleri zehirleriyle felç ediyordu. Konağın kalıcı olarak felç olduğu bu tür asalaklık 'idiobiosis' diye adlandırılır ve bu davranışı sergileyen yaban arılarına 'idiobiont' adı verilir. Fakat modern yaban arılarının büyük çoğunluğu artık bunu yapmıyor. Felcin tek gerçek faydası konağın genç bir yaban arısına zarar vermesini engellemekti. İç asalaklık geliştiğinde ise felç etme taktiği artık gereksiz olmanın yanı sıra bir dezavantaj haline bile gelmiş olabilirdi. Dolayısıyla iç asalak yaban arısı türlerinin büyük çoğunluğu, konak böceğin ya hiç felç olmadığı ya da yumurtlama işlemi sırasında sadece geçici olarak felç olduğu başka bir davranış geliştirmiştir. Bu tür asalaklara 'koinobiyoz', yaban arılarına ise 'koinobiont' adı verilir.

İlk bakışta, idiobiosis ve koinobiosis arasındaki fark oldukça küçük görünebilir fakat bu farkın yaban arısı evrimi üzerindeki etkileri çok büyüktü. Buradaki temel ayrım şudur: İdiobiontlar konağı savunmasız ve korunmuş bir et yığınına dönüştürürler. Koinobiontlarsa asalak yumurtalarını yerleştirdikten sonra konak böceğin yaşamasına, beslenmesine, büyümesine, hatta gömlek değiştirmesine bile sinsice izin verirler. Bu da yaban arılarının kurbanlarını daha çeşitli yaşam evrelerinden seçmelerine izin verir. Bir idiobiont larvası yalnızca sağlanan etle beslenebildiğinden bulabildiği en büyük konağı avlamakla kısıtlanır. Oysa bir koinobiont çok daha küçük konakları tercih edebilir. Birçok koinobiont türü yumurtalarını çok genç böceklere zerk eder ki genç böceklerin sayısı daima yaşlılarınkinden fazladır. Genç konak yaşı gereği çok küçüktür ve erişkinliğe ulaşana kadar, iç asalak yavrulara, büyümelerine yetecek besini sağlayamaz. Fakat bir koinobiont larvası yavaş gelişerek veya kendi büyümesini geciktirerek bu sorunun üstesinden gelir. Başka bir deyişle, konak böceğin larvayı uygun şekilde beslemeye yetecek biyokütleye ulaşana kadar yaşamasına izin verilir. Bir koinobiont yaban arısı, gelişimini biraz daha geciktirerek konağın pupa evresine geçmesine izin verir ki bu evrede konak genellikle güvenli bir saklanma yeri arar, hatta belki de bir ipek kozası örer. Böylece yaban arısı konağının korunma davranışından bile faydalanabilir.

İdiobiosis, gizlenmiş böceklere saldırmak için harika bir stratejidir ama açıkta kalan böceklere saldırmak için zayıf kalır. Açıkta kalan bir böcek kalıcı olarak felç olursa leşçiller ve yırtıcılar için kolayca bir hedef haline gelir ve genç yaban arısı konakla birlikte öldürülür. Bu yüzden belki de koinobiyozun en büyük yararı, asalak yaban arılarının ölü odunlardan kaçmasına, bitkiler üzerinde yaşayan ve dışarıdan beslenen konaklara saldırmasına olanak sağlamasıydı. Koinobiosis bir hamlede geç Jura ormanlarındaki habitat sınırlaması bağlarını kırmıştı.

Anal Saplantılı, Gizli Topluluklar

Yaban arıları çürüyen orman kütüklerinin sınırlamasından kaçmanın yollarını bularak fevkalade başarılı olurken, ortaya çıkan bir başka Jura dönemi böcek klanı, içlerinde yepyeni bir yaşam biçimi geliştirerek başarılı oldu. Bu girişimci böcekler, isopteranlar olarak da bilinen ilk termitlerdi ve onları ilk gerçek sosyal böcekler haline getiren karmaşık grup yaşamı davranışları geliştirdiler. Biz entomologlar sosyal organizmalardan bahsettiğimizde, onların sadece gruplar halinde bir araya gelen şeyler olduğunu kastetmiyoruz. Mesela Devoniyen ve Karbonifer yıllarında da altıbacaklılar ve böcekler bir araya toplandılar (yaykuyruklar, kılkuyruklar, mayıs sinekleri ve hamamböcekleri gibi yaratıklar birlikte yaşamış olabilirler) fakat onları sosyal böcekler olarak tanımlamıyoruz. Doğruyu söylemek gerekirse sosyal böcekler gruplar halinde bulunurlar ama aynı zamanda yaygın görülen üç özelliğe de sahiptirler.

Sosyal davranışın ilk şartı, iki veya daha fazla kuşağın bir arada yaşamasına izin verecek kadar uzun bir erişkin ömrüdür. Sosyal olmayan böceklerin çoğunda erişkinler yumurtladıktan sonra ölürler. Çoğu ebeveyn, çocuklarının erişkin olduğunu görecek kadar yaşamaz. Sosyal böceklerin ömürlerinin daha uzun olması, sosyalliğin ikinci koşulunu yerine getirmelerini sağlar: gençlerle işbirliği içinde ilgilenmek. Sosyal böcekler, gelecek kuşaklara yiyecek sağlar, onların atıklarını giderir ve başarılı bir şekilde erişkinliğe ulaşıp koloninin işlerine katkıda bulununcaya dek onları yırtıcılardan ve asalaklardan korurlar. Son olarak, sosyal böcekler kolonide işbölümü yaparlar; bu da kolonide belirli roller üstlenen özelleşmiş formların (kastların) gelişmesine izin verir. Büyük çoğunluğu kısır işçilerdir; bu bireyler, kendi çocuklarını yapmaz, bunun yerine annelerinin yavrularını büyütmeye yardım ederler. Bu işçiler yuvayı inşa edip yiyecek toplar ve büyüyen gençleri beslerler. Fakat koloniyi savunmazlar; bu özel görev, askerler kastı tarafından gerçekleştirilir. Büyük kafalı, büyük ağızlı kısır bireylerden oluşan asker kastı, savunmada o kadar uzmanlaşmıştır ki kendini bile besleyemez; onlara işçilerin bakması gerekir. Bir termit kolonisindeki çok az sayıda bireyin aslında kendi yavruları vardır: Üremeke meşgul krallar ve kraliçeler olan bu bireyler, gezegenimizin tarihindeki ilk kraliyet aileleridir. Kral ve kraliçe yeni bir koloni kurduktan ve ilk nesil işçileri yetiştirdikten sonra, sadece arkalarına yaslanıp emeklerinin meyvelerinin tadını çıkarır.

Termitler genellikle sosyal hamamböcekleri olarak kabul edilirler. Bugün var olan en ilkel türleri gerçekten de odun yiyen hamamböceklerine (cryptocercidae) benzer ve genel olarak termitlerin hamamböceği benzeri atalardan evrimleştikleri kabul edilir.[10] Termitlerin davranışlarının ve varlıklarının sırrı, odunsu bitkilerdeki selülozu sindirebilme yetenekleridir. Yakın kuzenleri odun hamamböcekleri gibi, onlar da bu zor işi sindirim sistemlerinde simbiyotik mikroorganizmaları barındırarak başarırlar. Diğer tüm böcekler gibi, onların da bir dış iskeleti vardır ve ön ve arka mideleri iskeletsi malzemeyle kaplıdır. Bu nedenle termitler düzenli olarak iskeletlerini değiştirdiklerinde simbiyontlarını da kaybederler ve yenilerini edinmeleri gerekir, yoksa açlıktan ölürler. Simbiyotik bağırsak mikroorganizmalarını, anal trofallaksi adı verilen bir süreçle, yani kelimenin tam anlamıyla diğer termitlerin dışkısını yiyerek elde ederler. Bu

[10] Tarihsel olarak, termitler ayrı bir böcek takımı olan isoptera olarak sınıflandırılmıştır; ancak son araştırmalar onları Blattaria veya Blattodea, hamamböceği takımı içinde ayrı bir soy olarak ele almaktadır.

davranış kulağa ne kadar iğrenç gelirse gelsin termitler için hayatî öneme sahiptir. Nitekim bu davranış olmasaydı dünyanın en etkileyici ve etkili böcek topluluklarından bazıları da asla evrimleşemezdi.[11]

Şekil 8.4. Tropikal kuzey Avustralya'dan, yaşayan termitlerin filogenetik açıdan en ilkeli olduğu sayılan Mastotermes darwiniensis, hamamböcekleri gibi kabuklara yumurta bırakan yaşayan tek termit türüdür. Fotoğrafta üç sosyal kast birden görülüyor: bir asker (sağ üstte), koyu renkli neotenik üreme bireyi ve birkaç soluk renkli işçi. (Fotoğraf: © Barbara Thorne.)

[11] Termitlerin, ortak bağırsak simbiyontlarını değiş tokuş etme ihtiyaçlarıyla birbirine bağlı sosyal beslenme kolonileri olduğu fikri, sosyal evrimin ortakyaşam hipotezi olarak bilinir. Açık olmak gerekirse, bu başka bir tartışmalı konudur ve diğer birkaç hipotez termitin sosyal davranışının kökenini açıklayabilir. Popüler bir görüş şudur: Termitler yavaş geliştiğinden, konsantre gıda açısından zengin gizli habitatlarda yaşadıklarından, çok kuşaklı aile grupları içinde kalmanın çeşitli avantajlarından yararlanır. Yiyecekleri paylaşmak, grubun daha kolay savunulması, gençlere beraber bakmak karşılıklı yarar sağlar. Bireylerin dağılıp yeni ve başarılı yuvalara uygun yerler bulması çok risklidir; yeni koloniler kurma girişimlerinin çoğu kesinlikle başarısızlıkla sonuçlanır. Sonuç olarak, yerleşik bir kolonide kalan bireylerin hayatta kalma şansları çok daha yüksektir.

Anal trofalaksis büyük topluluklar halinde yaşamanın doğruduğu bir başka ciddi sorununu çözüyor: atıkların ortadan kaldırılması. Böceklerin –veya diğer hayvanların– toplu hâlde yaşadıkları zaman çevrede biriken dışkıları, bakteriler ve mantarlar gibi hastalık saçabilen canlıların çevreye yayılmasına neden olabilir. Ayrıca yırtıcıları da çekebilir. Örneğin tırtıllar gruplar halinde beslendiklerinde, hastalıklara yakalanma veya avlanma olasılıkları, ormanda dağılmış yalnız tırtıllarınkine kıyasla çok daha yüksektir. Termitler kendi dışkılarını hem yiyip hem de yuvalarında tünel ve kemerler inşa etmek için kullanarak bu sorunları savuştururlar.

En eski termit aileleri muhtemelen sadece birkaç düzine veya birkaç yüz birey içeriyordu ama o kadar başarılıydılar ki onlardan, kolonileri birkaç milyondan fazla bireyi barındırabilen 2.900'den fazla modern tür ortaya çıktı. Her türün kendine özgü alışkanlıkları ve yaşam tarzı olmasına rağmen hepsi besin döngüsüne ve omurgalıların besin ağlarına sağlam katkılarda bulunurlar. Termitler, çeşitlilikleri ve bollukları nedeniyle özellikle nemli tropik bölgelerde odun ve diğer bitki kalıntılarının başlıca ayrıştırıcıları arasındadırlar. Toprağın işlenip taşınmasına yardımcı olurlar, üstelik diğer hayvanlar da açgözlülükle termit tüketirler. Afrika *macrotermes* termit kolonisinin inşa ettiği tek bir höyük bile altı metre boyuna ulaşabilir ve iki milyondan fazla işçi termiti barındırabilir. İnsan ölçülerine vurulduğunda bu höyüklerden biri, herhangi bir gökdelenden daha uzun olacaktır. Diğer termit türlerinin höyükleriyle beraber ele aldığımızda bunların tek ailelik konutlar olduğunu düşünürsek bu yapılar daha da etkileyici hâle gelmektedir. Bir *macrotermes* kraliçesi on yıl yaşayabilir ve bazen bir günde 30.000 kadar yumurta bırakır. Ömrü boyunca da 100 milyon yumurta yapabilir. Böyle maaile bir piknik duydunuz mu?

Bitler ve Tavuklar Üzerine

Tüylü dinozorlardan bahsetmeden Jurassic Park'ta piknik yapmak mümkün değildir. Pullu dinozor kafası, pençeli ve büyük tüylü kanatları ve uzun tüylü kuyruğuyla, bilinen en eski kuşlardan biri olan *archaeopteryx* hakkında çok şey yazıldı çizildi.[12] *Archaeopteryx*, diğer ilk kuşlarla birlikte uçmayı nasıl öğrendi? Genel kabul gören görüş, ağaçlardan süzülerek uçuş hipotezidir. Buna göre, kuşlar ağaçtan ağaca süzülerek uçan küçük, tüylü, ağaçta yaşayan dinozorlardan evrimleştiler. Bu hipotezin kabul görmesi de kolay oldu. Ne de olsa kuşların, onlardan yaklaşık 150 milyon yıl önce böceklerin başarıyla hayata geçirdiği bir stratejiyi taklit ettiklerini öne sürüyordu. Fakat süzülen kuş hipotezinin birkaç dezavantajı var: Ataları karada yaşayan dinozorlar, neden ağaçlara tırmanma zahmetine girsinler? Üstelik bu uçma yeteneğine sahip olmadan önce hangi etkenler büyük tüylü ön uzuvlar geliştirmelerine neden olmuş olabilir?

Koşucu kuş hipotezi, kuşların yerden uçmayı öğrendiklerini öne sürerek bu sorunu çözer. Yoğun bir şekilde tartışılmasına rağmen bu fikir basit bir nedenden dolayı bana yakın geliyor: Kuşların evriminde bir itici mekanizma olarak böcekle beslenmenin önemini ortaya koyuyor. Koşucu kuş hipotezi, kuşların böcekleri kovalarken yerde koşmaya başladıklarını öne sürüyor. Ayrıca bu hayvanların ilk önce uçmak için değil, gelişmiş böcek yakalama araçları olarak ön bacaklarında büyük tüyler geliştirdiklerini öne sürüyor.

[12] *Archaeopteryx* hem ön hem de arka bacaklarında belirgin uçma tüyleri olan Çinli dinozor *microraptor*'un yakın zamandaki keşfine kadar, uzun zaman en yaşlı kuş olarak kabul edildi. Microraptor'un keşfi, kuşların kökeni ve kuş uçuşu hakkındaki tartışmaları yeniden alevlendirdi. Bunları burada çözmeyi beklemiyorum. Bunun yerine, *microraptor* tamamen arboreal olsa bile, daha önce karada yaşayan atalardan gelmiş olması gerektiğini ileri sürmek isterim. Küçük yırtıcıların tümü dişlek etçillerdi, bu yüzden böcekleri geniş diyetlerine dâhil ettiler. Tartışmamızın konusu *archaeopteryx* veya *microraptor* olsun, böcekleri ağaçlara ve havaya kovalamanın kuş uçuşunun kökenini büyük olasılıkla tetiklediğini belirtmekte fayda var.

Ön bacaklarını sineklik olarak kullanarak ormanlarda hızla koşan eski tüylü dinozorlar fikri çok da abartılı değil. Yerde yaşayan birçok küçük Triyas dinozorunun hepçil, etçil ve dolayısıyla oldukça böcekçil olduğu fikrini zaten kavramıştık. Ayrıca kuşların *ornitholestes* gibi küçük ve büyük olasılıkla böceklerle beslenen bu dinozorlardan evrildikleri de açıktır. İlk öncü kuşların da böceklerle beslendiğini ve kuvvetli seçilim baskısının onların avlarını hızla yakalamasını sağlayacak her türlü davranışı teşvik edeceğini varsaymak da çok mantıklı. Bu hipotezin esas sorunu, *archaeopteryx*'in yerde çok az zaman geçirdiğini veya hiç zaman geçirmediğini gösteren kanıtlardır: Pençeleri çok az aşınma belirtisi göstermektedir. Gerçi iki fikrin birbirini dışlaması gerekmez. *Archaeopteryx* ağaç tepelerinde yaşayan bir uçucu kuşken, ilk ataları pekâlâ yerde yaşayan böcek avcıları olabilir.[13]

Bu kanat çırpma fikri hakkında ne düşünürseniz düşünün, kuşların ortaya çıkış tarihi, böceklerin tarihi ve başarısıyla iç içe geçmiştir ve birbirine bağlıdır. İlk kuşlar uçmuş olabilirler. Bunun için dört bir yanlarında bulunan son derece besleyici uçan böcek sürülerini silip süpürmekten daha cazip bir sebep olabilir mi? Kuşlar boylarından kaybettiklerini sayılarıyla telafi etmeyi başardılar ve çoğu böcekçil olan sekiz binden fazla modern türe evrildiler.[14]

Tüylü dinozorların bir kez göğe çıkmayı başardıklarında böceklere sorun çıkardıkları ve bazı böcekleri neslini tüketene kadar avladıkları düşünülebilir ama bunu destek-

[13] İngiltere'deki Manchester Üniversitesi'nden Robert Nudds, yakın zamanda *archaeopteryx* ve eski Çin kuşu *confuciusornis*'ten gelen fosil tüylerinin yük taşıma kapasitelerini inceledi. Bu ilk kuşların ince tüyleri olduğunu ve muhtemelen çok iyi uçmadıklarını da keşfetti. Daldan dala kaymış olabilirler veya düşerken inişlerini yavaşlatmak için kanatlarını kullanmış olabilirler. Nudds'ın araştırması 5 Haziran 2010'da *Science News*'te yayınlandı.

[14] *Archaeopteryx* genellikle küçük bir kertenkele veya bir balığı kemirirken resmedilir. Kertenkeleleri, semenderleri ve benzerlerini yediklerinden şüphem yok; ama kesinlikle ataları gibi, son derece hepçillerdi ve yaygın olarak böcek yiyorlardı.

leyen pek fazla kanıt yoktur. Bir grup böcek –titan böcekleri– gerçekten de ilk kuşlar ortaya çıktığı sıralarda ortadan kayboldu. Bu böcekler hantal ve gürültücüydü. Dolayısıyla çok kolay avlanmış olabilirler. Diğer böcek gruplarıysa etkilenmemiş görünüyorlardı. Üstelik zaman içinde daha da çeşitlendiler. Kuşların, ilk andan itibaren böceklerin evrimini çeşitli şekillerde yönlendiren kuvvetli bir seçilim baskısı oluşturduklarını rahatlıkla varsayabiliriz. Gündüzleri faal olup beslendiklerinden, muhtemelen birçok böceğin gece faaliyetlerinin evrimini de etkilediler. Dahası bu yırtıcılar görme duyularını kullanarak avlandıkları için kamuflajın, aposematik renklenmenin ve taklitçiliğin evrimini teşvik ettiler. Böylece dinozorlar ilk kez gökyüzüne çıktıklarında böceklerin başarısını engellememiş oldular. Kuşlar ilk kez ortaya çıktıklarında böcekler 150 milyon yıldır uçuyordu; o zamana kadar bu konuda çoktan ustalaşmışlardı.

Kuş türleri çeşitlendikçe, muhtemelen böcekler de bu çeşitliliği kendi çıkarlarına kullanmanın bir yolunu buldular. Muhtemelen kuşları ilk kolonileştirenler yeni bir asalak böcekler grubu olan ısıran bitlerdi. Fakat bunları daha yaygın kuzenleri olan ve çok daha sonra evrimleşen kan emici memeli bitleriyle karıştırmamak gerek. Hem ısıran hem de kan emen bitler (phthiraptera takımı) ilk önce çiğneyici bitler olarak ortaya çıktılar ve muhtemelen kendileri de ilk kuşların yuvalarında beslenen kabuk bitlerinden evrimleştiler. Çiğneyici bitler tüyler arasında yaşamayı tercih ettikleri için –ki bu tercihleri o kadar kuvvetlidir ki onları genellikle kuş biti diye adlandırırız– daha eski, yerde yaşamış, tüylü dinozorların kuşlarınkinden çok önce de bitlerinin olabileceğini göz ardı edemeyiz. Her halükârda kuş biti o minyatür tüy ormanında başarıyla büyüdü: Bugün kuş bitinin 1.200'den fazla türü var.[15] Asalak bitlerin potansiyel faunası, mevcut

[15] Bu sadece kuş bitlerinin toplamıdır. *Phthiraptera* daha sonra Senozoik çağda memeli konaklara yoğun bir şekilde yayıldı, bu nedenle yaşayan kuş ve memeli bitlerinin toplamı yaklaşık beş bin türdür.

omurgalı konaklarla sınırlıydı; diğer böceklerin aşırı tür zenginliğinden yararlanan yaban arılarının sergiledikleri aşırı çeşitlilik seviyelerine asla ulaşamadılar. Bu kısıtlamaya rağmen, asalak bitlerin kökeni, böceklerin gezegenimizi başarıyla kolonileştirme destanında yeni bir sayfa olmaya devam ediyor.

◆◆◆

Jura yıllarında, Laurasia ve Gondwana kıtaları ayrıldıkça daha fazla kıyı şeridi oluştu, karasal iklim kuraktan nemli hale geldi. Sekoya benzeri kozalaklı ağaçlar, kurak Triyas çöllerini en uzun *diplodocus*'un bile boyunu aşan nemli ormanlara dönüştürdü. Çok sayıda yeni dinozor türü, gerçek Jurassic Park'ta eğreltiotu çayırlarında dolaşıp ginkgo dalları arasında tantana yapsa da dönemin çeşitliliğinin çoğu eşkanatlılar, kınkanatlılar, yaban arıları ve sinekler arasında ve mikroskobik düzeyde gerçekleşmiştir. Jura dönemi sona erdiğinde, asalak yaban arısı orduları kınkanatlı larvaları bulmak için ölü ağaçları deliyordu. Termitler bu sırada orman zeminlerindeki döküntülerin arasında besinlerini çiğniyordu. İnatçı bitlerse küçük dinozorların tüylerinin arasında yuvalanmıştı. Ne var ki Mezozoik ormanlardaki böcek ve bitki evrimi, çok daha belirgin hâle gelmek üzereydi. Kretasenin şafağında ormanlar tomurcuklanan ilk çiçeklerin renkleri ve kokularıyla bir renk cümbüşüne dönüştü. Kretase ayrıca ilk arılar, çiçek sinekleri ve kelebekler de bu dönemde görüldü. Bitkilerin toprakları kolonileştirmesinden bu yana yaklaşık 300 milyon yıl geçmişti. Peki, dünyanın çiçek açması neden bu kadar uzun sürdü?

9

KRETASEDE AÇANLAR VE SOLANLAR

Çiçeklerin karmaşık biçim, renk ve koku evrimi, tozlaşmalarına yardımcı böceklerin evrimi ile beraber ilerlemiştir.
V. H. Heywood, *Flowering Plants of the World*

Kendi uzmanlıklarıyla uğraşırken gösterdikleri ihtiyatla övünen aşırı mantıklı bilim insanları, sıra Kretase katilinin gizemini çözmeye gelince çılgın fantezilere düşerler.
Robert T. Bakker, *The Dinosaur Heresies*

Kral gitti ama unutulmadı.
Neil Young, "My My, Hey Hey"

Bu satırları yazarken Wyoming'de ve soğuk bir Şubat ayındayım. Manzara soğuk ve çorak ama yine de çiçekler geliyor aklıma. Sevgililer Günü onları unutmama izin vermez zaten. Televizyon, radyo istasyonları, gazeteler ve internet bize sevdiklerimize çiçek almamızı hatırlatıyor. Birkaç kısa günlüğüne, kışın en kasvetli zamanında, mağazalar onlarca renkte çiçek ve büyük gül demetleriyle doluyor.

Alerjimiz olmadığı sürece çiçekler genellikle bizi iyi hissettirir. Onları evlerimizin ve iş yerlerimizin etrafındaki bahçelerimize ekeriz. Küçük kaplarda filizlendirip içeriye getiririz. İsyankâr renklerini ve yapraklarının abartılı biçimlerini seviyoruz. Bu nedenle çiçekli sanat eserleri, perdelik kumaşlar ve duvar kâğıtları yapıyoruz; kumaşlarımızı çiçek desenleriyle süsleyip kendimizi çiçek desenli giysilere sarıyoruz ve çiçek biçimli mücevherlere boğuyoruz. Hatta bazen çiçek dövmesi bile yaptırıyoruz. Hele kokuları... Aromaterapi için kokularını topluyoruz. Bunları parfümlere, sabunlara, yağlara, losyonlara, şampuanlara, deodorantlara ve mumlara katıyoruz.

Belki de çiçeklere olan ilgimiz, Edward O. Wilson'ın 'biyofili' dediği ve insanların doğaya ve diğer canlılara karşı doğuştan gelen sevgisi olarak tanımladığı olgunun bir başka örneğidir. Doğada milyonlarca yıl boyunca evrimleştiğimiz için, belki de bu konuda genetik olarak programlanmış bir arzuya sahibiz, etrafımızı doğanın daha hoş yönleriyle sarmak istiyoruz ki çiçekler doğanın en hoş yönlerinden biri. Ama belli ki çiçekleri diğer canlılardan daha çok seviyoruz. Mantarlar, semenderler, kurbağalar, örümcekler veya yılanlar hakkında kesinlikle aynı şekilde hissetmiyoruz, oysa hepsi de renkli ve ilginç. Bazı kokulu böceklerin de çok hoş kokuları var. Hatta bazı çiçeklerden bile daha güzel kokuyorlar. Yine de onları Sevgililer Günü'nde eşimize veya kız arkadaşımıza vermiyoruz. Belki de çiçekler böcekleri nasıl kendilerine çekiyorlarsa bizi de öyle kendilerine çekiyorlar. Canlı renkleri, merak uyandıran şekilleri, tıpkı bir arı misali onları uzak mesafeden bile fark etmemizi sağlıyor. Yakın mesafedense kokularına, tatlı nektarlarına tıpkı bir kelebek gibi tepki veriyoruz. Çiçekler, arılar ve kelebekler bugün o kadar yaygınlar ki bu canlıların bir zamanlar var olmadığını kolayca gözden kaçırabiliyoruz.

Yarılma, Kayma ve Dinozorların Sürüklenişi

Kretasenin uzun hüküm yılları hakkında değil de büyük bir felaketin yaşandığı son günleri hakkında daha çok şey duyuyoruz. Bu dönem, *tyrannosaurus rex* ve türünü (muhtemelen) bitiren ve (nihayet) memelilerin etçil dinozorların gölgesinden çıkmasına izin veren dev bir göktaşının Dünya'ya çarpmasıyla olağanüstü bir şekilde sona erdi. Bu olaya daha sonra değineceğiz ama şimdilik, yaklaşık 79 milyon yıl sürmüş (kozmolojik ölçülere göre bile uzun bir zaman dilimidir bu) Kretase dönemi boyunca işlerin nasıl gittiğine odaklanalım.

Yaklaşık 130 ila 145 milyon yıl önce Juranın sona erip Kretasenin başlamasıyla birlikte, bu gezegenin büyük hayvan topluluklarının bileşimi de gözle görülür şekilde değişti. *Apatozorlar*, *diplodocus* ve onların akrabalarını soyu tükeniyordu ve Kretase ormanları, özellikle ördek gagalı hadrozorlar, boynuzu fırfırlı *triceratops* ve onun çok yönlü akrabaları olmak üzere, yeni büyük otçullar topluluklarıyla doldu. Bu arada güney yarıküredeki Gondwana süper kıtası şiddetli bir şekilde parçalanıyordu. Bu süreç ürkmüş dinozor sürülerini birbirinden ayırmıştı. Bugün Güney Amerika olarak bildiğimiz kara kütlesi, Afrika olarak bildiğimiz kara kütlesinden ayrılmaya başlamıştı. Her büyük depremle birlikte, güneyden ve kuzeyden oluşan yarıklar büyüyor ve okyanus suyu hızla bu yarıklara doluyordu. Sonunda bu araziler bir su alanıyla birbirinden tamamen ayrıldı. Böylece Güney Atlantik Okyanusu oluştu. Güney Atlantik deniz tabanı o zamandan beri büyümeye ve genişlemeye devam etti, yavaş yavaş ama durmaksızın Güney Amerika'yı ve Afrika'yı birbirinden uzaklaştırdı. Fakat Güney Amerika Erken Kretasede büyük bir ada kıtası haline gelecekti, önce Afrika'dan hafifçe kopacaktı, Kuzey Amerika'dansa geniş bir okyanus alanıyla çoktan ayrılmıştı (Orta Amerika kara köprüsü birkaç milyon yıl öncesine kadar Güney ve Kuzey Amerika'yı birleştirmiyordu).

Kretasenin kıtalarını uzaydan görseydik en azından Güney Amerika, Afrika, Hindistan, Antarktika ve Avustralya gibi modern bölgelerin şekillerini tanıyabilirdik ama hepsinin konumları bugünkünden şaşırtıcı derecede farklıydı. Güney Amerika ve Afrika, bugünkü okyanuslardan ziyade dolambaçlı bir kanala benzeyen dar bir su yolu ile ayrılmıştı. Antarktika daha kuzeyde, Güney Amerika ve Afrika'ya çok daha yakındı. Avustralya yana eğikti ve Antarktika'ya çok yakındı, aralarında yalnızca ince bir yarık vardı. Erken Kretasede bu güney kıtaları ılıman iklimlere sahipti. Hayvanlar ile bitkiler güney koridoru boyunca Güney Amerika'dan Antarktika'nın kuzey kıyısına, doğudaysa Avustralya'ya kadar dağılmışlardı. Güney Amerika, Kretasenin yegâne ayrı ada kıtası değildi. Hindistan alt kıtası, Afrika'nın doğu kıyısından çoktan ayrılmıştı ve bu süre zarfında tamamen tecrit olmuş bir Hindistan, şimdilerde Hint Okyanusu dediğimiz bölge boyunca kuzeye ve doğuya doğru sürükleniyordu.

Kretasede döneminde Hindistan ve Güney Amerika'nın şekilleri tanıdık gelse de arazileri tanınmaz durumdaydı. En önemlisi, buralar nispeten düzdüler; And Dağları ve Himalayalar olarak bildiğimiz modern sıradağlar henüz oluşmamıştı.[1] Üstelik Erken Kretasede Amazon ve Ganj nehirleri de yoktu. Ördek gagalı dinozorlar puslu alacakaranlıkta gezinirken eski nehirler ovalardaki ormanların içlerinde kayboluyordu. Yine de bu sahne, bize şimdi ne kadar tuhaf gelirse gelsin, gittikçe artan bir benzerliği barındırıyordu: Kretase ormanlarında çiçekli bitkiler ilk kez sahneye çıkmışlardı ve hızla çoğaldılar. Sayısız böcek topluluğu da onlarla birlikte gelişecekti.

Şeker Perilerinin Dansı: Böcekler ve Çiçeklerin Ortak Evrimi

Çiçekli bitkiler, yani botanikçiler tarafından anjiyospermler olarak sınıflandırılan ve çiçek açıp meyve veren organizmalar, ilk kez Jura döneminde, hatta daha önce bile evrimleşmiş olabilirler ama başlangıçta bunlar nemli orman

[1] Güney Amerika'nın batısındaki And Dağları, son 140 milyon yılda, Güney Atlantik'in okyanus tabanının genişlemesiyle kıtanın batıya ve Pasifik kabuğuna doğru itilmesiyle oluşmuştur. Bu aslında uzun, yavaş bir süreçti ve Güney Amerika'nın batı kesimleri çok çabuk dağlık hale gelmedi. And Dağları'nın asıl yükselişi daha yakın zamanda, 23 milyon ila 5 milyon yıl önce gerçekleşmiştir. And Dağları, yaklaşık 10 milyon yıl öncesine kadar Amazon Nehri'ni şimdiki Atlantik'e giden yolu boyunca doğuya yönlendirecek kadar uzun değildi. Benzer şekilde, Himalayalar Hindistan'ın Asya kıtasıyla çarpışmasına kadar, yani nispeten yakın zamana, son 60 milyon yıla dek oluşmamıştı.

habitatlarıyla sınırlı, seyrek görülen odunsu çalılardı. 134 milyon yıl önceye, Erken Kretaseye tarihlenen çiçek polenleri fosillerimiz ve 124 milyon yıl önceye tarihlenen yaprak ve çiçek fosillerimiz var ve 120 milyon yıl önce nilüferler ve manolyalar gibi tanınabilir türler dâhil ilk anjiyospermlerin var olduğunu biliyoruz. Anjiyospermler Orta Kretaseden itibaren baskın bitki türleri haline geldiler, bugün de öyleler.

İlk anjiyospermlerin üreme yöntemi Carboniferous Gnetales'inkine benziyordu. İğne yapraklı sikadlara benzeyen Gnetalesler kalın ve odunsu gövdeliydiler; tepelerinde sert, yaprak dökmeyen taçları vardı. İlkel tohumlu bitkiler, çiçekli bitkilerden en az 160 milyon yıl önceye tarihlenen bu bitki türü, Triyas döneminden beri dinozorlarla dolu ormanlara hükmetmişlerdi. Poleni üremek için kullanıyorlardı ve bunun iki şekli vardı: polen üreten yapıları ve polen toplayan yapıları.[2] Dişi üreme organları, çiçek diyebileceğimiz şeye benzemiyordu ama aynı işlevi görüyordu. Gnetalesler anjiyospermler olarak sınıflandırılmasa da en eski çiçekler olarak kabul edilmeleri akla yatkındır. Daha da önemlisi, gnetaleslerin böcekler aracılığıyla tozlaştığı görülmektedir. *Ephedra antisyphilitica* gibi modern türlerin, çiçekli yapılarının ucunda yapışkan tozlaşma sıvısı damlacıkları ürettiği bilinmektedir. Bu sıvı, mikroskobik polen tanelerini yakalar ama aynı zamanda tatlılığıyla böcek ziyaretçileri de cezbeder.

Tatlı nektar ve besleyici polen, çiçeklerin ve böceklerin gezegeni istila etmesine izin vermişti. Bitkiler bunları açgözlü sinek, kınkanatlı, yaban arısı ve güve sürülerinim beslenmesine yetecek şekilde bolca ve fedakârca üretir, böceklerse tüylerine yapışan protein dolu polenleri etrafa saçarlar. Bunların böcekler için taşıdığı besin değeri açıktır. Peki, bitkilerin bu karşılık ilişkiden ne çıkarları vardı? Bitkiler bulundukları yerde köklenirler ve eş aramak için yer değiştiremezler. Kretaseye kadar ağaçların yayılma olanakları

[2] Gnetales, dioik bitkilere örnektir: cinsel organları ayrı bireylerde bulunur.

sınırlıydı çünkü ancak rüzgâr aracılığıyla tozlaşıyorlardı. Ama böceklerin yardımıyla –böcekler uçusu sayesinde diyelim– bu dönemde genetik malzemelerini çok uzak mesafelere yayma olanağına kavuştular. Artık fazla yaprak kımıldamayan rüzgârsız ormanlarda bile kolaylıkla yayılabiliyorlardı.

Tozlaşma sistemlerinin hem bitkilere hem de böceklere faydası, Orta Kretaseden itibaren fosil kayıtlarında açıkça görülmektedir. Bu döneme ait fosiller, yalnızca çeşitli, yeni çiçekli bitki türleri açısından değil, aynı zamanda çiçeklerle ilişkili yeni böcek türleri açısından da zengindir. Yeni sineklerin görüntüsünden ve çeşitliliğinden özellikle bahsetmek gerek: Bu sineklerin ağzı, içi boş uzun bir hortuma benziyordu, çiçeklerin derinlerine dalıp nektarı emecek şekilde evrilmişti. Bu uzun hortumlu sinekler, çiçekle beslenen böceklerin en eski ataları arasındadır. Aralarında ilk arı sinekleri, çiçek seven sinekler ve karışık kanatlı sinekler (sırasıyla bombyliidae, mydidae ve nemestrinidae aileleri) bulunur. Ayrıca, *ephedra* gibi bugün de var olan Gnetales türlerine, hatta nilüferler ve manolyalar gibi hâlâ yaşayan ilkel çiçekli bitkilere baktığımızda, bu eski çiçek türlerinin başarı nedenlerini, çiçeklerden hoşlanan genel böcek topluluklarının hepsini çekmelerinde bulabiliriz. Orkideler ve belirli arı türleri arasındaki gibi yakın bağlar, son 100 milyon yıl veya daha uzun süredir devam eden ortak evrimin sonucudur.

Bitki yiyen böceklerin kilit grupları (değnekböcekleri, çayır çekirgeleri, bitki böcekleri, yaprak pireleri, kirpikkanatlar, kınkanatlılar, testere sinekleri, adi sinekler, güveler) Kretase başlamadan önce zaten mevcuttu. Hepsi, bitkilerin hızlı çeşitlenmesine paralel olarak meydana gelen türleşme patlamalarından nasibini aldı. Fakat tüm bu evrimsel patlamalardan hiçbiri güvelerin ve kelebeklerin Geç Kretasedeki yükselişine rakip olamaz. O zamandan beri başka hiçbir hayvan grubu çiçekli bitkileri onlar kadar başarılı bir şekilde kolonileştirmedi. Onları evrimsel büyüklüğe götüren şey, olgunlaşmamış larva evrelerinin (tırtılların) beslenme alışkanlıklarıydı.

Lepidoptera Domine

Çiğnedikleri çiçekli bitkiler gibi, yaprakla beslenen tırtıllar da o kadar yaygındır ki onlarsız bir dünya hayal etmek zordur. Bu dışarıdan beslenen böcekler, çiçekli bitkilerin ilk yayılışıyla birlikte sadece 90 milyon yıl önce Kretasede ortalığı sardılar. Bitki dokularında tüneller açarak yırtıcılardan, rüzgârdan ve güneşin kurutma etkilerinden korunan daha eski, mikroskobik larvalardan evrimleştiler. Dışarıdan beslenen tırtıllar, su kaybını önlemek için daha kalın kütiküller geliştirip daha zorlu çevre şartlarıyla başa çıktılar. Fakat dışarıda sadece bitki üzerinde kalmak için bile çok daha ciddi bir yaşam mücadelesi sürüyordu. Yaprakta tünel açan bir böceğin aksine, bir tırtılın hareketle başa çıkması gerekirdi. Bitkiler, hayvanlar gibi ayağa kalkıp etrafta koşamayabilir ama yaprakları rüzgârda sık sık hışırdar ve dalları da fırtınalarda genellikle sallanır. Bitkiye tutunmak gerçekten çok önemlidir. Bir tırtıl düşerse, muhtemelen bitkiyi tekrar bulamadan ölecek veya eski konumunu geri kazanmak için büyük miktarda enerji harcayacaktır.

Özellikle lepidoptera, dış dünyada başarı için harika bir ön uyarlanmaya sahipti: ipek[3] Çoğumuz ipek kozalarının dönüşen güve pupasını korumada ne kadar önemli olduğunu hatırlarsak da bu malzemenin tırtıl için önemini unutabiliriz. İpek, tırtıl için son derece önemli bir hayatta kalma aracıdır, açıkta olduğu dünyada kelimenin tam anlamıyla bir cankurtaran halatıdır. Bir tırtıl bir bitkinin etrafında hareket ederken, yüzeye yapışan yapışkan bir ipeği sürekli olarak eğirir. Bir tırtıl düşerse, bitkinin başka bir bölümüne

[3] Lepidoptera, kardeş grupları Trichoptera (şayak sinekleri) ile 6. Bölüm'de belirttiğimiz aynı ipek üretme mekanizmasını paylaşır. Minik yaprak kurtları gibi, ilkel tırtıllar bile tünellerini modifiye edilmiş tükürük bezlerinden salgılanan ipekle kaplıyordu. Kravatlar, gömlekler, eşarplar, çoraplar ve iç çamaşırlar olarak değer verdiğimiz ipek böceği iplikleri bile, kurumuş böcek tükürüğünden başka bir şey değildir.

güvenle inebileceği veya başlangıç noktasına geri dönebileceği daha fazla ipek salacaktır. Karın bacaklarının uçlarında, yürürken ipliğe tutunan ve rüzgârlı günlerde bile tırtılı bitkiye sıkıca bağlı tutan, kroşe adı verilen mikroskobik dikenler ve kancalar bulunur. Cırt cırtın asıl mucitleri ve en başarılı kullanıcıları olan tırtıllar, ayrıca yaprakları ipekle birleştirip daha sert dış ortamdan kaçınmak ve yırtıcılar ile asalaklardan saklanmak için bunları derme çatma barınaklar olarak kullanır.

Kretase ilerledikçe, güve tırtılları ve ilk kelebekler bitki parçalarını çiğnemede giderek daha verimli hale geldiler. Yenebilir bir kısım varsa muhtemeldir ki tırtıllar onu buluyordu. Tırtıllar, yaprakları tümüyle yer, yaprak yüzeylerini kazır, yaprak damarlarını iskelete çevirirler. Ayrıca tomurcukları, çiçekleri, meyveleri, tohumları, gövdeleri, hatta kökleri bile yerler. Tüm bu kemirmeler ve çatırdamalar, erken çiçek açan bitkiler için tam bir felaket gibi görünebilir ama onlar da bu saldırıyı hafife almadılar. Böceklerin beslenmesi arttıkça, bitkiler buna daha etkili savunma yöntemleri geliştirerek yanıt verdiler. Bazıları sindirimi zor olan, daha kalın kütiküller veya mikroskobik dikenler geliştirdiler, diğerleriyse böceklerin ağız kısımlarına bağlanan ve çiğnemeyi olanaksız hâle getiren kalın veya sakızlı özler ürettiler. Birçok bitki, yapraklarını acı, hatta zehirli hale getiren kimyasal savunma yöntemleri geliştirdi.[4] Şimdiye kadar bu türden 100 binden fazla savunma bileşiği keşfedildi ve yağmur ormanlarnda yeni bitkiler keşfedildikçe bunlara sürekli olarak yenileri ekleniyor. Bitkiyle beslenen böcek ordularının çeşitliliğiyle yarışır görünen bu bileşenlerin bazılarını sayacak olursak,

[4] Bu tür savunma kimyasalları belirli bitkilerle sınırlıdır ve bünyelerinde değişen miktarlarda bulunur. Bitki büyümesinin birincil metabolizması için gerekli olmadıklarından, bilim insanları onlara ikincil kimyasallar diyorlar. Bu kimyasalların bazıları gelişimsel atık ürünlerden kaynaklanmış olsa da çoğu görünüşte böceklerin bitkiyle beslenme davranışlarına karşı savunmak için evrimleşmiştir.

tanenler, alkaloidler, siyanojenik glikozitler, kumarinler, flavonoidler, steroidler ve terpenoidler diye uzayıp gider. Bu adlar yabancı gibi görünüysa da örneğin alkaloid bileşikleri arasında kafein, nikotin, morfin, atropin, kokain, striknin, kinin ve kürar bulunur. Kahvemizi yudumlarken veya puromuzu içerken kaçımız bunu mümkün kılan 100 milyon yıllık böcek-bitki ortak evrimini aklına getiriyoruz?

Angiospermlerin kimyasal cephaneleri, bitkiyle beslenen böcekleri mahvetmedi. Hatta daha yaratıcı beslenme stratejilerinin evrimini teşvik etmiş oldu. Bir anjiyosperm tamamen yeni bir savunma kimyasalı geliştirirse bu, her bitkiye uzanan pek çok otçulun belirli türleri yemesini engelleyebilir. Ama benzersiz yetenekleri nedeniyle bitkiyi yemeye devam etmenin yollarını keşfeden birkaç uzman böcek her zaman bulunacaktır. Bazı böcekler sadece kimyasallardan kaçınır. Örneğin büyük yaprak damarlarını kesebilir, böylece savunma kimyasallarının, beslendiği alana akmasını engelleyebilir veya daha az zehirli yeni bitkilerle seçici beslenebilir. Delici ağız parçalarına sahip bir böcek, bitkinin kimyasallardan yoksun bölgelerini delerek seçici beslenebilir. Birçok böcek, bitki zehirlerini etkisiz hâle getirmek için çeşitli düzenekler geliştirir veya daha iyisi, onları kendi vücutlarının metabolizmasına dâhil etmenin yollarını bulur; böylece bitki kimyasallarını avcılara karşı kendi savunmalarına dönüştürür.

Arı Kızların Saldırısı

Çiçekli bitkilerin ve onlarla ilişkilenmiş böceklerin Kretase dönemindeki akını, aynı zamanda asalak ve yırtıcı gruplarda da bir patlamaya yol açtı çünkü bir çiçekli bitkiyi sömürmek üzere evrimleşen her yeni böcek türü, böcek yiyen diğer türler için potansiyel bir besindi. Örneğin iğneli yaban arıları (aculeata), Geç Jura döneminde yumurtlama kanalla-

Şekil 9.1. Bu iyi korunmuş fosil kelebek, Prodryas persephone (Lepidoptera takımı, Nymphalidae ailesi), ABD'nin Colorado eyaletindeki Florissant kasabasındaki Eosen dönemi kayalarında bulundu; en az otuz dört milyon yaşında olduğu tahmin edilmektedir. Kelebekler ilk olarak Kretase döneminde evrimleştiler; ancak Kretase sonundaki yok oluşlardan kurtularak modern dünyada önemli otoburlar haline geldiler. (Fotoğraf: Frank Carpenter. Karşılaştırmalı Zooloji Müzesi, Harvard Üniversitesi. © Harvard Koleji Başkanı ve Üyeleri.)

rını ovipozitör tabanının hemen üstüne kaydırmış bir grup asalak yaban arısının soyundan geliyordu ve bu ovipozitör yalnızca zehir zerk etmek için kullanılan bir deri altı şırıngasına dönüşmüştü. Bu da iğnenin bir zehir salma aracı olarak özelleşek en sonunda tamamen bir savunma silahına dönüşmesini olanaklı hale getirdi. Bu dönüşüm, yeni bir yaban arısı grubunun, yuva tedarikçilerinin Geç Juradaki fetihlerine hız kattı. Dahası aynı dönüşüm, Kretasede sosyal yaban arıları, bal arıları ve karıncalar gibi birkaç başka yeni sosyal böcek grubunun ortaya çıkmaına sebep oldu.

Juranın yeni yumurtlama kanalına sahip yaban arıları için muhtemelen pek bir şey değişmedi. Dişiler böcek konaklarını sokmaya, felç etmeye, üzerlerine yumurta bırakmaya devam etti. Bununla birlikte, sokma davranışı geliştikten sonra dişilerin konaklarını delip derinliklerine yumurtalarını zerk etme seçeneği de kalmadı. Yumurtalarını doğrudan doğruya kolayca açıkta bulunan böceklerin üzerine bırakmak zorunda kaldılar. Ancak bu böceklerin dişi yaban arılarınca kolay bulunabiliyor olması, diğer yırtıcı hayvanların ve asalakların da bu böcekleri keşfetmesine izin verdi. Bu yüzden bazı dişiler felçli konaklarını daha tenha bir yere taşımaya başladılar. Bu hareketle, Geç Jura döneminde, yuva yapan soliter yaban arısı ilk kez sahneye çıktı.

Yuva yapan soliter yaban arısı çoğu zaman zeminde bir delik veya tünel kazar veya içi boş bir bitki sapı bulur. Sonra avlanmaya gider. Tırtıl gibi uygun bir yiyecek bulur, onu sokar ve tıpkı asalak yaban arısı atalarının milyonlarca yıldır yaptığı gibi, felç edici zehrini kurbanına zerk eder. Sonra felçli böceği çenesi veya bacaklarıyla kavrar. Ya onunla uçup gider ya da onu yerde sürükler. Her halükârda azmi ve çalışkanlığıyla o böceği yuvasına geri alır, deliğe tıkar ve üzerine tek bir yumurta bırakır. Ardından yuva girişini ustaca kapatır ve bu işlemi başka bir yerde tekrarlar.

Dişi yaban arıları Erken Kretase döneminde açıkta kalan böcekleri aramada daha iyi hale geldikçe, iğnelerini üstün bir av aracı haline getirdiler ve yuva yapan birçok yeni tür evrimleşti. Avlanma becerileri çeşitlendikçe, yaban arısı yuva yapma konusunda da daha yaratıcı hale geldi. Odunun içine tünel açmaya, bitki gövdelerinin özlü merkezlerini oymaya ve dikey kayalarda ya da uçurum yamaçlarında kilden ya da çamurdan yuvalar oluşturmaya başladı. Bazı modern yaban arıları yuvalarını daha fazla gizlemek için yuvayı kapatır, üzerinden uçar ve girişin tüm izlerini silmek için kum serper. Başka bir anne yaban arısı çenesiyle küçük bir taş alıp yuvanın girişinin üzerindeki toprağı sıkıştırır. Dolayısıyla muhtemelen daha herhangi bir primat veya insan bir kayayı yerden kaldırmadan on milyonlarca yıl önce yaban arıları ilk taş aletleri kullanıyorlardı.

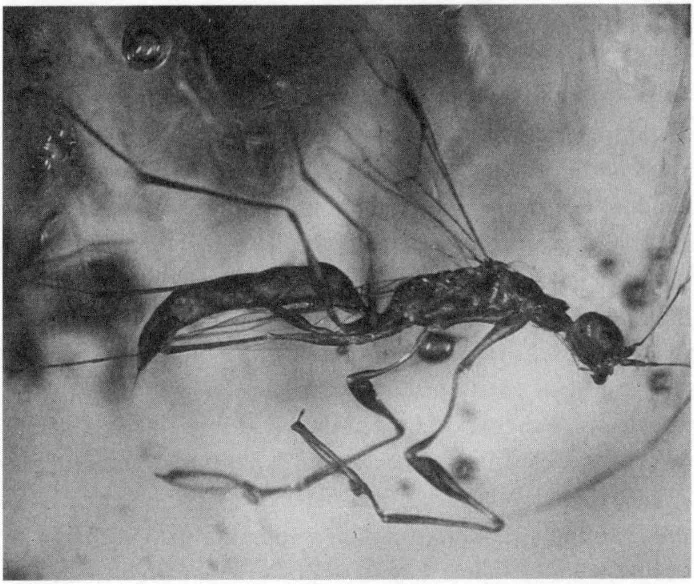

Şekil 9.2. Dişi bir dryinid yaban arısı (Hymenoptera takımı, Dryinidae ailesi), Dominik'te bulunan kehribar içerisinde fosilleşmiş; yirmi ila otuz milyon yaşında olduğu tahmin ediliyor. İğnesi gözle görülebiliyor. Modern dryinidlerin tümü, şelatlı ön ayaklarıyla yakaladıkları ve felce neden olacak şekilde soktukları Homoptera erginlerinin veya nimşerinin dışparazitleridir. Felç ettikleri konak böceğin üst üste binen göğüs veya karın bölümleri arasına tek bir yumurta bırakırlar. (Fotoğraf: © George Poinar Jr.)

Yüksek Sosyete

Yuva yapmanın icadı, bir kez daha bireysel davranıştan sosyal davranışa geçiş için zemin hazırlamıştı. Kretase dönemi boyunca, üç ana sosyal hymenoptera soyu yuva yapan atalardan evrimleşmiştir. Bunlar bizim bildiğimiz bal arıları, kâğıt yaban arıları (eşek arıları dâhil) ve karıncalardır.

Bal arıları en basit ifadesiyle etçillerden otçullara evrilmiş, çok tüylü sosyal yaban arılarıdır. İlkel bal arıları, yuva yapan birçok soliter yaban arısı gibi, yerdeki tünellere yumurta bırakırlar, petek yapma yöntemleri de benzerdir.[5] Tek farkları peteği felçli av yerine polenle doldurmalarıdır. Bal arısı toplulukları çeşitlendikçe bazısı ağaçlarda yuva yapma alışkanlığı geliştirdi, özellikle de özlü veya içi boş ağaç dalı gövdelerini işgal etmeye başladı. Sonunda bunlardan bazısı, balmumu bezlerinden salgıladığı balmumu parçalarından petekler ve kovanlar oluşturdu. Böylece ağaçlarda veya uçurumlarda daha büyük boşlukları işgal edebildiler.

Kâğıt yaban arısı, ıslanıp yumuşamış odun hamurunu kendi tükürüğüyle karıştırarak sert kâğıt üretme becerisi geliştirdi: Kâğıt yaban arıları kendi larvaları için topladıkları ve genellikle diğer böcekleden müteşekkil felçli ve çiğnenmiş besin maddelerini, yonttukları bu 'kâğıttan' peteklerde depolarlar. Zamanla bu yaban arıları karmaşık, çok hücreli ve çok katmanlı kapalı barınaklar yapmakta uzman mimarlar haline geldiler. Yuva kâğıdı yapma ve onu hemen hemen her şeye tutturabilme yetenekleri, onların toprak barınaklarından ve içi oyuk kütüklerden, yapraklar, dallar ve kaya yüzeyleri gibi daha açıkta bulunan çeşitli yuvalama yerlerine geçmelerine izin verdi. Birçok kâğıt yaban arısı, çeşitli türlerdeki tırtılları toplayıp onlarla beslendiğinden, yuvalarını doğrudan yapraklı bitkilerin üzerine kurabilme yetenekleri sayesinde besin kaynaklarına yakın yaşar.

◆◆◆

Karıncalarsa kanatsız, sosyal yaban arılarıdır. Bal arılarının ve kâğıt yaban arılarının aksine, atalarının tek tek hücrelerde yiyecek stoklama davranışını terk edip daha başarılı olmuşlardır ve yavrularını daha büyük ortak odalarda yetiştirirler. Bu bakımdan birçok karıncanın yuvası, daha

[5] Belki de bu ifade hem yumuşak topraklar hem de ağır killi topraklar da dâhil olmak üzere çok çeşitli toprak türlerinde yuva yapan bazı arıların tünel açma yeteneklerinin yeterince hakkını vermiyor. Etkileyici bir şekilde, bazı Wyoming arılarının yuvalarını kayaya, Laramie Formasyonu'nun yumuşak kumtaşlarına oydukları bilinmektedir.

ziyade termit yuvasına benzer. Karıncalar ayrıca çeşitli bitki yaşam alanlarını işgal etmek için topraktan dışarı da çıkmışlardır; birçoğu içi boş gövdelerde, yemişlerin veya büyük tohumların içinde, hatta yaprakları ipekle birbirine bağlayarak açık dallarda yuva yapar. Güney Amerika'nın kötü şöhretli asker karıncaları gibi bazı karıncalar, doğal barınak yuvalarını tamamen terk etmiş, gerektiğinde kendi işçilerinin iç içe geçmiş vücutlarından bile geçici kamplar veya açık ordugâhlar oluşturmuşlardır. Karıncalar, diyetlerini tüm sosyal böcek gruplarından daha fazla çeşitlendirmişlerdir. Eşkanatlılardan, bitki materyallerinden, tohumlardan, mantarlardan beslendikleri gibi, yaprak bitleri, dikenböcekleri, unlu bitleri ve tırtıllar dâhil bir dizi böcekten elde ettikleri şekerli özsuyuyla da beslenirler.

Bal arılarının, kâğıt yaban arılarının ve karıncaların sosyal yapısı, daha önce uzak akrabaları olan termitler için düşündüğümüz yapıya çok benzer: Bu soyların her biri, işçiler, askerler ve kraliçelerden oluşan kast sistemleri geliştirmiştir; her biri, iç içe nesiller halinde yaşamalarına izin veren uzun ömürlü erişkinlik evresine sahiptir ve her biri gençlerine işbirliği içinde bakmaktadır. Yakınsak evrim yoluyla termitler ve sosyal hymenopteralarda benzer kimyasal iletişim yöntemleri, karmaşık yuva yapıları, yuva arkadaşları arasında sıvı gıda alışverişi yapma davranışları, kimyasal izler üretip kullanma yetenekleri ve bölgesel davranış geliştirmiştir.[6] Öte yandan termit ve yaban arısı toplumlarının bazı önemli farklılıkları vardır. Termitler arasında kast, kimyasal feromonlara maruz kalmayla belirlenirken, hymenopteralarda beslenme ve larvaya verilen yiyecek türüyle belirlenir. Termitler yavru işçi çalıştırırken, bal arıları, yaban arıları ve karıncalar genellikle

[6] Parazitoit yaban arılarının erken evrimini ilk konuştuğumuzda, larvaların gençlerin yerel beslenme alanlarını kendi dışkılarıyla kirletmesini önleyen kapalı arka bağırsağının önemine değinmiştik. Bu adaptasyon, yuva tedarikçisi soliter yaban arısı ve sonradan sosyal arılar, karıncalar ve kâğıt yaban arıları için eşit derecede yardımcı oldu. Termitler gibi, bu grupların da sosyalleşmeden önce kanalizasyon kontrolü sorununu çözmeleri gerekiyordu. Termitler dışkılarını tüketirken, yaban arısı larva beslenmesi tamamlanana kadar dışkıyı tutar.

çalıştırmaz. Termitlerin kademeli bir başkalaşımı olduğu için (yavruları erişkinerinin minyatürüdür) yavrular büyüdükçe kolonide çalışabilirler ve erişkin işçiler gençlik çalışma kamplarından tam olarak yararlanırlar. Bal arıları, karıncalar ve yaban arıları ise tam tersine, tam başkalaşım geçirirler. Bunların genç larvaları, biçim ve işlevleri itibarıyla erişkinlerinden çok farklıdır. Sosyal hymenoptera larvaları, aslında büyümek ve beslenmek için yaşayan kurtçuklardır. Çoğunlukla topluluğa hiçbir yararları yoktur ve erişkinlik dönemlerine kadar çalışmaya başlamazlar.[7] Ayrıca, termitler daha fazla cinsiyet eşitliğine sahiptir (hem erkek hem de dişi işçiler vardır); bal arıları, karıncalar ve yaban arıları ise dişi egemen (Amazon) toplumlardır. Bunun birçok olası nedeni vardır ama göz önünde bulundurulması gereken önemli bir nokta, dişi yaban arılarındaki savunma iğnesinin dişi termitlerde bulunmamasıdır. Dişi yaban arısı ayrıca bir sperm depolama organına (spermatheca) ve her yumurtayı yumurtlarken seçerek dölleme –ya da döllememe– yeteneğine sahiptir. Daha önce tartışıldığı gibi, hymenopterada bir bireyin cinsiyeti bir yumurtanın döllenip döllenmemesine göre belirlendiğinden, bal arısı, karınca ve eşek arısı kraliçeleri çoğunlukla dişi yavrular üretmeyi seçerler. Muhtemelen bunun nedeni, dişi yaban arılarının yiyecek avlamak veya koloni yuvasını iğneleriyle savunmak için çok daha yararlı olmasıdır.

Termitler, sosyalleşmiş tek bir ortak atadan evrimleşmişken, hymenoptera arasındaki sosyal davranış, birden fazla grupta birbirinden bağımsız olarak ortaya çıkmıştır. Yuva inşa etme ve tedarik etme alışkanlığının gelişmesi, hymenopteranın sosyalliğe geçişinde kesinlikle önemli bir rol oynadı. Yalnız bir yaban arısı anne, yiyecek ararken yuvasını gözetimsiz bırakmalıdır ki böylece yuvayı ve yavrularını yırtıcılara ve asaklalara açmış olur. Çok küçük bir sosyal grup bile, bazı bireyleri yuva girişini korurken, diğerleri yiyecek

7 Bir istisna, larvalarını sıka sıka ipek örmeye teşvik eden dokumacı karıncalardır. Bu karıncalar daha sonra yaprakları ipek ipliklerle birbirine bağlar ve ağaçlarda yuvalar oluşturur.

veya yapı malzemeleri ararsa bundan fayda sağlar. Bir diğer önemli etken de hymenopteranın savunma iğnesinin evrimi olmalıdır. İğne, yalnızca avı felç etmek ve boyun eğdirmek için değil, büyüyen bir yuvayı daha büyük hayvanların (Kretase yıllarında bunlar dinozorlar, kuşlar veya küçük böcekçil memeliler olabilirdi) baskınlarına karşı savunmak için de güçlü bir silahtır. Ama belki de sosyal yaban arısı evriminin en büyüleyici yönü, yaban arılarının haplodiploid cinsiyet belirleme yöntemleri nedeniyle sosyalleşmeye genetik olarak yatkın olma ihtimalidir.

Uzun yıllar boyunca, sosyal böceklerle ilgili en büyük sorulardan biri, kısır işçiler evrimleşme nedenleriydi. Charles Darwin, bu doğal seleksiyon bilmecesini düşündü ama çözemedi. İşçi arılar, karıncalar ve yaban arıları kısırsa yavrulayıp sonraki nesle katkıda bulunmazlar. Neden bir canlı sadece bir başkasının çocuğuna baksın? Neden kendi yavrusu olmasın? 'Akraba seçilimi hipotezi' olarak bilinen bu ikilemin olası yanıtı, hymenopteranın erkek veya dişi yapmaya yönelik haplodiploid yönteminin ilginç genetik etkilerinde yatar. Bu yöntemle döllenmemiş yumurtalar haploid erkeklere ve döllenmiş yumurtalar diploid dişilere dönüşür. Karıncalarda, bal arılarında ve yaban arılarında, kız kardeşler kendi kızlarıyla paylaştıklarından (%50) daha fazla gen paylaşır (%75). Örneğin bir dişi işçi karınca kendi yumurtalıklarını geliştirecek, çiftleşecek ve kendi çocuklarını yumurtlayacak olsaydı, kızlarının her biri ile ortalama olarak genetik yapısının %50'sini paylaşırdı. Öte yandan dişi işçiler annelerinin daha fazla dişi yavru büyütmesine yardım ettiğinde (daha fazla kardeş işçi), bu işçiler aynı anne ve babaya sahip olduklarından, genetik yapılarının ortalama %75'ini paylaşan daha fazla bireyin yetiştirilmesine yardımcı oluyorlar. Kulağa tuhaf gelse de bu durum hymenopteranın neden bu kadar başarılı bir topluluk ürettiğini açıklamaya yardımcı olabilir.[8]

[8] Akraba seçilimi hipotezi birkaç on yıl boyunca literatüre egemen olmuş olsa

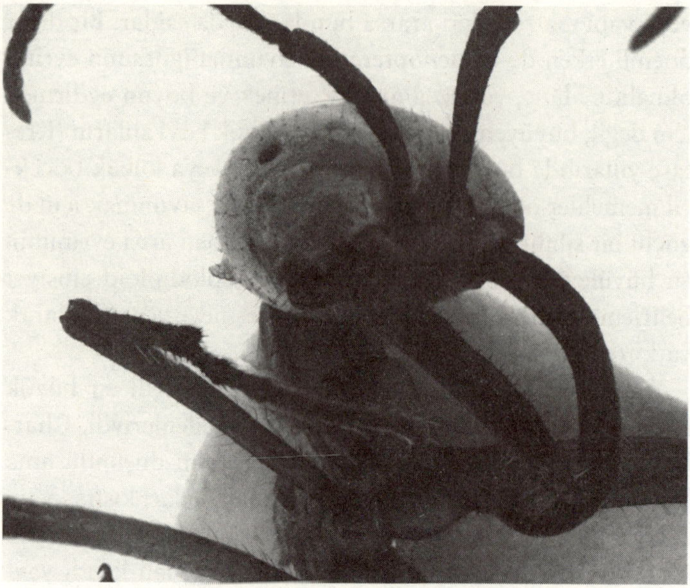

Şekil 9.3. Kosta Rika'dan bir Yeni Dünya karıncası olan Eciton hamatum'un yüzü ve uzun dişlere benzer çeneleri. Bunun gibi karıncalar, Neotropikal ormanlardaki yaman yırtıcılardır.

Sosyal yaban arısı toplumlarının ilk kez Kretase yıllarında çoğalmış olması, onların büyük olasılıkla çiçekli bitkilerle birlikte evrim geçirmelerinden kaynaklanmaktadır. Bal arıları, polen ve nektar için tamamen çiçeklere bağımlıdır ve karşılığında, başarılı tozlaşma sistemlerini geliştirmeye ve sürdürmeye yönelik destekleriyle çiçekli bitkilerin başarısında rol sahibi olmuşlardır. Kâğıt yaban arıları kâğıt üretme yeteneklerini biraz daha erken kazanmış olabilir ama yuvalarına etli yiyecekler sağlamaları gerekiyordu. Çiçekli bitkiler gerçekten çiçek açarken, sosyal evrim de mecazen çiçek

da E. O. Wilson ve meslektaşlarının yakın tarihli tartışmalı bir makalesi buna meydan okuyor ve yiyecek toplama ve savunma için yuva paylaşımının karşılıklı yararları gibi diğer fikirlere odaklanıyor. Daha fazla bilgi için bkz. Martin A. Nowak, Corina E. Tarnita ve Edward O. Wilson, "The Evolution of Eusociality,"*Nature* 466 (2010): 1057-62.

açtı. Bunun sebebi tam olarak anjiyospermlerin yenebilir böceklerden oluşan bir bolluk getirmesiydi. Bu, yaban arılarının yanı sıra karıncalara da bol miktarda yiyecek sağladı. Karıncalar daha erken evrimleşebilirdi ama onların yükselişini sağlayan şey, çiçekli bitkilerin geniş kapsamlı yuvalama fırsatı sunması ve karıncaların da sırası gelince bu bitkilerin besleyici tohumlarını taşıyıp dağıtmasıydı. Böylece karıncalar Kretasenin bitki topluluklarını şekillendirdiler. Ayrıca anjiyospermlerin şekerli salgıları karıncaların diyetlerini tamamlayan eşkanatlı böceklerde (dikenböcekleri, yaprak bitleri, unlu bitleri, kabuk bitleri ve onların diğer akrabaları) bir artışa neden oldu.

Herkes Bir Kez Sokulmalı

Tyrannosaurus rex, *triceratops* ve diğer büyük dinozorların ölümü de faili meçhuller arasında yer alıyor. Kretasenin sonundaki soy tükenişi Permiyenin sonundaki kadar yıkıcı olmasa da kamuoyunda bu gizeme daha fazla ilgi ve daha fazla açıklama getirme çabası var. Bu ilginin nedeni büyük dinozorların büyüleyiciliği, yok olmalarının kendi türümüz açısından anlamı ve önemi olsa gerek: Bu olay büyük olasılıkla memelilerin çeşitlenmesine, insan bilincinin evrimine giden yolu açtı. Ama yine de büyük beyinlerimiz bu olaya pür dikkat kesilse de tüm gizemi bir türlü çözemedi.

Dinozorların soylarının azalışına ve sonunda tükenişine getirilen birçok açıklama arasında, Kretasenin bitki zehirlerinin onları zehirlediği fikri de vardır. Bununla birlikte, bu zehirlerin dinozorların neslinin tükenmesine neden olacak kadar etkili olması pek olası görünmüyor. Tıpkı modern dünyada olduğu gibi, o zamanlar da bol miktarda zehirsiz bitki ve değişken zehir oranlarına sahip bitkilerin var olmuş olması gerek. Otçul dinozorlar, tıpkı otçul memelilerin yatkın olduğu gibi, yaprakları kemirebilme, acı veya zehirli bitkileri yememe ya da kusma yeteneğine sahip olmalıydılar. Kretase bitki toplulukları daha fazla zehirle daha fazla çiçekli bitki çeşitliliği geliştirdikçe, dinozor topluluklarının daha uzmanlaşıp çeşitliliklerinde ve sayılarında bir azalmanın yaşanmış olması kesinlikle mümkündür. Anjiyospermler, uzun bir süre boyunca –belki de milyonlarca yıl– büyük otçul dinozorların azalmasına katkıda bulunmuş olabilirler ama kısa sürede zehirlenerek yok olmaları pek olası değildir.

Bazı bilim insanları, ölümcül hastalıkları yayan yeni böcek türlerinin evrimleşmiş olabileceğini öne sürdüler. Buna dair kesin bir kanıtımız yok ama Kretase dinozorlarının küçük kan emici sineklerle mücadele etmek zorunda kaldığından ve bazı yırtıcı kuşlar dâhil tüylü dinozorların büyük olasılıkla kuş bitine benzer bitlere ya da muhtemelen benzer asalaklara konak olduğundan aşağı yukarı eminiz. Modern kuşlar, sürüngenler ve memeliler, hâlâ farklı hastalıklar taşıyan, kanla beslenen çeşitli böcek türlerinin saldırısına uğruyor. Bu nedenle dinozorların bu tür saldırılara bağışıklık kazandığı sonucuna varmak güç. En azından Jura yıllarından beri dinozorların bu böcekler tarafından ısırılmış olması, bunu salgınların takip etmesi, böylece nüfus sayılarının dalgalanması muhtemeldir. Belki feci salgınlar bazı türleri yok etti ama elimizde Kretase döneminin sonunda tek bir hastalığın tüm dinozorları yok ederken kuşları ve memelileri bir şekilde es geçtiğini bize düşündürtecek iyi bir neden yoktur.

Geç Kretase döneminde dinozorları kesinlikle sosyal yaban arılarının, karıncaların ve arıların sokması rahatsız etmişti. Gittikçe saldırganlaşan bu böcekler ormanların her yerinde bulunuyordu. Otçul dinozorlar, yapraklı salatalarını her zamankinden daha dikkatli bir şekilde yapacaklar, hem bitki zehirlerinden hem de daha ciddi bir sorun olan öldürücü böcek sokulmalardan kaçınmaya çalışacaklardı. Uzun boyunlu dinozolar belki daha savunmasız olabilirlerdi ama otlayan herhangi bir hayvan da yanlışlıkla bir yaban arısı yutar ve boğazından sokulursa ciddi boğulma tehlikesi taşırdı. Sokan böcekler, ördek gagalılar (hadrozorlar) için bile boğulma tehlikesi oluştururlardı. Üstelik sokan böceklerin hiçbiri yuvalarının rahatsız edilmesinden hoşlanmaz. Nitekim bu böceklerin modern türleri, ister kuş ister memeli olsun tüm istilacılara karşı kendilerini korurlar. Sokan sosyal yaban arılarının bazıları da en azından kısmen böcekçil Kretase dinozorlarıyla birlikte evrimleştiğinden, zehirlerini yuvalarını yağmalayan daha küçük dinozorlara karşı kendilerini savunmak için geliştirdiklerini varsaymak mantıklı görünüyor. Lezzetli Triyas böceği menüsü artık yoktu. Yırtıcı kuşlar, hatta belki de *tyrannosaurus rex* bile sosyal yaban arılarının ve karıncaların gazabından payını aldı. Ya yemeklerini çabucak bitireceklerdi ya da hayvan leşlerinden et parçalarını hızla süpüren bu fırsatçı böcekler tarafından sokulma riskini göze alacaklardı. Piknik masanızı hiç eşek arısı ziyaret etti mi?

Zehirli böcek topluluklarının dinozorların yenilgisine katkıda bulunmuş olması mümkündür. Fakat dinozorların yaban arısı zehrine alerjisi olmadıkça ki bunu asla bilemeyiz, bundan daha fazlasını hayal etmek zordur. Onları yaban arısı sokması nedeniyle nefes nefese kalmış, şişmiş ve debelenir hâlde hayal etmek ne kadar eğlenceli olsa da sokan böceklerin dinozorların son yıllarını sadece daha kalitesiz hale getirdiği ihtimali bana çok daha yakın geliyor.[9]

[9] Büyük dinozorların bir yaban arısı sokmasını hissedip hissetmediğinden hala şüpheniz varsa lütfen şunu göz önünde bulundurun: Bir böcek sokmasının ağrısı, seçkin entomolog ve yaban arısı uzmanı Dr. Justin Schmidt tarafından oluşturulan *Schmidt Sokma Ağrı İndeksi*ne göre 0 ila 4 arasında bir ölçekte sınıflandırılır. En acı veren böceğin sokması, yani Güney Amerika kurşun karıncasının sokması, "topuğunuza yedi buçuk santimetrelik paslı bir çivi çakılarak yanan kömürün üzerinde ateşte yürümek gibi saf, yoğun, parlak bir acı" olarak tanımlanır. Justin O. Schmidt, "Hymenoptera Venoms: Striving toward the Ultimate Defense against Vertebrates," *Insect Defenses: Adaptive Mechanisms and Strategies of Prey and Predators*, ed. D. L. Evans ve J. O. Schmidt, State University of New York Press Albany 1990, s.387-419.

Dünyalar Çarpıştığında

Dinozor imparatorluğunun çöküşü için başka bir olanaklı açıklamaya ihtiyacımız yok gibi görünüyor.[10] Elimizde zaten birçok makul hipotez var ama hepsi bu durumu ya dünyadan ve dünya dışı nedenlere bağlı bağlıyor. Dünyadan nedenlerde ana fikirler ya biyolojik etkileşimleri (bitkiler, böcekler, memeliler veya diğer dinozorlarla) ya da fiziksel faktörleri (iklim değişikliği, kıtaların kayması veya yanardağ patlamaları) yer alıyor. Göktaşları, süpernova patlamaları ve kozmik ışınlarla ilgili çeşitli fikirleri içeren dünya dışı açıklamalardan birini eğer son on veya yirmi yılınızı mağarada geçirmediyseniz muhtemelen duymuşsunuzdur: göktaşı çarpması hipotezi. 1980'lerde bu fikrin savunucularının başında Luis Alvarez geliyordu. Bunu savunmalarının esas nedeni, Geç Kretase ve Erken Tersiyer yılları arasındaki K-T sınırı olarak adlandırılan kaya sınır tabakasının, çok yüksek oranda iridyum yüklü olduğunun keşfedilmesiydi. İridyum nispeten nadir bulunan bir elementtir ama gerçekten de gezegenin birçok yerinde K-T sınır tabakasında çok yüksek seviyelerde iridyum bulunmuştur. Bildiğimiz kadarıyla bu element, yalnızca iki muhtemel kaynaktan gelebilir: ya büyük bir göktaşı veya kuyruklu yıldız gibi dünya dışı bir nesnenin çarpmasından ya da büyük yanardağ patlamalarıyla yer kabuğunun derinliklerinden. Göktaşı çarpma hipotezi, Meksika Körfezi'nde Yucatan sahili açıklarında olası bir çarpma bölgesinin keşfedilmesiyle ek destek kazandı. Elimizdeki bazı sağlam jeolojik kanıtlar Geç Kretasenin volkanik olaylarının dinozorların neslinin tükenmesine yol açmış

[10] Birçok dinozor yok olma teorisinin iyi bir özetini Robert Bakker'ın *The Dinosaur Heresies* [*Dinozorlara Dair Aykırı Düşünceler*] kitabında bulabilirsiniz. Bakker, Kretasenin sonlarında dinozorların doğal olarak azaldığı hipotezini destekliyor, çünkü bu bölgeler Bering Kara Köprüsü'yle bağlandıktan sonra Asya ve Kuzey Amerika nüfusları karıştı. Sınırlı kaynaklar üzerindeki rekabet veya yeni istilacı yırtıcılar nedeniyle birçok tür, büyük dinozorların sonuncusunu asteroit bitirmeden çok önce yok olmuş olabilir.

olabileceğini akla getiriyorsa da işin özü şu ki göktaşı çarpması hipotezi insanlara daha cazip geliyor.[11] Bir kaya dünyaya çarpıyor, dünya çapında kitlesel yok oluşlar ve kargaşa yaşanıyor... Bu elbette çok dikkat çeker. Üstelik Kretasenin sonunda yeryüzüne büyük bir kayanın çarptığına dair elimizde gerçekten iyi kanıtlar olsa bile yaratacağı hasarın gerçek boyutunu hâlâ net olarak göremediğimizi unutmayalım. Doğrusu, son *tyrannosaurus* bir göktaşı çarpmasından mı ölmüş, zehirli volkanik dumanları mı teneffüs etmiş, zehirli bir çiçek mi yemiş, bir arı tarafından mı sokulmuş, kuş gribine mi yakalanmış, çiçeklerle dolu bir çayırda yaşlanıp huzur içinde mi ölmüş... Bunu asla bilemeyeceğiz.[12]

Bir göktaşı çarpmasının gerçek etkileri, dünyaya çarpan cismin boyutuna göre değişir ama potansiyel etkiler yıkıcı olabilir. Yerel bir patlama, çevreye enkaz, ısı ve zehirli gazlar saçacaktır. Gerçekten büyük bir çarmaysa güneş ışığını engelleyebilecek ve küresel iklim değişikliğine neden

[11] Hindistan'daki Deccan Tuzakları lav yataklarıyla ilgili son araştırmalar, volkanları yeniden ilgi odağı haline getirdi. Bu volkanik patlamalar Kretase kitlesel yok oluşunun sonuna yakın bir noktaya tarihlendirilmiştir ve küresel iklim değişikliğine, muhtemelen özellikle deniz ekosistemlerinde bir miktar yok olmaya neden olacak kadar büyüktür. Bu, Kretase sonu bir asteroit çarpmasının önemini çürütmez; ancak birçok türün o zamandan önce zaten azalmakta olduğunu düşündürür.

[12] Bununla birlikte, asteroit hipotezi, büyük taşların zaman zaman bu gezegene çarpmış ve uzun vadede yaşam modellerini etkilemiş olabileceğine dikkat çekiyor. Bazı paleontologlar zaman içinde tür çeşitliliği için veriler oluşturdular, Kretasenin sonunda ve Permiyenin sonundaki yok oluşların tek önemli şey olmadığını fark ettiler: Bunlar sadece en büyük iki nedendi. Kitlesel yok oluşlar periyodik gibi görünüyor ve bir şekilde döngüsel olarak tekrarlanıyor. Ortalama olarak, yaklaşık her yirmi altı milyon yılda bir, farklı boyutlarda bir yok olma olayı meydana geliyor gibi. Bu sadece bir tesadüf olabilir; ancak bilim insanları bu tür olayların nasıl ve neden düzenli olarak tekrarlayabileceği konusunda spekülasyon yapmaya sevk etmekte. Baskın fikir, dünyaya asteroitlerin çarptığı ve orada yerçekimi kuvveti olan bir şeyin, yaklaşık her yirmi altı milyon yılda bir, döngüsel bir temelde, asteroitlerin ve kuyruklu yıldızların istikrarlı yörüngelerini etkilediğidir. Belki de uzak bir küçük gezegen ya da yirmi altı milyon yıllık geniş bir yörüngeye sahip karanlık bir yıldız, güneş sistemimizin yakınından geçtiğinde asteroitlerin ve kuyruklu yıldızların rahatını bozuyor.

olabilecek kadar büyük bir kül ve toz bulutu yaratacaktır. Alınacak bir ders varsa belki de şudur: Permiyenin sonundaki soy tükenişlerinde olduğu gibi, küresel felaketin etkileri bir kez daha büyük kara ve deniz canlıları üzerinde daha ağır görünmektedir. Bazı böcekler ve bitkiler Kretasenin sonunda ortadan kayboldu. Fakat Permiyenin sonundaki soy tükenişlerinin aksine, bu felakette hiçbir böcek takımı ortadan kaybolmadı. Gerçi bazı türlerde bir azalma meydana geldi ama sonraki milyonlarca yıl içinde çeşitlilikleri yeniden arttı. Çiçekli bitkiler, kuşlar, hatta –bizim tesadüf eseri evrimleştiğimiz– küçük kır faresi memelileriyle birlikte böceklerin, hepsinin bu göktaşı çarpmasından sağ kurtulmayı başardığını görmek için modern dünyamıza şeöyle bakmamız yeterli olsa gerektir. Özellikle çok küçükseniz ve altı bacağınız varsa yaşam en büyük felaketlere bile sonuna kadar direnecektir.

◆◆◆

Kretasenin dünyası çiçekli çayırlar, kelebekler, arılar, ördek gagalı dinozorlar ve kuşlarla dolu harikulade bir yerdi. Bir gün bütün bu güzellikler şiddetli bir göktaşı çarpmasıyla bozuldu. Büyük dinozorların o gün ölüp ölmediğinden veya yıllarca ya da yüzyıllarca yaşamaya devam edip etmediklerinden emin değiliz. Fakat Kuzey Amerika'da bir yerlerde, kabaca 66 milyon yıl önce, en son *tyrannosaurus*'un öldüğünden emin olabiliriz. Hacimli ciğerlerinden son nefesini veren Yıldırım Kertenkelelerinin Kralı artık yoktu. Yakındaki bazı kınkanatlılar ve sinekler muhtemelen onun kahramanca toprağa düşmüş vücudundan beslendiler. Benim için Mezozoik çağın sonunu bir göktaşı çarpmasından ziyade işte bu ölüm simgeliyor.

10

SENOZOİK DÖNEM ÜZERİNE DÜŞÜNCELER

01:05 Quito'nun Sesleri: otomobil motorlarının bitmez homurtusu, korna feryatları, insanların konuşması, bağırıp çağırması, ıslıklar, haykırışlar, motorların hırlaması, sirenlerin inleyerek ötüşü, tepedeki uçaklar, taksi seslerini aşıp gelen insan sokağı gürültülerinin biteviye ritmi, bir motorsikletin ivmelenen uğultusu, polis düdükleri, nabız gibi atan bir araba alarmı...
Saha Günlüğümden Notlar

Quito Düşleri
Titrek bir ırmak olmuş
Taksilerin stop lambaları
Çifter çifter, kızıl kızıl
Akıyor, tek bir yöne,bir köşeden verevine, Avenida'da,
Alyuvarlar sanki bir atardamarda.

Kanalı tıkayan gece yarısı arabaları,
tampon tampona, değdi değecek
Hah, şimdi, gece bir buçuk, yavaştan akıyor,
Ki karanlığın karardığı yerde, bir kilometre ötede
Yavaşlıyor, kümeleniyor kırmızı kuyruklar
Derken bir aydınlık, derken bir fren,
Sonra yok oluşa, abanoz kara, doğru sola.

Kilometrelerce ötede,
Derinleşir karanlık belki,
Ama And dağlarının başı,
Evlerin, her yöne yayılan sokakların
Parıl parıl, titrek titrek, yıldız misali ışıkları,
Işıldar yamaçlara benek benek,
Pek bir kehribar, pek bir ak, nokta nokta,
Ara sıra donuk, ara sıra küt küt bir kızıl,
Ve delici bir mavi, parlak mı parlak.

Bu insan işi, yıldız nuru değil
Benzemez mi gene de benzer:
Gergin mi gergin, küme küme, sıra sıra
yayvan bir gökadanın erimli sarımlı koluna

Gerçi fersah fersah ötede ve ufka yakın,
Cem olur en uzak ışıklar, seyrek seyrek,
En yüksek yeşil yamaçlarında ormanın
Zaviyelerle gizemli burçlar dizerek:
Yedisi yukarı –üçü karşıya– iki de aşağı.

Şu işe bak, tepede gece zifiri,
Ne bir yıldız ne de bir seyyare.
Tümden sır olmuş fezanın ışıkları,
Boğulmuş And'ın sisine
Egzoz dumanının pusuna
Ve yansısına
şehrin, soluk ve kırmızı,
Sanki, bulutlar, sitareler arası gazlar,
Sanki, evrenin şafağı..
Hotel Rio Amazonas, Quito, Ekvador'da kaleme alınmıştır.

Otel odamın dışında, And Dağları'nın yemyeşil, bulutlarla kaplı zirveleriyle çevrili Quito'nun şehir merkezi uzanıyor. Bütün bunlar bana en son jeolojik çağımız olan Senozoik dönemi hatırlatıyor. Son 65 milyon yıl içinde, tektonik kuvvetler And Dağları'nı yükseltti, Güney Amerika'nın su akışlarını bir kez daha yönlendirdi ve Amazon Nehri havzasını yarattı. Modern neotropik bitki ve hayvan yaşamının büyük çeşitliliği de Senozoik süresince şekillendi ve ben şimdi öğrencilerimle birlikte Yanayacu sis ormanında daha önce görülmemiş ve keşfedilmemiş mikroskobik böcekleri aramak üzere, dünyanın böcek türleri bakımından en zengin yerlerinden biri olan Ekvador'dayım. Gerçi şu anda bulunmduğum Quito şehrinin karmaşası bana Senozoik dönemin başka bir önemli olayını hatırlatıyor: insan türünün evrimi.

Kökenlerimiz ve bu gezegen üzerindeki etkilerimiz hakkında yorum yapmaya kendimi mecbur hissetmeseydim bu bölümü yazmaya hiç zahmet etmeyebilirdim. İşte, bir entomolog olarak kendi bakış açımdan, memelilerin yakın tarihi, gördüğümüz gibi, yüz milyonlarca yıl önce başlayan böceklerin derin tarihinin yanında neredeyse devede kulak kalıyor. Fakat burada bizim hikâyemizi özetlemeye çalışacağım. Bir gün, Geç Kretasede, dinozorları bitiren göktaşının toz dumanı çöktüğünde ve dünya biyolojik ritimlerini geri kazandığında, sivri fare benzeri bazı talihli memeliler –yani böcekçiller– gevşek yaprak döküntülerine karışıp kurtçukları avladılar. Yaklaşık 150 milyon yıldır ilk kez dinozorlarla başları belada değildi. Dinozor dişlerinin esaretinden kurtulan küçük, tüylü, meme taşıyan ve süt üreten kemirgenler zamanla çoğaldı. Bunlardan bazıları olan ilk lemur benzeri primatlar, ağaçları işgal edecek şekilde evrimleşmişlerdi. Hâlâ böcekleri yiyorlardı ama aralarından bazıları muhtemelen diyetlerini genişletti ve bitkilerin diğer kısımlarıyla birlikte meyvelerini de tüketmeye başladı. Böylece atalarımız daldan dala sürünerek böcekleri ve bitkileri kemirirken on milyonlarca yıl geçti. Ardından, bundan 5 ila 12 milyon yıl önce Miyosen döneminde, Doğu Afrika'nın iklimi değişti. Polenlerin fosil kayıtlarından o bölgedeki ormanların seyrekleştiğini ve otlakların yaygınlaştığını biliyoruz. Ağaçlarda yaşyayan bazı primatların aşağı inip daha hepçil bir tutumla zemindeki yiyecekleri aramaya başladıklarından şüpheleniyoruz.

◆◆◆

İnsan kültürlerinin çoğunda hâlâ böcek yendiği için, son derece hepçil olan hominid atalarımızın da kendi zamanlarında aynı şeyi yaptığını varsayabiliriz.[1] En yakın genetik akrabamız olan şempanzeler gibi onlar da protein alabilmek için muhtemelen böceklere bel bağlıyorlardı. Şempanzeler yılın belirli zamanlarında günde yaklaşık yedi saatlerini, kopardıkları bir ot sapını veya ağaç dalını termit yuvanın girişine daldırarak termitleri avlama faaliyetiyle geçirebilirler. Termitler yuvaya sokulan sapı ısırınca kolayla çıkarılabilirler ve koçan üzerindeki mısırlar misali mideye indirilebilirler. Ot saplarını kullanarak avlanmak, primat alet kullanımının muhtemelen en basit şeklidir ve atalarımızın da bu davranışı sergilediklerini düşünebiliriz.[2] Bana göre,

[1] En eski hominid fosili, Etiyopya'nın Afar Yarığı'nda bulunan ve 4,4 milyon yaşında olduğu tahmin edilen *ardipithecus ramidus*'tur. İskelet anatomisi ağaçlarda yaşadığını, büyük ölçüde bitki temelli bir diyete sahip olduğunu ve muhtemelen iki ayakla yürüme yeteneğine sahip olduğunu gösteriyor. 3,6 milyon yıl önce Doğu Afrika'da kesinlikle iki ayaklı hominidler vardı, Tanzanya'daki Laetoli fosil ayak izleri, iki kişi tarafından volkanik kül içinde bırakılmıştı. Ünlü Lucy iskeleti olarak bilinen, bir metre on santimetre uzunluğundaki kısa bir hominid olan *australopithecus afarensis*, 3,2 milyon yıl önce evrimleşmiştir. 2,5 milyon yıl önce, *australopithecus africanus* tipinde bol miktarda Doğu Afrika hominidleri vardı, bunu yaklaşık 2 milyon yıl önce *australopithecus boisei* izledi. Daha sonraki türlerin, bitkisel gıdaları öğütmek için iyi adapte olduğu varsayılan düz azı dişleri vardı. Bu zamandan kısa bir süre sonra *homo* takımımızda en eski olarak kabul edilen *homo rudolfensis* evrimleşti. 1,5 milyon yıl önce *homo erectus* gelmişti ve muhtemelen Afrika'dan göç başlamıştı. Yaklaşık yarım milyon yıl önce *homo sapiens* ve Neandertaller evrildi ve bir arada var oldular.

[2] Bilim felsefemiz, tercih edilen bir hipotezi seçmek için sadelik yasasına yani basitliğe dayanır. Şempanzeler ve insanlar alet kullanıyorsa en sade açıklama, her ikisinin de ortak atamızdan bu davranışı miras almasıdır. Şempanzelerin ve hominidlerin ağaçta yaşayan böcekçil primatlardan evrimleştiğini düşündüğü-

insanın alet kullanımının kökenleri, hassas motor becerileri, el ustalığı ve son kertede insan uygarlığının yükselişi bile atalarımızdan kalma böcekçil diyetimizden kaynaklanmıştır. Kısacası varlığımızı sosyal hamamböceklerine borçlu olabiliriz. Termitler yerde bol bulunmasaydı primatlar ağaçlardan aşağı inerler miydi? Şüpheliyim.

Senozoik yıllara genellikle Memeliler Çağı da denir. Nedenini tahmin edersiniz: Çünkü hikâyeyi biz anlatıyoruz.[3] İnsanlar kendi evrim tarihlerini keşfettiklerinde, yaşadıkları sarsıntı epey büyük olmuştu. Gezegeni yönetecek kadar önemli olmadığımız, bunun yerine uzun bir dizi rastgele ve ilginç olayın neticesinde ortaya çıktığımız gerçeğini sindirmemiz gerek.

Ya Kambriyendeki yırtıcı eklembacaklılar, atamız *pikaia*'yı soyunu tüketene kadar avlasaydı? Ya Ordovisyendeki yırtıcı deniz akrepleri, trilobitler ve kalamarlar ilk balıkların hepsini yemiş olsaydı? Ya Silüryen ve Devoniyende karaya vuran akrepler ve kırkayaklar, omurgalıların karada kolonileşmesini önleyecek kadar ölümcül olsalardı? Ya Karbonifer döneminde dev meganisopteraların suda yaşayan olgunlaşmamış halleri su birikintilerinde yaşayan amfibilerin olgunlaşmamış tüm bireylerini öldürseydi? Ya Permiyen protomemelileri, dönemin soy tükenişinin kurbanlarından biri olsaydı? Ya 100 milyon yıllık Mezozoik dinozor egemenliği sırasında bu dişli yırtıcılar son küçük memelileri yakalayıp yemeyi başarsaydı? Ya Kretase göktaşı dünyayı sıyırsaydı ve dinozorlar terör saltanatlarını sürdürselerdi?

Her durumda yanıt aynı: Eğer olaylar birazcık daha farklı gelişmiş olsaydı, insanlar burada hiç olmayabilirlerdi.

nüzde bu çok mantıklı geliyor. Daha karmaşık ve daha az olası bir açıklama, araç kullanımının her iki grupta da bağımsız olarak geliştiğidir.

[3] Büyük dinozorlar Kretase sonu asteroit etkisinden kurtulmuş olsaydı ve bizim yerimize büyük beyinleri ve bilinci (ve dinozor egolarını) geliştirmiş olsaydı, belki de son altmış beş milyon yılı Dinozor Uygarlığı Çağı olarak adlandırırlardı.

Yani bunlara kafa yormak için burada olmamız gerçekten harika ama kesinlikle kaçınılmaz değildi bu. Senozoik zamanı Memeliler Çağı olarak adlandırmaya devam ederek kırılgan egomuzu bariz biçimde besliyoruz. Oysa memeliler aslında yaşamın tarihinde beklenmeyen bir durumdur. Senozoik dünyaya hâlâ böcekler ve çiçekli bitkiler hâkimdi. Memelilere odaklanmakla son dönemin gerçek başarı öyküsü olarak gördüğüm şeyden uzaklaşıyoruz: yağmur ormanı ekosistemlerinin kökenleri, karmaşıklığı ve böceklerin bu ekosistemlerdeki hâkimiyeti.

Yeşilin Elli Tonu

Yanayacu günlüğümden notlar:

Tropik Biyoçeşitlilik Çağında yaşıyoruz. Bu Senozoik dünyanın yağmur ormanları, binlerce çiçekli bitki ve milyonlarca böcek türüyle tıka basa doludur. Bir haftadır bu görkemli biyolojik çeşitliliğin ortasındayım. Yanayacu'daki sis ormanı, Quito'nun sokak manzarasıyla çarpıcı bir tezatlık teşkil ediyor. Burada, ormanın derinliklerinde dünyanın geri kalanından tecrit olduğumuz anlarda, insanlar var olmasaydı dünyanın nasıl bir yer olabileceğini kendi gözlerinizle görebiliyorsunuz. Yanayacu'da her gün yağmur yağar. Yağmur damlaları özellikle öğleden sonraları ve gecenin geç saatlerinde araştırma istasyonunun teneke çatısına çarpıyor ve Wyoming'deki yıpranmış eski minibüsümün metal çatısına vuran doluların sesine benziyor. Şimdi ortalık sütliman ve alışılmadık derecede berrak bir günün öğleden sonrası. İstasyonun çatı katındaki gözetleme noktamdan bakınca vadileri kuşatan And Dağları'nın doğu yamaçlarının yağmur ormanlarını rahatlıkla görebiliyorum. Kayaların üzerinden ve dar geçitlerden çağlayarak her yere sıçrayan ve yaprakları ıslatan suyun suyun sesi işitsel hafızama kazındı bile. Yanayacu'da su her yerde ve her zaman mevcuttur. Hatta istasyonun köpeğinin adı bile Yağmur. Geceleyin yağmur yağarken bile morötesi ışık yayan böcek öldürücüler binlerce güveyi kendine çekiyor. Sabahları pencereleri ve yürüyüş yollarını kaplıyorlar. Yanayacu'daki güve türlerinin aşırı çeşitliliği gezegenin başka yerlerindekinden daha fazla gibi görünüyor.

Yanayacu Akarsu Yolu'nda bir doğa yürüyüşü yapmak Senozoik zamanların yağmur ormanlarının çeşitliliğini anlamanın harika bir yoludur. Bu yol, akarsu boyunca kıvrılırarak gider. Bazı yerlede kaygan, yosunlu taşların üzerinden akarsuyu aşarız ya da buz gibi dağ sularında bata çıka ilerleriz. Bazen alglerle kaplı ağaçların veya dağ geçidinin üzerine yerleştirilmiş derme çatma tahta köprülerin üzerinde akrobatlar gibi geçeriz. Özellikle yağmurlu günlerde dere yükselir ve botlarınız mutlaka su alır. Patikalı yol bile çamur yüzünden kaygan, hatta bazen tehlikelidir. Su sesinin üzerinde, bazen yoğun bitki örtüsüne, bazen ormanın üst bitki örtüsünde gizlenmiş en başarılı tüylü Senozoik dinozorlar olan görünmez yağmur ormanı kuşlarının tiz seslerini ve şakımalarını duyarız.

Orman ıslak olmanın yanı sıra yeşildir. Sık bitki örtüsünden güçbela sızan loş ışıkta bile orman manzarasının yeşilin cüretkâr tonlarıyla boyanmış olduğu görülür. Mavimsi yeşilden sarımsı yeşile, limon yeşilinden zeytin yeşiline, çimen yeşilinden deniz yeşiline, yeşilin elli tonunu ve daha fazlasını görmeniz işten bile değildir. Sonsuz bir tropik yaz rengi bu; yemyeşil ve bereketli. *Verde*, yeşil, bitkilerin rengi, yaşamın rengi: bitkilerin güneş ışığının enerjisini yakalamasını sağlayan madde olan klorofil pigmentinin kadim özelliği. Yeşil, bize en yakın yıldız olan Güneş'imizin bu ışıl ışıl enerjiyi kara ekosistemlerimize sağladığını sürekli hatırlatır.

Güneş ışığı alabilmek için girilen rekabet, ormanı şekillendirir. Ağaçlar uzayıp yoğun bir örtü oluşturacak şekilde üst uzuvlarını etrafa yayarlar, bu ışığın çoğunu en yüksek katmanlarda süzmek için birbiriyle rekabet ederler. Zemindeki ışık seviyesi öğle saatlerinde bile oldukça düşüktür. Olgun bir yağmur ormanında, güneş ışığının %90-95 kadarı toprağa ulaşmadan bitkiler tarafından soğurulur. Zemine yakın bazı bitkiler süzülen zayıf güneş ışınlarını daha iyi emmelerine izin veren ve boyları metreleri bulabilen dev yapraklar yetiştirirler. Yaşlı ağaçların bulunduğu ormanlardaki küçük boşluklarda ise daha yoğun bir ışık kısa süreliğine de olsa zemine ulaşır. Genç ağaçlar, ışığa ulaşma yarışına güç katan ve konsantre besin sağlayan dev tohumlardan hızlıca filizlenirler. Çoğu, onlarla aynı yolcusu olmak isteyen sarmaşıklarla sarılmıştır. Güneş ışığı, alan ve besinler için rekabet şiddetlidir ve yalnızca birkaç genç fide hayatta kalır ve yaşlı orman kubbe ağaçlarına ulaşmış olur. Orkide ve ananasgiller gibi küçük epifitik bitkiler, yüksek ağaçlarla rekabet etmeyi umamaz; bu nedenle devlerin omuzlarında dururlar: Dallara oturarak yukarıdaki değerli güneş ışığına yaklaşırlar. Bu epifitik bitkilerin yoğunluğu ve ağırlığı en sonunda öyle büyük hale gelir ki yosun ve orkide sarmış devasa dalların çatırdayıp orman zeminine büyük bir kütürtüyle inmesi olağandır.

Akarsu Yolu boyunca ağaç gövdeleri, yeşil bir bazilika –yaşam bazilikası– sütunları gibi yükseliyor. Quito, yüzlerce yıllık insan yapımı katedrallerle doludur ama ben milyonlarca yıllık doğal ormanın katedralini yapaylarına tercih ederim. Bütün ağaçlar ananasgiller, algler, likenler ve yosunlarla yoğun bir şekilde kaplanmıştır. Yakın mesafeden, hemen hemen her kütüğün yüzeyi Silüryen çağındaki akıntıların yosunlu kıyı şeridine benzer; bu kıyı şeritleri böceklerin karaya çıkan ilk atalarının barındırmış minyatür bitki topluluğunu barındırmıştı. Yosunlar, Geç Silüryen ve Erken Devoniyenden beri kırkayaklar, çokayaklılar ve mikroskobik kanatsız böceklerle doludur. Ormanın alt kısmındaki yol boyunca, gerçek böceklerin ilk kez istila ettiği ve daha sonra ilk kanatlarını filizlendirdikleri Devoniyen dönemindeki ormanları anımsatan ve zaten o dönemden beri varlığını sürdüren üç metrelik ağaçsı eğrelti otları vardır.

Bu rakımda, böcek kanatlarının kökenini açıklayan güneş paneli hipotezinin makul gelmesi normaldir. Neredeyse ekvatorda olmamıza rağmen hava soğuk. Rakım, orman gölgesi ve hiç eksik olmayan su, gündüzleri bir araya geldiğinde hava soğuyor. Hava geceleri şaşırtıcı derecede daha soğuk. Uzun eğrelti otlarının üst yapraklarında güneşlenen Devoniyenin böceklerini gözümde canlandırıyorum. Bugün bunlardan bazılarını gördük: kütükler ve taşların üzerinde zıplayan kılkuyruklar ve çürüyen kütüklerle yaprak döküntüleri altında kımıl kımıl ilkel kanatsız çatalkuyruklar. Eski çağlardan hayatta kalan bu böcekler sadece biraz değiştiler.

Bir dere geçidinde dururken, derenin üzerinde kavis çizen uzupuzun ağaçları görüyorum Fırtına içlerinden birini dereye devirmiş. Çürüyen, yosunlu, odunsu döküntüler nedeniyle su burada berraklığını yitiriyor. Karbonifer zamanlarını düşünmek ve eski su yollarını dolduran bitki kalıntısı yığınlarını gözümde canlandırabilmek için burada biraz oyalandım. Yanayacu'da çürüyen bitkilere dokunabilir, onları koklayabilir, hissedebilirsiniz. Sizden önce böcekler, solucanlar, algler ve bakteriler ulaşmazsa fosilleşmeye uygun, bir bot dolusu koyu, tanenli çamur alabilirsiniz. Buradan Karbonifer ormanlarını hayal etmek daha kolay çünkü birçok termitin ulaşamayacağı kadar yüksekte bulunuyoruz ve devrilmiş yosunlu ağaçlar zeminde birikmiş. Karbonifer günlerinde olduğu gibi, Yanayacu'daki fırtınada harap olmuş, her zaman ıslak ve termitsiz ağaçlar, bakteri, alg, mantar, liken, hatta dev tropik solucanlar tarafından yavaş yavaş aşındırılmışlar. Kömür bataklığı hayalim, bir kızböceğinin derenin üzerinde yaptığı uçuşla nazikçe sona eriyor. Büyük kanatlar geliştiren ve uçabilen Karbonifer böceklerinin tastamam hatırlatıcısı kendisi. Güzel kız, bir eğreltiotu yaprağının üzerinde belki bir yağmur damlası tarafından rahatsız edilene kadar kısa bir bekliyor, sonra yukarı doğru uçmaya devam ediyor. Ben de Karbonifer üzerine düşünmeyi bırakıp bayırdan aşağı doğru yürümeye devam ediyorum.

Patika boyunca ilerlerken, Yanayacu sis ormanının geçmişte hayatta kalanbilenlerin bir mozayiği olduğunu fark ettim. Burada Permiyen neuropteralarının modern akrabaları olan dantelkanatlıları ve kınkanatlıları görüyoruz. Mezozoik testere sineklerinin soyundan gelenleri ve tüylü dinozorların alt soylarının hâlâ ağaç tepelerinde uçup cıvıldadıklarına tanık oluyoruz. Kretasenin sosyal yaban arıları, karıncalar, çiçekler, hele açıkta beslenen tırtıllar bizi coşkuyla karşılıyor.

Çamurda kısa bir süre düşe kalka yürüdükten sonra sırılsıklam bir Tai Chi ustası gibi içgüdüsel olarak dengemi sağlayıp Mezozoik hayallerimden bugüne dönüyorum ve Senozoik hayalime devam ediyorum. Şimdi Senozoik yıllarında yükselen yamaçlar boyunca var olan su yolunu takip ediyoruz. Soğuk sular Amazon havzasına doğru akarlar ama bizim varış noktamız ora değil. Çünkü And Dağları'nın doğu yamaçlarında böcekler bize doğru gelecek. Milyonlarca yıl boyunca Amazon'un böcek türleri yaylalara göç ettiler ve daha soğuk bir iklime uyum sağladılar.

Hedefim dere yolunun sonundaki orman. Büyük bir beklenti ve heyecanla bu alana varıyorum. Heyecanlıyım çünkü iki yıl önce, buraya yakın bir yerde, yüksek lisans öğrencim Andrew Townsend, tesadüfen yeni bir yaban arısı türü keşfetti. Bu örnek, bir ömür süren araştırmalarımın odağı haline gelen, mikroskobik asalak yaban arıları grubuna aitti. Drew o sırada ne bulduğunun farkında değildi ama daha sonra Wyoming'deki laboratuvarımda örnekleri mikroskop altında incelediğimizde bu yeni yaban arısını buldum. Heyecanım ikiye katlandı çünkü örnek sadece yeni bir tür değildi, belki de daha önce insan gözünün hiç görmediği yeni bir cinsti.

Henüz keşfedilmemiş böcekleri aramak için araştırma ekibimle birlikte geri döndüm. Bu yeni yaban arısı cinsinin daha fazla örneğini bulmayı umuyorum, böylece nasıl çeşitlendiğini daha iyi anlayabiliriz. Bu görevin göz korkutucu ve başarı şansının düşük olduğunu da biliyorum. Ekvadorun sisli ormanında, üç milimetre uzunluğunda, nadir bulunan bir yaban arısını aramak, samanlıkta iğne aramaktan çok daha zordur. Hatta keşke samanlıkta iğne aramak kadar kolay olsaydı.

Yaban arısının daha önce bulduğumuz yer ve zamanın tam bilgisiyle donanmış olarak geldik buraya ve işimize yarayabilecek basit bir örnekleme yöntemi biliyoruz: sarı tava tuzağı. Bu, Drew'un yaban arısını toplamak için kullandığı yöntemdi. Orman patikalarına parlak sarı plastik kâseler yerleştirildi. Yüzey gerilimini azaltıp küçük böceklerin düşmesini sağlamak için bu kâseler hafif sabunlu suyla dolduruldu (ben yüzeyetkin madde ekliyorum, hani şu su lekelerini gidermek için bulaşık makinenize koyduğunuz şeylerden). Uçan böcekler, fosforlu sarı kâseleri orman zemininde parlak noktalar olarak görürler ve birçoğu renkten çok etkilendikleri için hiç düşünmeden tuzağa koşarlar. Wyoming gibi kuru bir iklimde kâsedeki sular çabuk buharlaşır ve yenilenmeleri gerekir. Oysa Yanayacu sis ormanında sürekli yağmur yağdığı için buna hiç gerek yok. Umut vaat eden örnekleri seçmek için kâseleri sık sık taramanız veya ince bir ağla süzmemiz yeterlidir.[4] Drew 20 kâse yerleştirdi ve bir altın keseği buldu. Aynı patikalara 200 tane yerleştirerek şansımızı arttırmak için buradayım. Ama bu yöntem tekrar işe yarayacak mı? Aradığım böceğin büyük ihtimalle yaşamının büyük bir kısmını ormanın üst bitki örtüsünde geçirdiği düşüncesi beni rahatsız ediyor. Binlercesinin altında geziniyor olabilirim şu an. Belki iki yıl önce bir yaban arısı rastgele sarı bir nokta gördü ve araştırmak için aşağı indi. Belki birilerinin onu tekrar görmesi onlarca yılı bulabilir.

İmagobiontların Yükselişi

Endişelerim gerçekçi olsa da boşa çıktı. Dört günlük yoğun çalışmanın ardından yeni türün bir örneğini daha bulmayı başardık ve haftanın sonunda üç tane daha bulduğum için çok mutluydum. Saha istasyonu müdürü Jose Simbaña da geçen yıl her iki ayda bir, ayda on gün sarı tava tuzakları bırakıyordu. Tuzak örnekleri, alkole yatırılmış on binlerce mik-

[4] Bu yöntem ünlü entomolog Lubomir Masner tarafından bulundu ve geliştirildi. Mikro hymenoptera (mikroskobik yaban arıları) örneklemede hayli iyi iş görüyor.

roskobik böcekle dolu, bira bardağı büyüklüğünde kavanozlardan oluşuyordu. Gündüzleri sarı tavaları kontrol ediyorduk, geceleriyse laboratuvarda Jose'nin örneklerini birer birer eleyerek çalışıyorduk. Mikroskop altında o kadar çok örneğe baktık ki gece geç saatlerde gözlerimi kapadım ve bir numune tabağında yüzen böceklerin retinama işlenmiş görüntülerini gördüm. Haftanın başında, yaban arımı bulduğumda herkesin duyacağını çünkü "Evreka!" diye bağıracağımı söyleyerek şaka bile yaptım. Sonunda bir tane bulduğumda, fiziksel ve zihinsel olarak o kadar bitkindim ki tek yapabildiğim bitkin bir fısıltıyla "İşte burada" demek oldu. Tespit ettiğimiz yeni yaban arısı türlerinin her biri için 100 binden fazla başka böceğe baktığımızı tahmin ediyordum. Neden bazı böcekler bu kadar çokken, diğerleri son derece az?

Farklı böcek türlerinin, nüfus seviyelerini ve birbirine göre bolluklarını etkileyen farklı davranışları vardır. Yanayacu gibi bir ormanda mantar sivrisineği çok sık görülür ve yaygındır. Bu minik sineklerin kurtçukları, orman zemininde çürüyen yapraklarda inanılmaz sayılara ulaşırlar. Sürekli devriye gezen bu sinekler deli gibi sarı tavalara dalıyorlar. İsterseniz, bir sabah çalışmasında yüzlercesini kolaylıkla örnekleyebilirsiniz. Diğer böcekler, mesela karıncalar, sosyaldir, dolayısıyla onlardan da çok sayıda örnek toplamak zor değildir. Öte yandan benim yeni yaban arılarım, euphorinae olarak bilinen daha büyük bir mikroskobik yaban arısı grubuna (alt aile) mensup soliter böceklerdir.[5] Dahası bunlar özel bir tür

[5] Bu bölümü yazdığımdan beri, Ekvador'a beş kez daha döndüm ve anlaşılması zor bu yeni yaban arısı üzerinde çalışmaya devam ettim. Yeni cins ve türle ilgili açıklamam Mayıs 2012'de, *International Journal of Tropical Insect Research*'te yayımlandı, bu nedenle organizmanın artık resmi bir bilimsel adı var: *napo townsendi*. Cins adı yaşadığı Ekvador eyaletinden, tür adı yaban arısını ilk toplayan öğrencim Andrew Townsend'den geliyor. Mayıs 2012'de, şans eseri, tesadüfen Ekvador'daydım, aynı zamanda araştırma makalem yayınlandı ve *napo townsendi* adlı canlıyı ilk gören kişi olmanın heyecan verici deneyimini yaşadım. Fakat Haziran 2010'da henüz bir adı yokken, yol kenarındaki yapraklara tüneyen bazı canlı örnekleri tespit eden ilk kişinin meslektaşım Dr. Nina Zitani olduğunu belirtmeliyim.

Erkeklerin yine zor bulunsa da tahmin edilebileceği gibi dendrophorbium ağaç asalak oldukları için olağan dışı doğaları onların nadirliğini pekiştiriyor: Bu yaban arılarının olgunlaşmamış halleri, diğer erişkin böceklerin (kınkanatlılar, eşkanatlılar, kabuk bitleri, yeşil dantelkanatlılar, karıncalar, arılar ve hatta diğer asalak yaban arılarının) vücutlarında yaşıyor. Bu zorlu bir asalaklık türü, ben buna 'imagobiosis' diyorum. Yani bu canlılar diğer erişkin böceklerin vücutlarında olgunlaşmamış olarak yaşayıp besleniyorlar.[6] Erişikin böceklik tüm böcek nüfuslarında en az görülen yaşam aşamasıdır, çoğu bu aşamaya ulaşamaz. Bu nedenle yumurta veya larvalarla karşılaştırıldığında erişkin böceklerin yerini tespit etmek daha zordur. Erişkin bir böcek sağlam bir zırha sahiptir ve ısırarak, tekmeleyerek veya kimyasal maddeler tükürerek kendini savunabilir. Çok hareketlidir. Bu nedenle tüm taktikleri başarısız olursa uçabilir

fidelerinin yapraklarına tünemiş olarak bulunabileceğini keşfettik. Erkek yaban arılarının bu seçilmiş yaprakları dişileri çekmek için platform olarak kullandığını düşündüm. Mayıs 2012 ve 2013 boyunca, Casper College'dan meslektaşım Dr. Will Robinson ve öğrenci araştırma görevlilerimiz Delina Barbosa ve Andy Kulikowski ile birlikte, erkek *napo* yaban arılarının yaprakları işaretlemek ve uzak, nadir dişileri çekmek için seks feromonları kullanıyor olabileceklerini düşündüren bir dizi öngörülebilir davranış sergilediklerini öğrendik. Will, erkeklerin belirli yapraklara olağanüstü bir bağlılık sergilediklerini, genellikle aynı yaprak üzerinde birkaç gün geçirdiklerini veya kısa bir süreliğine uçup gittikten sonra aynı yaprak üzerine geri döndüklerini keşfetti. Güneşli sabahlarda erkekler, arka ayaklarını önce karınlarının uçlarına, ardından kanatlarının üst ve alt yüzeylerine sürterek kendilerini tımar ederler. Erkekler dinlenirken, sabah erken veya öğleden sonra geç saatlerde, normalde kanatlarını vücutlarının üzerine katlarlar; ancak tımarlandıktan hemen sonra kanatlarını 45° açıyla dışa doğru tutarlar. Bu kanat duruşunun kanat yüzeyine sürülen feromonları havalandıran bir çağrı davranışı olduğunu varsaydık. 2012 yazında, bir erkek örneği, Londra Imperial College'da asalak yaban arısı bezleri konusunda dünya çapında bir uzman olan Dr. Donald Quicke'ye gönderdim. Karın bölgesini inceledi ve arka taraflarında, ucuna yakın, yani tam olarak tahmin ettiğimiz yerde gerçekten de benzersiz bir bez kümesi olduğunu belgeledi.
Dişi *napo* yaban arısı nispeten nadir ve zor bulunur. Dört yıl içinde, sadece on tanesine bir süreliğine çiftleşirken rastladık. *Napo Townsendi*'yi incelemeye devam ediyoruz, onları fotoğraf ve videolarla belgeliyoruz; ancak bu nadir ve geniş alana dağılmış küçük böceklerin ormanda birbirlerini nasıl bulduklarını anlamada ilerleme kaydettiğimizi düşünüyorum.

6 İmagobiontlar, erişkin konak böcekleri teknik olarak imago aşaması olarak bilindiği için, bu şekilde adlandırılmıştır. Kehribar fosillerine dayanarak, en az elli milyon yıl önce evrimleştiklerini ve kökenlerini ve çeşitlenmelerini Senozoik çağın dikkate değer olaylarından biri haline getirdiklerini biliyoruz.

veya kaçabilir. Peki, imagobiontlar nasıl oldu da bu engeli aşacak biçimde evrildi?

Asalak yaşamla ilgili önceki tartışmalarımızda, zehrin konak böceğe zerk edildiği ve onu kalıcı olarak felç ettiği idiobiosisi ele almıştık. İdiobiontlar, bitki dokularına veya oduna gömülü –ve bu nedenle ilk etapta güçlükle hareket eden– konaklara saldırmaya ve onları daha fazla hareket edemeyecekleri şekilde değiştirmeye meyillidir. Bu yaşama ve beslenme stratejisi, Jura günlerinde ilk geliştirildiğinde gerçekten işe yaradı ve on binlerce modern asalak yaban arısı türü için de hâlâ işe yarıyor. Ama idiobiontlar yumurtlamakta acınası derecede yavaşlar. Odunun derinliklerine gizlenmiş kınkanatlı larvalarına saldıran bir yaban arısı, genellikle bir saatin daha büyük bir kısmını sadece bir yumurta bırakmaya çalışarak geçirir. Odunda bir delik açması, ovipozitörünü yerleştirmesi, konak kınkanatlının yerini belirlemesi, felç edici zehiri zerk etmesi, bir yumurta bırakması ve ardından ovipozitörünü bitkinin dokusundan çekmesi gerekir. Görünüşe göre, idiobiont yaban arıları hareketli erişkin böceklere doğrudan saldıracak şekilde evrimleşmediler. Erişkin bir konak adayı, yaban arısı işini bitiremeden çabucak uçup giderdi. Erişkin konakları sömürme yeteneğinin evrimi, koinobiyozu gerektirdi.

Hatırlayabileceğiniz üzere, koinobiyoz daha açıkta gezen, bol ve hareketli konaklara yumurtanın zerk edildiği ve konak büyüyenen kadar larvanın gelişiminin de ertelendiği bir asalaklık tarzıydı. Bu gezegenin ormanlarında binlerce yaban arısı türü tarafından uygulanan daha modern ve yaygın asalaklık çeşidi, koinobiontların çok daha geniş bir dizi böcek türünü, özellikle bitkilerle beslenen genç tırtılları başarıyla bulup yemelerine olanak tanır. Koinobiont yaban arısı, bitki dokularında açıkta olan veya sadece yüzeysel olarak gizlenen böceklere saldırdığından, çok hızlı yumurtlama yeteneği geliştirmiştir. Bu yaban arılarından biri, hızla bir tırtılın yanına koşup kılıcı andıran ovipozitörüyle onu deşebilir ve birkaç saniye içinde tırtılın vücuduna bir yumurta zerk edebilir. Bu hızlı saldırı, erişkin asalaklığına zemin hazırlamıştır.

Şekil 10.1. Ekvador'daki Yanayacu sis ormanındaki bir Dendrophorbium yaprağına tünemiş parazitoid yaban arısı, Napo Townsendi türünün bir soliter erkeği. (Fotoğraf: Andy Kulikowski.)

İmagobiont öforin yaban arısı, daha da hızlı yumurtlama yeteneği geliştirmiştir. Erişkin konaklarla uçar veya koşar. Jilet gibi keskin ovipozitörünü kurbanının zarından, dış iskelet plakalarının arasından veya anüsünden geçirir, içine bir yumurta fırlatıp bir saniyeden kısa bir süre içinde işini tamamlar. Larvası hemen gelişir, genellikle konağı öldürür ve birkaç hafta içinde dışarı çıkar.

Ormanda Milyonlarca Böceğin Geçit Alayı

Daha hareketsiz ve saldırılması daha kolay tırtıl türleri ve yenecebilecek başka yumuşak şeyler varken bir böcek neden başka bir erişikin böceğin içinde yaşamaya zahmet eder? Ne de olsa elli milyon yıl önce, görülmemiş bir çeşitlilikteki bitkilerle, muhtemelen daha önceki herhangi bir zamanda yaşamış olan böceklerden daha fazla olgunlaşmamış böcek türü besleniyordu. Fakat idiobiont ve koinobiont yaban arıları da onlarla aynı ölçüde başarılıydı, o kadar ki bitkiyle beslenen konaklar için sürekli rekabet eder ve konaklarını adeta asalak yağmuruna tutarlardır. Bugün aynı mücadeleyi herhangi bir tırtıldan on veya on beş farklı asalak türünün faydalanabildiği Yanayacu gibi bir ormanda görüyoruz. Ancak imagobiontlar ilk kez ortaya çıkıp erişkin böceklere saldırmaya başladıklarında konaklarının sağladığı besin için başka hiçbir tür onlarla rekabet etmiyordu. Bu yepyeni uyarlanma alanını çabucak istila etmelerinin bir sonucu olarak, erişkinleri hedefleyen asalaklar da hızla çeşitlendi.

Canlılar daha önce kullanılmayan nişleri kolonize edecek şekilde çevrelerine uyum sağladıklarında, bu eşsiz fırsatlar bazen çok sayıda yeni türün evrilmesine izin verir. Bu duruma 'uyarlayıcı yayılma' adı verilir. Senozoik dünya buna birkaç güzel örnek sunar: memelilerin daha önce dinozorlar tarafından işgal edilen nişlere yayılması, çiçekli bitkilerin ve tozlaşan böceklerin yayılması, yeni çiçekli bitkiler üzerinde bulunan tırtılların yeni çiçekli bitki türlerine yayılması, asalak yaban arısı ve diğer böceklerin tırtıllara yayılması, epifitik bitkilerin yayılması; özellikle de orkidelerin ve ananasgillerin orman kanopilerinin yapısal karmaşıklığına yayılması... Uyarlayıcı yayılma örnekleri böyle uzar gider. Kuşlar, memeliler ve amfibiler, böcek çeşitliliğine ve yeni nişlerin varlığına tepki olarak yayıldılar: Örneğin ananasgillerde su toplayan içbükey yaprak tabanlarının evrimi, kurbağalar ve suda yaşayan böcekler için yeni yaşam alanları sağladı. Meyve veren bitkilerle birlikte böceklerin yükselişi, yeni bir memeli grubu olan yarasalarda çeşitliliği destekledi. Yarasaların ve diğer memelilerin ve ayrıca kuşların evrimi, birçok yeni asalak böceğin, özellikle kuş ve memeli biti ve pirelerin yayılabileceği nişler sağladı. Yarasalarda bit yoktur ama bu niş yine de yeni bir grup tarafından işgal edilmiştir: asalak yarasa sinekleri. Senozoik dönemin tarihi, tropikal çevrenin ve genel olarak yaşamın doğası hakkında bize basit bir ders veriyor: Çeşitlilik, çeşitliliği teşvik eder. Türler bir arada yaşayıp etkileşime girdiklerinde çok çeşitli yeni davranışlar geliştirirler. Zaman geçtikçe daha fazla tür evrimleşir, daha karmaşık ve ilginç bir biyolojik çeşitlilik ortaya çıkar.

Uyarlayıcı yayılma, Senozoik döneme özgü de değildir. Yaşamın tarihine baktığımızda, doğal seçilimin onu nasıl yönlendirdiğine ve yeni organizmaların boş ekolojik nişleri işgal etmek için nasıl çeşitlendiğine dair bazı harikulade örnekler görürüz. Prekambriyen zamanlar bize mikrobiyal yaşamın besin açısından zengin okyanuslara yayıldığını gösterdi. Oksijen bakımından zengin Kambriyende ise okyanusları çeşitli dış iskeletli hayvanlarla dolduran, solunum yapan çok hücreli yaşamın yayılışını izledik. Silüryen dönemi bize atmosferde ozonun artışı sayesinde güneşten gelen zararlı ışınların süzülmesiyle birlikte toprağın da istila edildiğini göstermişti. Silüryen bitkileri ve hayvanları, dünyanın ilk kara canlıları topluluklarını oluşturup kıyı şeridindeki nişlere erişmelerine izin veren uyarlayıcı bir göç yaşadılar. Devoniyen zamanları bize kara bitkilerinin iç kesimlerde ve kıyı şeritlerinden uzağa genişleyen evrimini ve böceklerin bitki topluluklarıyla birlikte çeşitlenmesini getirdi. Karbonifer dönemi, kanatlı böceklerin hızlı yükselişini ve gökyüzünün istilasını gösterdi. Permiyen zamanlarıysa karmaşık başkalaşım yeteneğine sahip böceklerin evrilerek daha önce boş olan sayısız nişi doldurduklarının örnekleriyle doludur. Bu dönem diğer yandan bize yaşamın tarihindeki en büyük gerilemeyi de gösterir. Ama yaşam, özellikle de böceklerin yaşamı, en azından uzun vadede felaketlere karşı epey dirençli olduğunu kanıtlamıştır.

Böceklerin tarihine bakmak ve çeşitliliklerinin istikrarlı bir şekilde arttığını görmek cezbedici. Yaklaşık dört yüz milyon yıl önce ilk gerçek böceğin kökeninden başlayarak günümüze kadar bir çizgi çizecek olsaydık, eğilim çizgimiz modern ama ihtiyatlı bir tahminle bir milyon tür sayısından yedi milyona yükselmiş olurdu. Terry Erwin'e göre, sayı çok daha yüksek, belki 30 ila 50 milyon türe kadar çıkabilir. Bu, böcek türlerinin toplamına dair hakkaniyetli bir tahmin olsa da gerçek örüntü kusursuz bir hatta seyretmedi çünkü tüm türler aynı oranda evrimleşmez ve gördüğümüz gibi, bazen soy tükenişleri meydana gelir. Permiyen sonundaki soy tükenişleri, böcek çeşitliliğini Kretasenin sonundakine kıyasla daha fazla etkilemiştir. Dolayısıyla türlerin sayısında o dönem yaşanan azalış muhtemelen yaşamın gördüğü en büyük tür kaybıydı. Fosil kayıtları çok eksik olduğu için mevcut sayıdan emin olamadığımız gibi, her jeolojik dönemdeki türlerin kesin sayısından da emin olamıyoruz. Fakat bir ila yedi milyon arasındaki bu eğilim çizgisi, böceklerin 400 milyon yılda neler başardığına dair kabaca da olsa iyi bir fikir veriyor.

Yayılamayanların Trajedisi

Böcek çeşitliliğinin yanı sıra dünyadaki diğer yaşam türlerinin çeşitliliğinin de en yüksek seviyelerine ulaştığı bir zamanda yaşadığımızı hayal etmek de cezbedicidir. Yine de canlı çeşitliliğin asıl zirvesine, insanlar gezegeni baştan aşağı değiştirmeden belki 200 bin yıl önce, Senozoiğin erken dönemlerinde ulaşılmış olabileceğini göz ardı etmemeliyiz. Böcekler üzerindeki etkilerimizin boyutlarını hesaplamak için hikâyemizi yeniden ve kısaca gözden geçirmemiz gerekiyor. 20 bin yıl önce, muhtemelen ateşi kullanarak ve avlanma yoluyla türlerin çeşitliliğini etkilemeye başladık. Yaklaşık 10 bin yıl önce tarımın başlamasıyla birlikte doğal manzarayı da değiştirdik. Bunu kısa süre sonra şehirlerin inşası ve yapılan savaşlar izledi ve bunların sonucunda doğal kaynakların çoğunun tükenmesi, elbette küçük bitki ve hayvanlara, özellikle dar alana yayılmış böceklere bir miktar zarar verdi. Son 400 yılda, sanayi devriminin ortaya çıkışı ve tıbbi gelişmeler, insan nüfusunun artışını da hızlandırdı ve doğa üzerindeki etkimizi de bir hayli artırdı. Son 100 yıl içinde yavaş yavaş farkına vardık ki biz insanlar yalnızca geleneksel avlanma yöntemlerimiz nedeniyle değil, aynı zamanda kendi yaşam alanlarımızı onların yaşam alanlarına doğru genişleterek de birçok hayvan ve bitkinin soyunun tükenmesine veya tükenme tehdidiyle karşı karşıya kalmasına neden olduk.

Bugün özellikle canlıların çeşitliliğinde en büyük pay sahibi olan yağmur ormanlarının hızla azalması nedeniyle başka bir soy tünenişi krizinin tam ortasında bulunuyoruz. 1980'lerin sonlarında bu durum Edward O. Wilson tarafından 'biyoçeşitliliğin krizi' olarak adlandırıldı. Artık dünyanın biyolojik kaynaklarının çoğunun ciddi risk altında olduğunun farkındayız. Böcek türleri, özellikle de tropik bölgelerde yaşayan nadir ve yaygın olmayan türler, birçoğunun dar yayılıma sahip olması ve küçük, oldukça hassas nişleri işgal etmesi nedeniyle yok olma riski altındadır. 1990'larda yayımlanan bir çalışma, mikroskobik böceklerin soyunun tükenme oranının saatte bir veya iki tür kaybı kadar yüksek olabileceği sonucuna varıyordu. Genelde bunlar çok küçük türlerdir ve çoğu hiç araştırılmamış veya adlandırılmamıştır.

Bu gezegenin canlı çeşitliliğinin büyük bir kısmının sonsuza kadar kaybolabileceği tahmin edilmektedir. Elbette, uzak geçmişte birçok soy tükenişi krizi ve birçok küçük vakalar yaşandı. Fakat yaklaşık yaşamın yaklaşık dört milyar yıllık serüveninde ilk kez, tek bir türün, *homo sapiens*'in dünyanın dört bir tarafına yayılması nedeniyle büyük bir soy tükenişi olayı yaşanıyor. Yağmur ormanları bu durumdan en ciddi şekilde etkilenen habitatlar olabilirler fakat etkilerimiz o kadar büyük ve geniş ki gezegenimizdeki neredeyse tüm yaşam alanlarını değiştiriyoruz.

Kimileri daha milyonlarca canlı böcek olduğunu düşünerek bu durumu akla uydurmaya çalışabilir ve bunlardan herhangi birinin kaybolması neden önemli olsun, diyebilir. Bazıları, bu sinek veya arı sınıflandırılmamış bir türe aitse soyunun tükenmesi kimin umurunda, diye düşünebilir. Ama ya o sinek –ya da bal arısı, yaban arısı ya da kınkanatlı– epifitik bir bitkiyi tozlamak için özelleştiyse ne yapacağız? Bu tek böcek türünün çöküşü, daha sonra bitki türlerinin ve onlara bağlı olan başka sayısız böcek türünün kaybına pekâlâ neden olabilir. Bir kilit türün kaybının başka türlerin de kaybolmasına neden olduğu bu örüntü, ekoloji literatüründe belgelenmiş olup gerçek bir olgudur ve 'çığ etkisi' [*cascade effect*] diye adlandırılır.

Her canlı türünün benzersiz olduğunu unutmamalıyız. Her canlı türü kendine özgü bir ekolojik rol üstlenir ve her biri genlerinde diğer türlerde bulunmayan bazı nitelikleri kodlar. Bu özelliklerden bazıları potansiyel olarak gelecekteki insanlara ekonomik fayda sağlayabilir. Böcekler yağ, lif, mum, koku, hatta yiyecek kaynağı olabilirler. Muhtemelen milyonlarca tür böcek türü ipek üretiyor. Fakat bunlardan yalnızca birkaçı evcilleştirilip ticari olarak kullanılmıştır. Henüz keşfedilmemiş böcekler insan hastalıklarını iyileştirebilecek ilaçlar da üretebilirler. Varsa yeni ve yararlı türler bulmak için başka bir gezegene de kolayca kaçamayız. Dolayısıyla böceklerin kaybını önemseyip önemsememiz gerektiğini sormak yerine, daha anlamlı bir soru sormalıyız: Ömrümüz boyunca asla yerine konamayacak ve faydalı olma potansiyeline sahip kaynakları yok ederken bugün yaşanan soy tükenişini nasıl savunabiliriz? Habitatları yok etmeyi bırakabilirsek, birçok böcek hayatta kalabilir ve uzak gelecekte birçok yeni böcek türü gelişebilir. Yine de tüm bunların olmasını beklemek akıllıca olmaz. Bunun yerine, potansiyel faydalarını bir gün keşfedeceğimizi umarak, mümkün olduğunca çok sayıda mevcut türü korumalıyız.

Faydacı bakış açısını bir kenara bırakırsak, canlı türleri sırf var oluşlarıyla bile oldukça ilginçtir. Dün altı öğrencimle birlikte Yanayacu sis ormanında kısa bir yürüyüş yaptım ve on dakikadan kısa bir süre içinde, üzerinde çalışmakta olduğum bir *ilatha* yaban arısı türü bulduk, *Munnozia* denen sarı dalyalar üzerindeki zehirli *altinote* kelebeği tırtıllarına saldıran bir böcek türüydü bu. Bir saat içinde yeni yaban arısının 18 örneğini bulduk ve on beş dakika boyunca bir dişiyi inceleyerek onu bir tırtılın içine yumurta bırakırken fotoğrafladık. Sonunda, bu belirli türün insanlara fayda sağlayıp sağlamamasının hiçbir önemi yok. Son derece heyecan verici bir şey bu. Üstelik yeni bir tür keşfetmek, geleceğin biyologları için de sağlam bir eğitim ve öğretim aracı olabilir. Özellikle bugün canlı türlerinin soyu eskisinden daha hızlı tükendiği için, genç öğrencileri yaşamın çeşitliliği konusunda eğitmek her zamankinden daha önemli.[7]

İnsanların yeni yaşam formları bulmak için uzayı ve başka gezegenleri keşfetmeye bu kadar hevesliyken yeryüzünde henüz keşfedilmemiş yaşam formlarından bihaber olmaları şaka gibi. Mars'a uzay sondaları gönderip toprağı kazarak bir zamanlar var olduysalar bile soyları çoktan tükenmiş mikropların kalıntılarını aramanın ne heyecanı var? Orada bir zamanlar mikropların yaşadığını öğrenmek hiç kuşkusuz harika ve heyecan verici olurdu ama bu keşif pekâlâ birkaç on yıl daha bekleyebilir. Tuhaf ve bilinmeyen yaşam formları keşfetmek için Amazon havzasının yağmur ormanlarına robot sondalar, hatta daha iyisi, donanımlı insanlar göndermek aynı derecede heyecan verici olmaz mıydı? Böylece belki de 50 yıl içinde soyu tükenebilecek sayısız yeni türü inceleme fırsatı bulurduk. Kamuoyu da tüm evrende yaşamın var olduğundan emin olduğumuz tek yer olan kendi küçük dünyamızda yaşayan bu 'yabancı' yaratıklara hayran kalırdı.

Gökbilimciler, astrofizikçiler ve kozmologlar, evrenin trilyonlarca galaksisini olağanüstü derecede karmaşık ve ilginç buluyorlar, galaksileri de Büyük Patlama'nın görkemli bir sonucu olarak görüyorlar. Bir kozmoloji ders kitabını açın ve muhtemelen son bölümlerin çoğunlukla galaktik çeşitlilik hakkında ve nadiren canlı yaratıklar hakkında ol-

[7] Şu anki hızımıza göre, diğer tüm canlı türlerini tanımlayıp, adlandırıp kataloglamak sadece bir beş yüz yıl daha alabilir. Açıkçası o kadar uzun sürdürme lüksümüz yok. π sayısının basamaklarını bir milyardan fazla ondalık basamağa kadar sayabiliyorsak, neden bizimle birlikte yaşayan birkaç milyon türü adlandırma işine de başlayamıyoruz? Bunu yapmazsak, bu organizmalar hakkında bilgi aktarmanın ve yeni bilgileri aynı canlılarla ilişkilendirmenin hiçbir yolu kalmayacak.

duğunu göreceksiniz. Fakat ben bir biyolog olarak, canlı evreni Büyük Patlama'nın en müthiş sonucu olarak görmek zorundayım. Tek bir böceğin anatomisi ve fizyolojisi, birçok yönden bir yıldızın yapısından ve işlevinden daha karmaşıktır. Keza bir yağmur ormanındaki canlıların çeşitliliği, ekolojik ağlarının anlaşılmazlığı ve karmaşıklığı, herhangi bir galaksinin fiziksel yapısından daha büyüleyici ve hoştur.

Gökbilimciler ve kamuoyu, galaksiler birer birer sönüp sonsuza dek ortadan kaybolmaya başlarlarsa özellikle de önümüzdeki 100 yıl içinde bunların yarısı yok olursa infial yaşayacaklardır. Ya bundan insanların sorumlu olduğunu keşfetseydik? Eğer yok olmalarını engellemenin bir yolunu bilseydik, dünya durup galaksileri söndürmemize izin verir miydi? Herkes alarma geçmeli çünkü dört milyar yıllık canlı evriminin yaşayan mirası olan biyolojik hazinelerimizi her gün kaybediyoruz. Canlı türümüzün büyük bir bölümünü korumak o kadar da zor değil. Tek yapmamız gereken, habitatları ortadan kaldırmayı bırakmak ve bu gezegenin biyolojisini tazelenmiş bir gayretle incelemeye başlamak. Önümüzdeki 50 yıl içinde biyoloji eğitimini teşvik edip araştırma fonlarını artırabilirsek, milyonlarca türün hayatını kurtarabiliriz. İyi haber şu ki yeni yaşam biçimlerini keşfetmek için bir uzay gemisi yapıp uzak yıldızlara uçmamıza gerek yok. Ekvador, Brezilya, Peru, Endonezya veya diğer düzinelerce tropik ülkeye bir bilet almamız ve ormanda yürüyüş yapmamız yeterli.[8] Habitatları yok etmeye ve küresel iklim değişikliğini hızlandırmaya bir dur demezsek, sayısız tür barındıran yağmur ormanlarımızın tamamın kaybedebiliriz. Seçim bizim.

◆◆◆

8 O kadar uzağa gitmenize gerek yok. Sabırlıysanız ve aramaya çok zaman harcarsanız, kendi arka bahçenizde yaşayan yeni mikroskobik böcekler bulabilirsiniz. Örneğin ben kendi bahçemde buldum.

Bu bölümü bitirirken, benekli ormanın üst bitki örtüsünün üzerinden, doğu And Dağları'nın en uzak sırtlarına kadar açık olan Yanayacu Vadisi'ne bakıyorum. Şu anda yağmur yağmıyor, gökyüzü masmavi, ağaçların tepesinden ince bir sis yükseliyor ve beyaz bulut dalgaları en uzak, en yüksek zirvelerde dev pamuk topları gibi sıralanıyor. Ormanın tepe örtüsü her yöne doğru göz alabildiğine uzanıyor. Yukarıdan bakıldığında, rengi solmuş brokoli demetlerinden oluşan sonsuz tarlalara benziyorlar. En uzak mesafedeki orman daha tekdüze yeşil görünüyor. Fakat yakınlar yamalı bohça gibi. Her ağacın tacı apayrı; her ağacın şekli, rengi ve epifitik bitki topluluğu kendine özgü. Birçok ağacın yapraklarında yeşilimsi ama aynı zamanda sarı, beyaz, kahverengi, pembe, turuncu ve kırmızı tonları da görülebilir. Karmaşık bir bitki mozaiği oluşturan yüzlerce farklı ağaç türüne bakıyorum. En yakın ağaçlarda, penceremin dışında, çeşitli ananasgiller, yosunlar ve likenlerin hacimli epifit yükünü yakından görebiliyorum. Bu vadi tek başına ABD'den doğusundan daha fazla canlı türü barındırıyor olmalı. Görüş alanımın hemen ötesinde, en uzak zirvelerin üzerinde, Peru ve Brezilya'nın tür bakımından zengin Amazon havzası uzanıyor.

Güneş batarken kırlangıçlar odamın üstündeki kirişlere tünemek üzere uçuyorlar, yıldızlar gecenin sessiz ve sisli gökyüzünde belirmeye başlıyorlar. Karanlık çöktüğünde yüzlerce güve uçmaya başlıyor ve yarasalar böcekçil kırlangıçların yerini alıyor. Uzaklarda, Amazon'un üzerinde bir fırtına karanlığı dolanıyor ve en uzak tepede saykedelik bir şimşek gösterisi icra ediyor. Fakat Yanayacu Vadisi'nin üzerinde gökyüzü hâlâ açık. Samanyolu, şaşırtıcı bir berraklık ve parlaklıkla kendini gösteriyor. Öğrencilerimin bazıları sessizce en yüksek kirişlerde oturup yıldızlara ve kayan göktaşlarına büyük bir hayranlıkla bakıyorlar. Yıldızlara bakarken, ben de merak etmekten kendimi alamıyorum: Başka yerlerde de yaşam var mı?

SONSÖZ

BÖCEKLİ EVREN HİPOTEZİ

Aklı başında hiçbir insan bizimkilerden çok daha muhteşem olabilecek gök cisimlerinin, bizim insan dünyamızdakilere benzer, hatta onlardan daha üstün yaratıkları üzerlerinde bulundurmayacağını düşünmez.
GIORDANO BRUNO, *De l'Infinito Universo et Mondi*

Nantucket'deyken, koyu tahtadan yapılmış küçük sandallar görmüş. Doğduğu adada, silâh yapmak için kullanılan ağaçların içine oyulan sandallara benziyormuş bunlar. Soruşturunca öğrenmiş ki, Nantucket'de ölen tüm balina avcıları bunların içine yatırılıyormuş. Ölünce böyle yatmak pek hoşuna gitmiş; çünkü kendi yurdunun geleneklerine az çok uygunmuş bu. Orada da, ölen bir savaşçı mumyalandıktan sonra, sandalına uzatılır; ve yıldızlı cennet adalarına gitmek üzere sulara bırakılırmış. Onların inancına göre, yıldızlar birer adaymış. Onların kıyısız ve tatlı denizleri, gözle görülen ufukların tâ ötesinde, mavi gökyüzüyle kaynaşarak, samanyolunun beyaz köpüklü dalgalarına kavuşurmuş.[1]
HERMAN MELVILLE, *Moby Dick*

1 Herman Melville, *Moby Dick*, çev. Sabahattin Eyuboğlu ve Mina Urgan, Cem Yayınevi İstanbul, s. 468-469.

Kendimizinkine benzer, su ve karmaşık organik moleküller bakımından zengin çok sayıda dünya olduğuna inanmak için her türlü nedenimiz vardır. Güneş benzeri yıldızların çevresinde dönen bu gezegenler, yaşamın baş göstermesi ve evrimleşmesi için yeterli, milyarlarca yıllık sürece ve uygun ortama sahip olmuş olabilirler. Samanyolu içinde sınırsız sayıda ve farklı yaşam formlarına sahip dünyalar olmaması için bir neden var mı?[2]
CARL SAGAN, "Dünya Dışı Yaşam Arayışı"

Yaşamın tarihi hakkında yanlış bir varsayımda bulunup bulunmadığımızı merak etmeye başladım. İnsanların uzun ve bir dizi beklenmedik olayın düşük olasılıklı bir sonucu olduğunu öğrendiğimizde, belki de evrimin asla ilerlemeye neden olmadığı ve hiçbir hayvan türünün tahmin edilebilir olmadığı gibi yanlış bir sonuca vardık. Gelelelim bir şeyin olası olmaması, her şeyin aynı derecede olası olmadığı anlamına gelmez. Bunun yerine, herhangi bir sigorta satıcısının size söyleyebileceği gibi, bazı olaylar diğerlerinden daha çok veya daha az olasıdır. Bu yüzden otomobil ve ev sigortası yaptırmanız gerekirken, yanardağ patlamaları, göktaşı çarpmaları veya terör saldırları için kendinizi sigortalatmanız gerekmez. Yeryüzünde sadece bir insan türü varken on milyonlarca böcek türü vardır. Tek başına bu gerçek bile bana böceklerin varlığının diğer tüm canlılarınkinden daha olası olduğunu düşündürtüyor.

Yüzyıllar önce yaşamış Giordano Bruno gibi bugün ben de başka gezegenlerdeki yaşamın varlığını ve doğasını merak ediyorum. Giderek kendimi belirli bir sapkın düşünce üzerinde düşünürken buluyorum: Dünyadaki yaşamın tarihinin en azından bazı yönlerinin başka bir yerde tekrarlanmasını umabilir miyiz? Diğer gezegenlerdeki olayların tamamen aynı sırayı izleyeceğini ya da üzerinde insan benzeri varlıkların ya-

2 Carl Sagan, "Dünya Dışı Yaşam Arayışı", çev. Miyase Göktepeli, *Bilim ve Teknik*, Ocak 1995, Sayı: 326, s. 21.

şadığı birçok dünyanın var olduğunu öne sürmüyorum. Birçok modern bilim insanı, özellikle de Carl Sagan, başka gezegenlerde de büyük beyinli, zeki canlıların var olduğunu iddia etti. Birçok insan bu varsayımın o kadar makul buluyor ki gökbilimciler diğer yıldızlardan gelebilecek radyo sinyallerini yakalamak için bugün gökyüzünü tarıyor, milyonlarca Amerikalı uzaylılara ve uçan dairelere inanıyor. Ama bana kalırsa başka gezegenlerde büyük beyinli, zeki canlıların var olması ne kadar düşük bir olasılıksa, küçük eklembacaklılara veya böceklere benzer canlıları var olması da o kadar yüksek bir olasılıktır. Ne de olsa milyonlarca böcek türü hâlihazırda burada, yeryüzünde yaşıyor. Evrimin 'şanslı' aşamaya ulaşıp zeki bir türün evrimleştiği her gezegen için, bu aşamaya ulaşamayıp evrimin daha olası bir aşamasında dengelenen yüzlerce veya muhtemelen milyarlarca yaşanabilir gezegenin var olması gerektir. Bunlar okyanuslar, oksijence zengin bir atmosfer, ormanlar ve bitkilerle dolu dünyalar olmalıdır çünkü bitkilerin böcekler veya benzeri canlılar olmadan hayatta kalıp çeşitlenmeleri çok ama çok zordur.

Dünya üzerinde yaşam gelişirken, Güneş'imiz gibi başka yıldızların yörüngesindeki gezegenlerde aynı anda neler olmuş olabileceğini bir düşünelim. Gökbilimciler, yaşayan gezegenlerin yaşamsal bileşenlerinin (karbon, oksijen, su buharı, demir, amino asitler) evrende bolca bulunduğunu belirlediler. Samanyolu'nda tıpkı bizimkine benzeyen milyarlarca yıldız var. Her biri milyarlarca yıldıza sahip trilyonlarca başka galaksi var. Bu yıldızların birçoğu bizim Güneş'imize benzeyeceğinden, benzeri maddelerin kümelenmesi sonucunda, sarı yıldızların bulunduğu birçok yerde yaşanabilir gezegen sistemlerinin de oluşacağını varsaymalıyız.

Ayrıca yeryüzündeki yaşamın, atmosferimizin gelişmesinden sonra çok hızlı bir şekilde evrimleştiği, gezegenin yeterince soğuduğu, sıvı su okyanuslarının oluştuğu ve göktaşı bombardımanının azaldığı gözleminden hareketle başka yerlerde benzer koşullar altında, hatta ortaya çıkan en basit bakteri biçimlerinde bile yaşamın evrileceği fikri makul, hatta olası olacaktır. Bilim kültürümüzde bu fikir geniş çapta benimsenmiş ve bu kültürü çeşitli şekillerde etkilemiştir. Dahası astrobiyoloji biliminin akılcı temelini oluşturmuştur. Böyle bir yaşam şimdiye kadar keşfedilmemiş olsa da dünya dışında yaşam arayan bilim insanlarını istihdam ediyor, onlara araştırmalarını sürdürmeleri için mali destek de veriyoruz. Çünkü bunun makul, hatta olası olduğunu düşünüyoruz. Şu anda Mars'ta mikropların fosilleşmiş kalıntılarını aramamızın ve Dünya'nın çok eski dönemlerde sahip olduğu atmosfer koşullarına sahip Titan'da (Satürn'ün uydusu) yaşam süreçlerinin kanıtlarını araştırmamızın nedeni budur. Başka yerlerde de bakteriyel yaşam gelişebileceğinin akla uygun olmasından ötürü, modern astronomiye giriş kitaplarının çoğu, yaşamın kimyasal kökenleri hakkında bir bölüm içerir.

Astronomi kitapları size tek hücreli yaşamın başka yerlerde de başlamasının ne kadar olası göründüğünü söylerler ama yaşamın o noktadan sonra gidebileceği yönler hakkında neredeyse hiçbir şey söylemezler. Bu bakış açısı için biyoloji ders kitaplarını gözden geçirmemiz gerekiyor; bunlar dünyadaki yaşamın tarihini anlatan ve genellikle başka yerlerdeki olasılıklardan hiç bahsetmeyen kitaplardır. Yine de geçmişe bakarak, dünya dışı yaşamın olası kalıpları hakkında birçok tahminde bulunabiliriz. Bariz bir sonuç varsa o da tek hücreli canlıların muhtemelen hiçbir yerde hızla çok hücreli organizmalara evrilmediğidir. Yaşamın hızla karmaşıklaşmadığını varsaymanın en büyük nedeni, dünyadaki bakteri yaşamının milyarlarca yıl boyunca tek hücreli kaldığının, çok hücreli yaşamın ve hızlı metabolizmaya sahip hayvanların ortaya çıkmasının ise üç milyar yıldan fazla sürdüğünün bilinmesidir. Olayların bu yavaş akışı, kesinlikle karmaşıklığa doğru ilerlemenin kaçınılmaz olduğunu göstermiyor ama belki bunu yıldız evrimindeki olayların yavaş hızına da benzetebiliriz. Güneş gibi bir yıldız milyarlarca yıl boyunca sabit veya değişmezmiş gibi görünebilir ama daha en başından öngörülebilir birtakım koşullar nedeniyle yıldızımız en sonunda bir kırmızı bir deve dönüşeceğini biliyoruz. Benzer külteli yıldızların etrafındaki benzer gezegenlerde yeryüzündekine benzer kimyasal koşulların bulunduğunu varsayarsak şunu da varsaymalıyız: Dünya dışı yaşam formları evrim geçirerek yıldız ışığıyla –yani evrendeki en bol ve öngörülebilir enerji kaynağıyla– su moleküllerini parçalama becerisi geliştirecek ve açığa çıkan enerjiyle organik moleküller oluşturup oksijen salacaktır. Fotosentetik yaşam, doğası gereği, gezegendeki atmosfer koşullarını değiştirecektir. Oksijen, okyanuslarda ve kayalarda kararlı bileşikler oluşana kadar demirle tepkimeye girer ve bu gazın üretilen miktarı demirle tepkimeye girebileceği miktarı aştığında, atmosfer değişip oksijen açısından daha zengin bir hâle gelir. Solunum yapan çok hücreli hayvanların evrimi, oksijen zehirlenmesinin yarattığı seçilim baskısının sonucu olan doğal bir uyarlanmaysa, o zaman çok hücreli formların patlaması da fiziksel olarak öngörülebilir süreçlerin kaçınılmaz bir sonucudur.

Oksijenin çok hücreli karmaşık canlıların ve çeşitli hayvan formlarının evrimini teşvik edebileceğini öne sürmek bir şeydir, belirli bir hayvan biçimine, yani eklembacaklılara doğru ilerlemeyi teşvik edebileceğini ileri sürmekse bambaşka bir şeydir. Ben tam da bunu iddia ediyorum. Aerobik solunum, hızlı hareket eden avcıların ve daha karmaşık ekolojik gıda ağlarının evrimini destekleyen daha hızlı metabolizmaların ortaya çıkmasına yol açar. Hızlı metabolizmalar, eklemli, kaslarla idare edilen, iskelet parçalarına sahip hareket sistemlerinin gelişmesini gerektirir. İskelet sistemleri dışta veya içte olabilir ve dış iskeletlerin metabolik olarak boşaltımın yan ürünlerinden kolaylıkla üretilebildiğini gördük. Kambriyen patlamasının dış iskelet formlarının baskın olmasına yol açması bir rastlantı değildi. Bu tip iskeletler savunma için daha etkilidirler ve bu nedenle hayatta kalmak için daha iyidirler. Eğer yeryüzündeki böceklerden herhangi bir ders çıkarılabiliyorsa o ders şu olas gerektir: Küçük her zaman iyidir. Küçük canlılar hayatta kalmak için daha az kaynağa ihtiyaç duyarlar, daha küçük ve giderek özelleşen nişleri işgal edebilirler ve nesilleri arasındaki sürelerin kısalığı nedeniyle büyük canlılardan çok daha hızlı evrimleşirler. Bu yüzden, eklembacaklıların hem oksijen bolluğunun neden olduğu Kambriyen patlamasının öngörülebilir ürünleri hem de ondan sonraki dönemlerin öngörülebilir kolonicileri ve sağkalım uzmanları olduklarını savunuyorum. Eklembacaklılar dünyanın topraklarını, ormanlarını ve gökyüzünü kolonize ettiler çünkü onlar bu geçişleri yapabilecek şekilde en çeşitli ve en iyi uyarlanmış canlılardı. Küçük boyut, kanatlar ve başkalaşarak büyümek gibi çok basit özellikler, böceklerin diğer canlılardan çok daha iyi koloniciler olmasını ve hayatta kalmalarını sağladı. Kıta çarpışmaları, küresel iklim değişikliği, büyük yanardağ patlamaları veya göktaşı çarpmaları gibi en büyük felaketlere bile dayanıklı olduklarını kanıtladılar. Tüm bu nedenlerden dolayı, küçük eklembacaklı ve böcek benzeri canlıların, yaşama elverişli koşulların olduğu başka gezegenler dâhil her yerde evrimleşip hayatta kalabileceklerine inanıyorum.

Fikrime kuşkuyla yaklaşıyor olabilirsiniz. Bu iyi. Kuşkuculuk bilimsel düşünce için sağlıklıdır. Bazı insanlar bunun hiç bilimsel olmadığını, oturduğum yerden ham hayaller kurduğumu düşünebilir. O hâlde fikrimi bilimsel bir hipotez olarak ifade edeyim. Ben buna basit bir ifadeyle 'böcekli evren hipotezi' diyorum: Yaşayan evren böceklerle doludur. Başka gezegenlerde de tıpkı bizimkilere benzeyen böceklerin bulunduğunu iddia etmiyorum, yani oralarda kelebekler, karıncalar, kınkanatlılar, sinekler ve benzerleri yok. Başka bir yerde yaşamın sayısız olası çeşitlemesi olabilir. Oralarda yaşam bizimkinden farklı şekilde sarmallanan bir DNA'ya ya da tamamen kendi kendini kopyalayan diğer moleküllere dayalı olarak gelişebilir, dahası çok sayıda vücut formu da geliştirmiş olabilir. Ne var ki yaşamın bakterilerin ötesine geçip çok hücreli hayvanlara dönüştüğü ve bitki benzeri fotosentetik canlıların karada kolonileştiği her gezegende en bol ve çeşitli yaşam biçimi, eklembacaklılara yakınsayan küçük dış iskeletli canlılar olacaktır. Farklı vücut bölgelerine, segmentasyon türlerine ve bacak sayılarına sahip olabilirler ama her halükârda eklembacaklılara benzeyeceklerdir.

Böcekli evren hipotezi doğrulanabilir olmasının yanında bir sınavı çoktan geçti bile: Bu gezegenin astronomik sayıda böcekle dolu olduğu gözlemlendi. Dünyadaki yaşamın, herhangi bir insan var olmadan, hatta herhangi bir memeli veya dinozor bile var olmadan, başka bir yol tuttuğunu kolaylıkla hayal edebiliriz. Fakat yeryüzünün bildiğimiz tarihinin ortaya çıkışı göz önüne alındığında, kara ekosistemlerinin böcekler veya böcek benzeri canlılar olmadan nasıl evrimleşebileceğini hayal etmek bile epey güçtür. Ayrıca gelecekte olası üç sınav daha düşünüyorum. Gerçekten de bir gün dünya dışı zeki varlıklarla temas kurabiliriz. Arkadaş canlısı ve konuşkan olduklarını varsayarsak, onlarla iletişim kurmayı öğrendiğimizde onlara gezegenlerindeki koşullar hakkında sorular sorabilir ve böylece uzaylıların biyolojisi hakkında bilgi edinebiliriz. Uzak gezegenlerdeki koşulları görüntülemek için optik teknolojiler geliştirebiliriz. Şu anda bu gezegenleri bile göremiyoruz, dolayısıyla çok uzaktaki yüzeyleri bitkileri ve böcekleri görecek kadar ayırt edebileceğimize inanmak zor. Öte yandan, ben çocukken hiç kimse de uzaydan yerdeki araç plakalarını bile okuyabilen uydularımızın olacağını hayal etmemişti. Bana göre en olası durum, başka yaşanabilir gezegenler keşfedip bu gezegenlere seyahat etmemiz. Ne var ki bunu *Uzay Yolu* veya *Yıldız Savaşları* yöntemiyle yapacağımızdan kuşkuluyum. Yani 'uzayzamanı büken motorlar' veya 'üst uzaya geçiş motorları' geliştireceğimizden veya ışık hızını aşmanın, hatta ona yaklaşmanın bir yolunu geliştirebileceğimizden bile o kadar emin değilim. Yine de mevcut teknolojilerle başka yıldızlara daha düşük hızlarda ulaşmanın yollarını pekâlâ tasarlayabiliriz. Yıldızlararası yolculuk çok uzun zaman alabilir ama insanlar muhtemelen kriyojenik kış uykusu sistemlerini kullanarak bu tür mesafeleri kat edebilirler veya sadece araştırma yürütüp veri yollayabilen robot sondalar gönderebilir.

Eski bir söz vardır, "Bir hedefi ancak onu nişan alırsanız vurursunuz." Basit spektral analiz ve kızılötesi fotoğrafçılık yöntemlerini kullanarak, yaşam barındıran gezegenleri uzaktan tespit edebileceğimiz zaten kanıtladık. Bana öyle geliyor ki bu yöntemler, bilinen yaşam izlerine sahip gezegenler sürekli aramamıza da olanak tanıyacak.[3] Gökbilimciler (ve botanikçiler) bitkilerin başka yerlerde de var olabileceğini –diyelim ki klorofilin varlığını tespit edebilen alıcılara sahip uzay araçları yapacak kadar– makul buluyorlarsa o zaman neden diğer gezegenlerin yüksek oranda eklembacaklı ve böcek benzeri yaratıklarla çeşitlenmiş olabileceğini de mantıklı bulmayalım? Tüm kıtalarında klorofilin varlığı tespit edilen bir gezegen, yalnızca bitkilerin varlığını değil, aynı zamanda geniş bir bitki çeşitliliğini de akla getirir. Bir biyolog gözüyle bu kadar geniş kapsamlı bitki sistemlerinin böcek ya da benzer eklembacaklılarla çevresel bir etkileşim olmadan evrimleşebilmesi bana olanaksız geliyor. Ne de olsa eklembacaklılar, toprağın kalitesini ve besin döngüsünü etkiliyorlar. Önceki bölümlerde gördüğümüz gibi, tozlaşma,

[3] Yaşam için uygun koşulları keşfedebilecek uzaktan algılamalı uzay sondalarını zaten tasarladık. Bu sondalardan biri olan Galileo uzay aracı, son varış noktası olan Jüpiter'e gitmeden önce dünyanın yakınından geçti ve aletleri gezegenimize yönlendirildi. Uzayda uzak bir noktadan, spektral analiz ve kızılötesi fotoğrafçılık yoluyla, dünyadaki yaşamın üç açık belirtisini tespit edebildik: Birincisi, oksijen açısından zengin bir atmosferin varlığı, tamamen fotosentetik yaşamın varlığına atfedilir; çünkü oksijenin bu kadar istisnai seviyelere (dünya atmosferinin yaklaşık %21'i) birikmesine izin verecek, canlı içermeyen bir süreç bilmiyoruz. Aynı zamanda bu, oksijen üretimini (tüketim yoluyla) bu seviyelerin yakınında kararlı hale getiren, oksijen soluyan hayvanların olasılığına da işaret ediyor. İkincisi, belirli bir dalga boyunda yaygın ışık emilimi, bildiğimiz tek bir maddeye atfedilir: bitkilerdeki pigment olan klorofil. Üçüncüsü, atomsferinde eser miktardaki metan görülmesi özellikle ilginçtir çünkü bu gaz oksijenin varlığında kararsızdır: Yani karbondioksit ve suya oksitlenir. Kararlı olması, canlılar tarafından sürekli metan üretildiğini işaret eder: bakteriler, sosyal böcekler ve son zamanlarda insanlar tarafından.

tohumları yayma ve otoburluk yoluyla bitki çeşitliliğini de destekliyorlar. Bir gezegenin bitkiler tarafından kolonizasyonu tek başına bir süreç değildir, toprak mikropları, mantarlar ve çok sayıda küçük hayvan ve özellikle de böceklerle birlikte evrilmeyi gerektiren karmaşık bir simbiyozdur.

Böcekli evren hipotezim bana öğretilenlerin çoğuna aykırı ama onu son zamanlarda ikna edici buluyorum. Geceleri yıldızlara baktığımda böcekleri görmeye başlıyorum ve acaba onların gerçekten başka gezegenlerde de yaşayıp yaşamadıklarını merak ediyorum. Takımyıldızlara baktığımda, eklembacaklıları görüp akrep biçimli Akrep Burcu'nu, yengeç biçimli Yengeç Burcu'nu hayal eden o eski insanlar gibi oluyorum. Gerçi Büyük Ayı daha ziyade uzun kuyruklu bir yaban arısına benziyor; Ejderha Burcu Draco ise kırkayak gibi. Boğa Burcu uzun antenli bir tekeböceğini andırıyor; İkizler Burcu'ysa bir saturniid güvesinin göze benzer benekleri olabilir. Bu anlarda bazen biyolog J. B. S. Haldane gelir aklıma. Ona "Yaradılanı incelediğimizde Yaradanın doğasına dair ne gibi bir sonuca varmak mümkün?" diye sorulduğunda bana şöyle bir cevap vermişti: "Böceklere düşkünlük."[4] Evrim biyologları onun sözlerini mizahi bir anekdot olarak ele aldılar ama bence bunu ciddiye alıp neden bu kadar çok böceğin var olduğunu düşünmeliyiz. Eğer şu ya da bu yaratılış hikâyesine inanan çok sayıda insandan biriyseniz, düşünceleriniz Haldane'in bu gezegenin böceklerle dolu olduğuna dair ikna edici gözlemiyle de uzlaşmalı. Tanrı dünyayı böceklerle doldurduysa bunun bir nedeni olmalı. Sonsuz bilgeliğiyle diğer gezegenleri de böcekli yarattığı sonucuna varıyorum.

[4] Haldane'nin bu ifadesinin alıntı kaynağı: Evelyn G. Hutchinson, "Homage to Santa Rosalia, or Why Are There So Many Kinds of Animals?" American Naturalist 93 (1959): 146. Gel gelelim Hutchinson buna "muhtemelen uydurma bir hikâye" der. Oysa Haldane, *What is Life?* başlıklı kitabında benzer bir ifade kullanır: "Yaradan bir yandan yıldızlara, diğer yandan kınkanatlılara karşı bir tutkuyla dolu tezahür ederdi." (John Burdon Sanderson Haldane, What is Life? *The Layman's View of Nature* [Londra: L. Drummond, 1949], 258).

Belki de başka bir yerde yaşam varsa bile, onu asla keşfedemeyeceğiz. Ya da belki, sadece belki, bir gün potansiyel yaşamın tüm belirtilerini gösteren başka bir gezegen sistemi tespit edeceğiz. O zaman belki bir uzay gemisi tasarlar ve o uzak diyarlara gideriz. Bu olur mu, ne zaman olur, emin değilim; ama olursa umarım bu mesajım zamanı aşar, o gemiyi inşa eden insanlara ulaşır. Bana inanmalarını istemiyorum. Sadece düşüncelerimin makul olup olmadığını düşünmelerini istiyorum; çünkü sonunda isteğim basit: Her kimsen, lütfen yanına bir ağ, birkaç kavanoz, birkaç şişe ve birkaç da plastik poşet almayı unutma. Bu eşyalar fazla yer kaplamayacak ve seyahatin masraflarına kıyasla çok da pahalıya mal olmayacak. Sadece ihtiyacın olabileceğini hissediyorum. Bu basit şeyler, Böceklerin Gezegeni olan gezegenimizde çok işime yaradı.

TEŞEKKÜR

Bu yüzden, en yüksek hızımla,
ağımın peşinden gittim.
Ve dedim ki "Ağımla
onları alabilirim, bahse girerim.
Bahse girerim, ağımla
o şeyleri şimdi ele geçiririm!"
DR. SEUSS, *Şapkalı Kedi*

Dört yaşımdayken ağabeyim Ted bana ev yapımı bir kelebek ağı verdi ve o zamandan beri böceklere bayılırım. En eski anılarım kelebek ağım, boş bir reçel kavanozu ve Dr. Seuss'tan ilhamla "o şeyleri şimdi ele geçiririm" düşüncesiyle donanmış hâlde Detroit'in Fargo Parkı'nda böcek kovalamaya dairdir. Entomoloji biliminin en güzel yanlarından biri de bu: Başlamak için çok fazla alet edevata ihtiyacınız yok. O günden elli yıl sonra entomoloji profesörü ve bir böcek müzesinde küratör oldum. Tüm dünyada 29 farklı ülkeden 162 yeni böcek türü keşfettim ve adlandırdım. Hobimi mesleki kariyere çevirebilen şanslılardandım ama bu birçok nazik insanın yol boyunca beni destekleyip teşvik etmesi sayesinde gerçekleştiğinin farkına vardım.

Bu kitabı yazmak, başta beklediğimden çok daha uzun sürdü. Birkaç noktada yazar tıkanması yaşadım ve çeşitli kısımlar üzerinde kafa yormak için zaman harcadım. Yanayacu Biyolojik Araştırma İstasyonu ve Yaratıcı Araştırmalar Merkezi'nin kurucusu Harold Greeney'e en burada içten şükranlarımı sunmak isterim ve ayrıca Reno'daki Nevada Üniversitesi'nden profesörler Lee Dyer'la Mesa Eyalet Koleji'nden Tom Walla'ya beni Ekvador'un Yanayacu ormanlarıyla tanıştıran araştırma projesinde çalışmaya başladıkları için teşekkür ederim. Yanayacu bana bu kitabı bitirmek için gereken biyolojik ilhamı ve temiz havayı verdi.

Beni şu üç lisansüstü dersi vermeye teşvik ettiği için UW Onur Programı direktörü Profesör Duncan Harris'e çok teşekkür ederim: Ekvador'da Böcek Kozmolojisi, Yaşam Kozmolojisi ve Sis Ormanı Ekolojisi. Bu dersleri vermek bu kitapta sunduğum fikirlerin bir taslağını çıkarmamı sağladı ve bana onları daha berrak bir dille ifade etme fırsatı verdi. Özellikle Profesör Harris'e Böcek Kozmolojisi'ni öğretmeme izin verdiği ve bana böyle bir disiplinin henüz var olmadığını hatırlatmadığı için minnettarım.

Bu kitap için yapılan araştırmalar kısmen Wyoming NASA Uzay Hibe Konsorsiyumu, NASA Hibesi #NGT-40102 ve Wyoming NASA EPSCoR NASA Hibesi #NCC5-578 tarafından desteklenmiştir. Ekvador'un Doğu And Dağları'ndaki Ulusal Bilim Kurumu, Tırtıllar ve Parazitler'den aldığım araştırma hibeleri bana And Dağları'nın yüksek bölgelerinde çalışma, düşünme ve yazma fırsatı verdi.

Yıllar boyunca burada ifade edilen fikirler, özellikle Yaşam Kozmolojisi, Böcek Biyolojisi, Böcek Sınıflandırması, Böcek Evrimi, Sucul Böcekler, Biyoçeşitlilik ve Tropikal Ekoloji olmak üzere öğrettiğim birkaç derste geliştirildi, tartışıldı ve sınırlandırıldı. Derslerime yüzlerce öğrenci katıldı ve hepsine bu yolculuk boyunca gösterdikleri sabır, ilgi ve anlayışları için teşekkür ederim. Özellikle Samin Dadelahi'ye, Jen Donovan'a, Olivia Engkvist'e ve Nina Zıtani'ye fikirlerim hakkında düşünülmüş tartışmalar geliştirdikleri ve en önemlisi, yazmaya devam etmem için beni cesaretlendirdikleri için teşekkür etmek istiyorum. Nina ve Jen, taslağı baştan sona okuyan ilk insanlardı. Son kitap, önceki baskılarına kıyasla büyük ölçüde değişmiş olsa da onların ayrıntılara ve konuya olan ilgileriyle çok daha iyi hale getirildi.

En büyük ağabeyim Ted'e bana ilk böcek ağımı hediye ettiği, teleskopunu ödünç verdiği için teşekkür ederim. Babam Edward B. Shaw'a daha büyük ve daha iyi böcek ağları tasarladığı, yıldızlar ve böcekler kadar çok sayıda keşif seferi düzenlediği için teşekkür ederim. Annem Vesta'ya cam kavanozlarla, zehirli kimyasallarla oynamama ve özellikle eve canlı böcekler getirmeme izin verdiği için teşekkür ederim. Kardeşim Tim ve amcam Lawrence (Latzy) McKay'e ise beni bilimkurgu türüyle tanıştırıp bilimi kamu alanına taşımam için bana ilham verdikleri için teşekkür ederim.

1973'te Michigan Eyalet Üniversitesi'ne başladığımda, ilk anadalım astrofizikti. Astronomi okudum ve yıldızların evrimi, yıldızların yaşamı ve ölümü hakkında bilgi edindim. Ama en sonunda çocukluğumdan beri böceklere duyduğum ilgi galip geldi ve entomoloji ana dalına geçtim. Profesör Roland Fisher, ilham verici dersleri aracılığıyla böceklere ilgimi yeniden alevlendirdi ve bana meslek hayatımda ne yapmak istediğimi gösterdi. Profesörler Fred Stehr ve Rich Merritt, böceklerle ilgili araştırmalara olan tutkumun harlanmasına büyük katkıda bulundular. Yüksek lisans eğitimim sırasında, Maryland Üniversitesi'nden Profesör Charles Mitter bana tek bir alanla yetinmemeyi öğretti. 1984'ten 1989'a kadar Harvard Üniversitesi'ndeyken, hayatıma etkili olan insanlara birkaç kişi daha katıldı. Sosyal böcekleri ve yağmur ormanları ekosistemlerini incelemem için bana ilham verdiği ve dünyanın biyolojik çeşitliliğine olan ilgimi derinleştirdiği için Profesör Edward O. Wilson'a teşekkür etmek istiyorum. Başarılı bir yazar olmak için gereken azmi bana o öğretti ve zor zamanlarımda bana yardım etti. Ayrıca bana yazma ve yayımlama konusunda ilham verici tavsiyelerde bulundu. Onun bu tavsiyeler olmasaydı muhtemelen bu taslağı bitirecek isteğe, yönelime veya kararlılığa sahip olamazdım. Profesör Wilson gerçek bir centilmen ve bilgin. Fahri Profesör Frank Carpenter da ilham vericiydi ve beni fosilleşmiş böcekleri incelemeye yönlendirdi. Bana verdiği fosilleşmiş böcek fotoğrafları sayesinde böceklerin evrimi üzerine birinci dersimi verdim. Harvard'dayken Profesör Stephen Jay Gould'un birçok dersine katıldım ve onun popüler doğa tarihi kitaplarını okudum. Kendisi dünya görüşümü ve öğretim tarzımı derinden etkiledi ve bilimin halka nasıl sevdirilebileceğini bana birçok kişiden daha iyi gösterdi.

Wyoming Üniversitesi'nden Profesörler Greg K. Brown, Ron Canterna, Mark Lyford ve Terry Roark'a bilgi, tavsiye, kitap, yorum ve teşvikleri için teşekkür etmek istiyorum. Ayrıca, renkli fotoğraf levhalarının baskı maliyetlerine katkıda bulunan Carlos Martinez del Rio'nun yönettiği UW Berry Biyoçeşitliliği Koruma Merkezi'ne de teşekkür etmek istiyorum. Dr. Danita Brandt'a (Omurgasız Paleontolojisi, Jeoloji Bilimleri Bölümü, Michigan Eyalet Üniversitesi) İkinci Bölümde sunduğu özenli teknik ve editoryal notlarla bu bölümde araştırmasının özetini sunmama nezaket gösterip izin verdiği çok minnettarım. Dr. Conrad Labandeira (Smithsonian Enstitüsü) ve Dr. Michael Engel (Kansas Üniversitesi) Beşinci Bölümü dikkatle okudular ve birçok yararlı öneride bulundular. Douglas H. Erwin (Smithsonian Enstitüsü), nezaket gösterip büyük ölçüde bu konudaki öncü araştırmalarına dayanan Altıncı Bölümü okudu. Brandon Drake, Sekizinci Bölümü dikkatle okudu ve dinozorları daha doğru betimeyebilmem için bana katkıda bulundu.

Canlı böceklerin ve diğer eklembacaklıların fotoğraflarına cömertçe katkıda bulunan şu kişilere ayrıca teşekkür etmek istiyorum: Jennifer Donovan-Stump (Trinity Üniversitesi, New York), Dr. Janice Edgerly-Rooks (Santa Clara Üniversitesi, California), Andy Kulikowski (Casper, Wyoming), Kevin Murphy (Irlanda Yaban Hayatı Fotoğrafçılığı, Westport, İrlanda), Kenji Nishida (Monterverde, Kosta Rika), Angela Ochsner (Torrington, Wyoming), David E.

Rees (Timberline Aquatics, Fort Collins, Colorado) ve Dr. Barbara Thorne (Maryland Üniversitesi, College Park). Kehribar içindeki böceklerin fotoğrafları Dr. Vincent Perrichot (Université de Rennes, Fransa) ve Dr. George Poinar Jr.'ın (Corvallis, Oregon) cömert katkılarıyla kitapta yer aldı. Böcek fosillerinni fotoğraflarını yayımlama izninin alınmasında bana yardımcı olanların adları ise şöyle: Dr. Olivier Bethoux ve Aurélie Roux (Ulusal Doğa Tarihi Müzesi, Paris, Fransa) ve Dr. Brian Farrell, Dr. Philip Perkins, Amie Jones ve Catherine Weisel (Karşılaştırmalı Zooloji Müzesi, Harvard Üniversitesi, Cambridge, Massachusetts). Marlene L. Carstens (Wyoming Üniversitesi Fotoğraf Hizmetleri), siyah beyaz negatiflerden dijital görüntülerin üretilmesine yardımcı oldu. Lisans asistanım Helmuth Aguirre, görüntülerin fotoğraf levhası olarak düzenlenmesine nazikçe yardım etti.

Kosta Rika Üniversitesi'nden Profesör Paul E. Hanson'a, bu kitabın bazı bölümlerine ilham kaynağı olan La Selva Biyolojik Araştırma İstasyonu ve San Ramon Biyolojik Koruma Alanı'na yapacağımız seyahat için gerekli olan yerel düzenlemelerde dostluklarını ve nazik yardımlarını bizden esirgemediği için teşekkür etmek istiyorum. Paul, yağmur ormanlarında kelimenin tam anlamıyla 'ayaklarımı ıslatmama' yardım ettin ve bunun için sana gerçekten minnettarım.

Chicago Press Üniversitesi'ndeki editörüm Christopher Chung'a yazdıklarıma değer verdiği, benimle sabırla çalıştığı, düşünceli ve ayrıntılı yorumlarda bulunduğu, hacimli makalemi daha şık ve daha zarif bir şekilde çok daha okunaklı bir kitap haline getirip yeniden şekillendirmeme yardım ettiği için en büyük minnetlerimi sunuyorum. Tüm okuyucularım Christopher'ın vizyonundan ve sıkı çalışmasından faydalanmış olacak. Mary Gehl, son taslağı kontrol edip düzenledi ve birçok iyi öneride bulundu.

Stephen King'e zaman yolculuğu ve yazma sanatı hakkındaki yayımlanmış düşünceleri için teşekkür ederim. Jane Auel'e Wyoming Üniversitesi'nde kendi yazarlık macerasını anlattığı ilham verici konferans için teşekkür ederim. Adlarını burada sayamadığım birçok düşünceli insan bana ilham, faydalı öneriler, bilgi ve düzeltmeler sağladı; hatalar bana aittir.

Bu kitabım, ilk kelebek ağımın bana aşıladığı tutku gelecek neslin böcek avcılarına da aşılamasını umuyorum.

Son olarak, eşim Marilyn'e ve oğullarım Matthew ve Michael'a teşekkür etmek istiyorum. Yaşlanan, dikkatsiz ve dalgın bir entomoloji profesörüyle yaşamak kolay değil. Zihnimin bir köşesinde dünya tarihini çözmeye çalışırken bazen yemek masasında dikkatimi size vermem zor oluyordu. Bu süreçteki sevginiz ve desteğiniz çok önemliydi ve bunun için size derinden minnettarım.

OKUMA ÖNERİLERİ

BİRİNCİ BÖLÜM: BÖCEKLİ GEZEGEN

Berenbaum, May R. *Bugs in the System: Insects and Their Impact on Human Affairs*. Reading, MA: Addison-Wesley, 1995.

Marshall, Stephen A. *Insects, Their Natural History and Diversity*. Buffalo, NY: Firefly Books, 2006.

Moffett, Mark W. *The High Frontier: Exploring the Tropical Rainforest Canopy*. Cambridge, MA: Harvard University Press, 1993.

Wilson, Edward O. *The Diversity of Life*. New York: W. W. Norton, 1992.

Wilson, Edward O. Ve Frances M. Peter, ed., *Biodiversity*. Washington, DC: National Academy Press, 1988.Marshall, Stephen A.

Wilson, Edward O. Wilson, Edward O. ve Frances M. Peter, ed.

İKİNCİ BÖLÜM: EKLEMBACAKLILARIN YÜKSELİŞİ

Barnes, Robert D. *Invertebrate Zoology*. Philadelphia: W. B. Saunders, 1974.

Brandt, Danita S. "Ecdysial Efficiency and Evolutionary Efficacy among Marine Arthropods: Implications for Trilobite Survivorship," *Alcheringa* 26 (2002): 399-421.

Brandt, Danita S., D. L. Meyer ve P. B. Lask. "Isotelus (Trilobita) 'Hunting Burrow' from Upper Ordovician Strata, Ohio," *Journal of Paleontology* 69 (1995): 1079-83.

Erwin, Douglas, James Valentine ve D. Jablonski. "The Origin of Animal Body Plans," *Scientific American* 85 (1997): 126-37.

Gore, R ve O. L. Mazzatenta. "Explosion of Life: The Cambrian Period," *National Geographic* 184 (1993): 120-36.

Gradstein, F. M. ve J. G. Ogg. "Geologic Time Scale 2004—Why, How, and Where Next!" *Lethaia* 37 (2004): 175-81.

Hoffman, P. F., A. J. Kaufamn, G. P. Halverson ve D. P. Schrag. "A Neoproterozoic Snowball Earth," *Science* 281 (1998): 1342-46.

Lageson, David R. ve Darwin R. Spearing. *Roadside Geology of Wyoming*. Missoula, MT: Mountain Press, 1988.

Lane, Nick. *Oxygen, the Molecule That Made the World*. Oxford: Oxford University Press, 2002.

Lipps, J. H. ve P. W. Signor, ed., *Origin and Early Evolution of the Metazoa*. New York: Plenum Press, 1992.

Brandt, Danita S. Brandt, Danita S., D.L. Meyer ve P.B. Lask. Gradstein, F.M. ve J.G. Ogg. Lageson, David R. ve Darwin R. Spearing.

Lane, Nick.

ÜÇÜNCÜ BÖLÜM: SİLÜRYEN: KARA GÖRÜNDÜ

Beerbower, J. R., J. A. Boy, W. A. DiMichele, R. A. Gastaldo, R. Hook, N. Hotton III, T. L. Phillips, S. E. Scheckler ve W. A. Shear. "Paleozoic Terrestrial Ecosystems." *Terrestrial Ecosystems through Time*, ed. A. K. Behrensmeyer, J. D. Damuth, W. A. DiMichele, R. Potts, H. D. Sues ve S. L. Wing, 205-35. Chicago: University of Chicago Press, 1992.

Gensel, P. G. ve H. N. Andrews. "The Evolution of Early Land Plants." *American Scientist* 75 (1987): 478-89.

Gensel, P. G. ve D. Edwards. *Plants Invade the Land*. New York: Columbia University Press, 2001.

Jeram, A. J., P. A. Selden ve D. Edwards. "Land Animals in the

Silurian: Arachnids and Myriapods from Shropshire, England." *Science* 250 (1990): 658-61.

Lucking, R., S. Huhndorf, D. H. Pfister, E. R. Plata ve H. T. Lumbscyh. "Fungi Evolved Right on Track." *Mycologia* 101 (2009): 810-22.

Wellman, C. H., P. L. Osterloff ve U. Mohiuddin. "Fragments of the Earliest Land Plants." Nature 425 (2003): 282-85.R. Potts, H.D. Sues ve S.L. Wing, 205Jeram, A.J., P.A. Selden ve D. Edwards.

DÖRDÜNCÜ BÖLÜM: YOSUNLARIN ALTINDAKİ DÜNYA

Cressler, W. L. III. "Evidence of the Earliest Known Wildfires." *Palaeos* 16 (2001): 171-74.

Edwards, D., P. A. Seldon, J. B. Richardson ve L. Axe. "Coprolites as Evidence for Plant-Animal Interactions in Siluro-Devonian Terrestrial Ecosystems." *Nature* 377 (1995): 329-31.

Engel, Michael S. ve David A. Grimaldi. "New Light Shed on the Oldest Insect." *Nature* 427 (2004): 627-30.

Gaunt, M. W. ve M. A. Miles. "An Insect Molecular Clock Dates the Origin of Insects and Accords with Paleontological and Biogeographic Landmarks." *Molecular Biology and Evolution* 19 (2002): 748-61.

Gensel, P. G. ve H. N. Andrews. *Plant Life in the Devonian*. New York: Praeger Press, 1984.

Gorb, S. N. "Uncovering Insect Stickiness: Structure and Properties of Hairy Attachment Devices." *American Entomologist* 51 (2005): 31-35.

Greenslade, Penelope. "Collembola (Springtails)." *The Insects of Australia*, Cilt:1, ed. Ian D. Naumann, 252-64. Carlton: Melbourne University Press, 1991.

Grimaldi, David ve Michael S. Engel. *Evolution of the Insects*. New York: Cambridge University Press, 2005.

Labandeira, Conrad C., B. S. Beall ve F. M. Hueber. "Early Insect

Diversification: Evidence from a Lower Devonian Bristletail from Quebec." *Science* 242 (1988): 913-16.

Rasnitsyn, Alexandr ve Donald L. J. Quicke. *History of the Insects*. Dordrecht: Kluwer Academic Publishers, 2010.

Retallack, G. J. "Early Forest Soils and Their Role in Devonian Global Change." *Science* 276 (1997): 583-85.

Rice, C. M. 'A Devonian Auriferous Hot Spring System, Rhynie, Scotland." *Journal of the Geological Society* 152 (1995): 229-50.

Shear, W. A. "Early Land Animals in North America: Evidence from Devonian Age Arthropods from Gilboa, New York." *Science* 224 (1984): 492-94.

Westenberg, K. ve J. Blair. "The Rise of Life on Earth: From Fins to Feet." *National Geographic* 195 (1999): 114-27.

Wheeler, Ward C., Michael Whiting, Quentin D. Wheeler ve James M. Carpenter. "The Phylogeny of Extant Hexapod Orders." *Cladistics* 17 (2001): 113- 69.Edwards, D., P.A. Seldon, J.B. Richardson ve L. Axe. Gensel, P.G. ve H.N. Andrews.

BEŞİNCİ BÖLÜM: HAVADA DANS

Berner, R. A. ve D. E. Canfield. "A New Model for Atmospheric Oxygen over Pha- nerozoic Time." *American Journal of Science 289* (1989): 333-61.

Bethoux, O. "The Earliest Beetle Identified." *Journal of Paleontology* 83 (2009): 931-37.

Brauckmann, C., B. Brauckmann ve E. Gróning. "The Stratigraphic Position of the Oldest Known Pterygota (Insecta, Carboniferous, Namurian)." *Annals of the Geological Society of Belgium* 117 (1996): 47-56.

Carpenter, Frank M. "Adaptations among Paleozoic Insects." *Proceedings of the First North American Paleontological Convention* (1969) 1 (1971): 1236-51.

Carpenter, Frank M. "Arthropoda: Superclass Hexapoda." *Trea-*

tise on Invertebrate Paleontology, ed. R. L. Kaesler, 1-655. Boulder, CO: Geological Society of America, 1992.

Djernaes, Marie, Klaus-Dieter Klass, Mike D. Picker ve Jakob Damgaard. "Phylogeny of Cockroaches (Insecta, Dictyoptera, Blattodea), with Placement of Aberrant Taxa and Exploration of Out-Group Sampling." *Systematic Entomology* 37 (2012): 65-83.

Dudley, R. *The Biomechanics of Insect Flight: Form, Function ve Evolution*. Princeton, NJ: Princeton University Press, 2000.

Hasenfuss, I. "A Possible Evolutionary Pathway to Insect Flight Starting from Lepismatid Organization." *Journal of Zoological Systematics and Evolutionary Research* 40 (2002): 65-81.

Kukalova-Peck, J. "New Carboniferous Diplura, Monura, and Thysanura, the Hexapod Ground Plan, and the Role of Thoracic Lobes in the Origin of Wings (Insecta)." *Canadian Journal of Zoology* 65 (1987): 2327-45.

Labandiera, Conrad C. "Paleobiology of Predators, Parasitoids, and Parasites: Accommodation and Death in the Fossil Record of Terrestrial Invertebrates." alıntı kaynağı: "The Fossil Record of Predation," özel sayı. ed. M. Kowalewski ve P. H. Kelly, 211-50. *Paleontological Society Special Papers* 8 (2002).

Labandiera, Conrad C. ve T. L. Phillips. "A Carboniferous Petiole Gall: Insight into the Early Ecological History of the Holometabola." *Proceedings of the National Academy of Sciences U S A* 93 (1996): 8470-77.

Marden, J. H. ve M. G. Kramer. "Surface-Skiming Stoneflies: A Possible Intermediate Stage in Insect Flight Evolution." *Science* 266 (1994): 427-30.

McKittrick, F. A. "Evolutionary Study of Cockroaches." *Cornell University Agricultural Experiment Station Memoirs* 389 (1964): 1-197.

Nagamitsu, T. ve T. Inoue. "Cockroach Pollination and Breeding System of Uvaria elmeri (Annonaceae) in a Lowland Mixed-Dipterocarp Forest in Sarawak." *American Journal of Botany* 84 (1997): 208-13.

Nel, A., P. Rocques, P. Nel, J. Prokop ve J. S. Steyer. "The Earliest Holometabolous Insect from the Carboniferous: A "Crucial" Innovation with Delayed Success (Insecta: Protomeropina: Protomeropidae)." *Annales de la Societe Entomologique de France*, 43:3 (2007): 349-55.

Niwa, N., A. Akimoto-Kato, T. Niimi, K. Tojo, R. Machida ve S. Hayashi. "Evolutionary Origin of the Insect Wing via Integration of Two Developmental Modules." *Evolution and Development* 12 (2010): 168-76.

Rasnitsyn, A. P. ve D. L. J. Quicke. *History of Insects*. Dordrecht: Kluwer, 2002.

Shear, W. A. ve J. Kukalova-Peck. "The Ecology of Paleozoic Terrestrial Arthropods: The Fossil Evidence." *Canadian Journal of Zoology* 68 (1990): 1807-34.

ALTINCI BÖLÜM: PALEOZOİK SOYKIRIM

Chadwick, D. H. ve Mark W. Moffett. "Planet of the Beetles." *National Geographic* 193 (1998): 100-18.

Dalziel, I. W. D. "Earth Before Pangea." *Scientific American* 272 (1995): 58-63.

Erwin, Douglas H. *Extinction: How Life on Earth Nearly Ended 250 Million Years Ago*. Princeton, NJ: Princeton University Press, 2006.

———. *The Great Paleozoic Crisis: Life and Death in the Permian*. New York: Columbia University Press, 1993.

———. "The Mother of Mass Extinctions." *Scientific American* 273 (1996): 72-78.

———. "The Permo-Triassic Extinction." *Nature* 367 (1994): 231-36.

Hynes, H. B. N. "The Ecology of Stream Insects." *Annual Review of Entomology* 15 (1970): 25-42.

Jin, Y. G., Y. Wang, W. Wang, Q. H. Shang, C. Q. Cao ve Douglas H. Erwin. "Pattern of Marine Mass Extinction Near the Permian-Triassic Boundary in South China." *Science* 289 (2000): 432-36.

Knoll, A. H., R. K. Bambach, D. E. Canfield ve J. P. Grotzinger. "Comparative Earth History and Late Permian Mass Extinction." *Science* 273 (1996): 452-57.

Labandeira, Conrad. "Insect Mouthparts: Ascertaining the Paleobiology of Insect Feeding Strategies." *Annual Review of Ecology and Systematics* 28 (1997): 153-93.

Mackay, R. J. ve Glenn B. Wiggins. "Ecological Diversity in Trichoptera." *Annual Review of Entomology* 24 (1979): 185-208.

Raup, David M. *Extinction: Bad Genes or Bad Luck?* New York: W. W. Norton, 1991; David M. Raup, *Yok Oluş: Kötü Olan Genlerimiz mi Şansımız mı?* çev. Nivart Taşçı, İstanbul: Boğaziçi Üniversitesi Yayınevi, 2011.

Ward, P. D. *Gorgon: Paleontology, Obsession, and the Greatest Catastrophe in Earth's History*. New York: Viking Press, 2004.

Wignall, P. B. ve R. J. Twitchett. "Oceanic Anoxia and the End Permian Mass Extinction." *Science* 272 (1996): 1155-58. Erwin, Douglas H. Extinction

———, Knoll, A.H., R.K. Bambach, D.E. Canfield ve J.P. Grotzinger. Labandeira, Conrad.

Yedinci Bölüm: Triyas Bahari

Bolton, Barry ve Ian Gauld. *The Hymenoptera*. New York: Oxford University Press, 1988.

Jones, T. D., J. A. Ruben, L. D. Martin, E. N. Kurochkin, A. Feduccia, P. F. A. Maderson, W. J. Hillenius, N. R. Geist ve V. Alifanov. "Non-Avian Feathers in a Late Triassic Archosaur." *Science* 288 (2000): 2202-5.

Key, K. H. L. "Phasmatodea (Stick-Insects)." *The Insects of Aust-*

ralia, Cilt:1, ed. Ian D. Naumann, 394-404. Carlton: Melbourne University Press, 1991.

Labandiera, Conrad C. ve J. J. Sepkoski Jr. "Insect Diversity in the Fossil Record." Science 261 (1993): 310-15.

Ross, Edward S. "Embioptera, Embiidina (Embiids, Web-Spinners, FootSpinners)." *The Insects of Australia*, Cilt:1, ed. Ian D. Naumann, 405-9 Carlton: Melbourne University Press, 1991.

Sereno, P. C. "The Evolution of Dinosaurs." *Science* 284 (1999): 2137-47.

———, "The Origin and Evolution of Dinosaurs." *Annual Review of Earth and Planetary Sciences* 25 (1997): 435-89.

SEKİZİNCİ BÖLÜM: JURASSIC PARK'TA PİKNİK

Chiappe, L. "The First 85 Million Years of Avian Evolution." *Nature* 378 (1995): 349-55.

Dingus, L. ve T. Rowe. *The Mistaken Extinction: Dinosaur Extinction and the Origin of Birds*. New York: W. H. Freeman, 1998.

Gauthier, J. ve L. F. Gall, ed., *New Perspectives on the Origin and Evolution of Birds*. New Haven, CT: Yale University Press, 2001.

Holland, William Jacob. "The Skull of Diplodocus." *Memoirs of the Carnegie Museum* 9 (1924): 379-403.

Ostrom, J. H. "Bird Flight: How Did It Begin?" *American Scientist* 67 (1979): 46-56.

Padian, K. ve L. M. Chiappe. "The Origin of Birds and Their Flight." *Scientific American* 278 (1998): 38-47.

Quicke, Donald L. J. *Parasitic Wasps*. London: Chapman and Hall, 1997.

Vilhelmsen, Lars ve Giuseppe Fabrizio Turrisi. "Per arboretum ad astra: morphological adaptations to exploiting the woody habitat in the early evolution of Hymenoptera," *Arthropod Structure and Development* 40 (2011): 2-20.

Dokuzuncu Bölüm: Kretase'de Açanlar ve Solanlar

Bandi, C., M. Sironi, G. Damiani, L. Magrassi, C. A. Nalepa, U. Laudani ve L. Sacchi. "The Establishment of Intracellular Symbiosis in an Ancestor of Cockroaches and Termites." *Proceedings of the Royal Society of London Series B* 259 (1995): 293-99.

Desalle, R., J. Gatesy, W. Wheeler ve D. Grimaldi. "DNA Sequences from a Fossil Termite in Oligo-Miocene Amber and Their Phylogenetic Implications." *Science* 257 (1992): 1933-36.

Doyle, James A. "Molecular and Fossil Evidence on the Origin of Angiosperms." *Annual Review of Earth and Planetary Sciences* 40 (2012): 301-26.

Grandcolas, P. ve P. Deleporte. "The Origin of Protistan Symbionts in Termites and Cockroaches: A Phylogenetic Perspective." *Cladistics* 12 (1996): 93-98.

Grimaldi, David. "A Fossil Mantis (Insecta: Mantodea) in Cretaceous Amber of New Jersey, with Comments on the Early History of the Dictyoptera." *American Museum Novitates* 3024 (1997): 1-11.

Lo, N., G. Tokuda, H. Watanabe, H. Rose, M. Slaytor, K. Maekawa, C. Bandi ve H. Noda. "Evidence from Multiple Gene Sequences Indicates That Termites Evolved from Wood-Feeding Cockroaches." *Current Biology* 10 (2000): 801-4.

Raup, David M. *The Nemesis Affair: A Story of the Death of Dinosaurs and the Ways of Science*. New York: W. W. Norton, 1986.

Schmidt, Justin O. "Hymenoptera Venoms: Striving Toward the Ultimate Defense Against Vertebrates." *Insect Defenses: Adaptive Mechanisms and Strategies of Prey and Predators*, ed. David L. Evans and Justin O. Schmidt, 387-419. Albany: State University of New York Press, 1990.

Thorne, Barbara L. "A Case for Ancestral Transfer of Symbionts between Cockroaches and Termites." *Proceedings of the Royal Society of London Series B* 241 (1990): 37-41.

———, "Evolution of Eusociality in Termites." *Annual Review of Ecology and Systematics* 28 (1997): 27-54.

Thorne, Barbara L. ve James M. Carpenter. "Phylogeny of the Dictyoptera." *Systematic Entomology* 17 (1992): 253-68.

Thorne, Barbara L., David A. Grimaldi ve K. Krishna. "Early Fossil History of Termites." *Termites: Evolution, Sociality, Symbioses, Ecology*, ed. T. Abe, D. E. Bignell ve M. Higashi, 77-93. Dordrecht: Kluwer, 2000.

Thorne, Barbara L. ve James F. A. Traniello. "Comparative Social Biology of Basal Taxa of Ants and Termites." *Annual Review of Entomology* 48 (2003): 283-306.Grandcolas, P. ve P. Deleporte. Grimaldi, David.

ONUNCU BÖLÜM: SENOZOİK DÖNEM ÜZERİNE DÜŞÜNCELER

Erwin, Terry L. "How Many Species Are There? Revisited." *Conservation Biology* 5 (1991): 330-33.

———, "The Tropical Forest Canopy: The Heart of Biotic Diversity." *Biodiversity* , ed. Edward O. Wilson, 123-29. Washington, D.C.: National Academy Press, 1988.

———, "Tropical Forests: Their Richness in Coleoptera and Other Arthropod Species." *Coleopterist's Bulletin* 36 (1982): 74-75.

Hutchinson, E. E. "Homage to Santa Rosalia or Why Are There So Many Kinds of Animals?" *American Naturalist* 93 (1959): 145-159.

Johanson, Donald C. ve Maitland A. Edey. *Lucy: The Beginnings of Humankind*. New York: Simon and Schuster, 1981.

Labandeira, Conrad C. "The Fossil Record of Insect Extinction: New Approaches and Future Directions." *American Entomologist* 51 (2005): 14-29.

Lovejoy, C. O. "Reexamining Human Origins in Light of Ardipithecus ramidus." *Science* 326 (2009): 74-78.

Shaw, Scott R. "Essay on the Evolution of Adult-Parasitism in the Subfamily Euphorinae (Hymenoptera: Braconidae)." *Proceedings of the Russian Entomological Society*, St. Petersburg 75 (2004): 1-15.

White, T. D., B. Asfaw, Y. Beyene, Y. Haile-Selassie, C. Lovejoy,

G. Suwa ve G. WoldeGabriel. "Ardipithecus ramidus and the Paleobiology of Early Hominids." *Science* 326 (2009): 64-86.

Sonsöz: Böcekli Evren Hipotezi

Armitage, A. "The Cosmology of Giordano Bruno." *Annals of Science* 6 (1948): 24-31.

Gould, Stephen Jay. "The Evolution of Life on the Earth." Scientific American 271 (1994): 85-91.

Greene, Brian. *The Elegant Universe: Superstrings, Hidden Dimensions, and the Quest for the Ultimate Theory*. New York: Vintage Books, 1999; Greene, Brian, *Evrenin Zarafeti: Süpersicimler, Gizli Boyutlar ve Nihai Kuram Arayışı*. çev. Ebru Kılıç. Ankara: TÜBİTAK, 2008.

Orgel, Leslie E. "The Origin of Life on the Earth." *Scientific American* 271 (1994): 77-83.

Rebek, Julius Jr. "Synthetic Self-Replicating Molecules." *Scientific American* 271 (1994): 48-55.

Sagan, Carl. "The Search for Extraterrestrial Life." *Scientific American* 271 (1994): 93-99; Carl Sagan, "Dünya Dışı Yaşam Arayışı", çev. Miyase Göktepeli, *Bilim ve Teknik* 326 (1995): 16-21.

Silk, Joseph. *A Short History of the Universe*. New York: Scientific American Library, 1997; Silk, Joseph. *Evrenin Kısa Tarihi*. çev. Cahit Kaya. İstanbul: Pegasus, 2021.

Taylor, G. Jeffrey. 1994. "The Scientific Legacy of Apollo." *Scientific American* 271 (1994): 40-47.

Taylor, S. R. "The Origin of the Moon." *American Scientist* 75 (1987): 469-77.

Yates, F. *Giordano Bruno and the Hermetic Tradition*. Chicago: University of Chicago Press, 1964; Yates, F. *Giordano Bruno ve Hermetik Gelenek*. çev. Ayşe Deniz Temiz. İstanbul: Say Yayınları, 2021. Gould, Stephen Jay. Greene, Brian.

DİZİN

E

F

G

H